군사학총서 09

군제 기본원리와
한국의 병역제도

나태종 편저

충남대학교출판문화원

군제 기본원리와

한국의 병역제도

발행일 2012년 12월 30일 발행인 정상철 편저자 나태종
펴낸곳 충남대학교출판문화원 주소 대전광역시 유성구 대학로 99
전화 042-821-6045 홈페이지 www.cnupress.cnu.ac.kr E-mail cnupress@cnu.ac.kr

ISBN 978-89-7599-460-9 93390
정가 16,000원

군제 기본원리와

한국의 병역제도

□ 머리말

한국에서 군사학은 풍석 이종학 교수님께서 1980년도에 「군사학의 이론체계」를 발표하여 국내에서 최초로 학문으로서의 군사학에 대한 이론정립을 시도한 이래 비약적인 발전을 거듭하였다. 2004년에 4개 민간대학에 군사학과가 설치된 것을 시작으로 현재는 8개 대학교로 확장되었고, 2005년부터는 육·해·공군의 사관학교 졸업자에게 군사학 학사학위가 수여되고 있다. 또한 충남대학교에 군사학 전공 석사과정과 박사과정이 개설되었으며, 전국의 주요대학에서도 군사학 석·박사과정을 운영하고 있다. 학문으로서의 시민권을 획득한 군사학 연구자로서 가슴 뿌듯한 일이 아닐 수 없다.

로마의 군사이론가 베제티우스(Vegetius)는 "평화를 원하거든 전쟁에 대비하라!"고 주장하였다. 이를 오늘날의 관점에서 해석한다면 진정한 평화는 말이나 구호로만 달성되는 것이 아니라, 평시에 "국가안보의 위협요인을 진단하여 분야별로 대응방책을 강구해야 한다"고 해야 할 것이다. 작금의 안보현실을 고려해 볼 때 "진정으로 평화를 바란다면 전쟁을 이해하고 거기에 대비해야 한다."는 경구가 설득력을 얻고 있는 실정이다. 그런 까닭에 군사학의 연구대상은 당연히 전쟁이어야 한다. 전쟁은 국민의 생사와 국가의 존망을 좌우하는 중대한 문제이므로 신중하게 고려되어야 한다. 따라서 국가는 평시에 전쟁을 억제하고 예방하는데 전력을 경주해야 하며, 전쟁이 개시되었을 때에는 가용한 전 역량을 투입하여 승리함으로써 국민을 보호하고 영토와 주권을 수호해야 한다.

『군사학총서』는 지난 2009년에 제1권 『군사학개론』이 출판된 이후 현재까지 총 8권이 발간되어 학부과정과 석사 및 박사학위 과정의 교재로 사용되고 있다. 지금까지 발간된 군사학총서는 대부분 교수들의 연구산물로 구성되었지만, 충남대학교에서 학위를 수여받은 군사학 박사들에게도 군사학 발전을 위한 동기유발 차원에서 소중한 기회가 제공되어 이번에 군사학총서 제9권 『군제 기본원리와 한국의 병역제도』를 발간하게 되었다.

이 책은 제1편과 제2편으로 구성되어 있다.

제1편 「군제 기본원리」는 군사제도를 연구하는데 있어 가장 기본이 되는 지침서로서, 대만의 장위국(蔣緯國) 장군이 저자이며, 한국에서는 정탁(鄭濯) 전 국방부 정훈국장(예비역 육군 소장)이 번역하여 소개한 바 있다. 주요 내용은 군사제도와 군사제도학의 의의 및 중요성, 군사제도의 근원, 군사제도의 제정절차, 군대의 기본사명과 용병의 본질, 군제설정의 기본원칙 등이 포함되어 있는데, 이를 한국의 현대적 의미에 맞게 부분적으로 수정·보완하였다. 이 과정에서 군사학을 연구하는 후학들을 위해 군사학총서로 발간할 수 있도록 지식재산권을 포함한 일체의 권한을 양도해 주신 역자譯者 정탁 장군님께 진심으로 감사를 드린다.

제2편 「한국의 병역제도」는 편저자의 박사학위 논문(「21세기 한국의 병역제도 발전방안 연구」)으로서, '군 복무를 마친 사람은 이득을 보고 병역의무를 이행하지 않은 사람은 이득을 보지 못한다'는 사실을 재인식시켜 모든 병역이행 대상자들이 자발적으로 병역을 이행하는 사회적 분위기를 제고하는데 목적을 두고 작성되었다. 주요 내용은 군제설정의 기본원칙에 입각하여 한국과 스위스, 이스라엘의 병역제도를 비교 평가하여 한국의 병역제도 발전방안을 제시하였다.

이번 군사학총서 제9권의 발간을 계기로 군사학 발전에 공헌한 교수와 학자들은 물론 군사학을 전공하는 학위과정 학생들의 우수한 연구산물이 군사학총서로 발간되기를 기대한다. 군사학 발전은 특정인에게만 한정된 사명이 아니라 군사학 연구자에게 부여된 소명이며, 군사학이 더욱 더 탄탄하게 뿌리 내리고 알찬 결실을 맺을 수 있도록 하는 것은 우리 모두의 사명이기 때문이다.

이 책이 출판될 수 있도록 도움을 주신 한국 군사학의 태두泰斗 풍석 이종학 교수님과 최정화 여사님, 전 국방부 정훈국장 정탁 예비역 소장님, 그리고 충남대학교 평화안보대학원 윤석경 원장님과 자유전공학부장 길병옥 교수님, 군사학과장 고봉준 교수님, 또한 격려해 주신 김강녕·신진·곽덕환·최병학·차제순·민윤기·남명수·박기주 교수님과 표지의 화보를 제공해 주신 국방홍보원의 한인섭 기자님께도 깊은 감사를 드린다. 생애 첫 출판을 흔쾌히 허락해 주신 충남대학교출판문화원 정순모 원장님과 교정 및 편집에 도움을 준 관계관 여러분들에게도 감사의 마음을 전한다.

2012년 12월

편저자 나 태 종 識

차 례

【 제 1 편 군제 기본원리 】

【제 2 편 한국의 병역제도】

표목차

〔제1편 군제 기본원리〕

〔제2편 한국의 병역제도〕

제1편 군제 기본원리

Ⅰ. 군사제도와 군사제도학의 의의
Ⅱ. 제도의 의의와 기능
Ⅲ. 제도제일의 관념
Ⅳ. 군사제도의 중요성
Ⅴ. 제도에 관한 역사적 교훈
Ⅵ. 현대 국방사상이 군제에 미치는 영향
Ⅶ. 군사제도의 근원
Ⅷ. 군사제도의 제정절차
Ⅸ. 군사제도에 포함될 사항
Ⅹ. 건군의 정의 및 군제와 건군와의 관계
Ⅺ. 군대의 기본사명과 용병의 본질
Ⅻ. 통 수 권
XIII. 군제를 설정할 때 고려해야 할 사항
XIV. 군제설정에 따르는 정신요소
XV. 군제설정의 기본 원칙
XVI. 군제와 연구발전
XVII. 결　론

Ⅰ. 군사제도와 군사제도학의 의의

「군제軍制」와 「군제학軍制學」의 두 낱말은 의미상 서로 다른 것이다. 군제는 과거에 시행된 바 있었거나, 또는 현재 시행 중이거나, 혹은 현재 시안으로 연구·발전 중에 있는 각종 제도를 일컫는다. 군제학은 제도의 근거가 되는 학리로서 군제의 기본철학을 지니고 있으며, 군제가 생명을 지니고, 신진대사를 하고, 의미를 지니는 한 개의 유기체가 될 수 있도록 촉진해 준다. 이 두 낱말이 군사술어로서 지니는 중요한 뜻은 다음과 같다.

군제는 군사제도 혹은 군사체제(Military System)의 약칭이며, 그 뜻은 국가가 군대를 건립해서 유효하게 활용될 수 있도록 유지하여 국가가 지니고 있는 실제 및 잠재적인 군사역량을 어떻게 발전·지원·통제할 것인가 하는 방법을 제시해 주는 제반 규정을 일컫는다. 구체적으로 설명하면 국가가 전쟁수행을 위하여 준비하는 제반 설비를 군비라 하고, 군비에 관해 상세히 규정하는 제반 제도를 군사제도, 또는 약칭으로 군제라고 한다.

군제학은 군제의 설정을 탐구하는 원리와 절차로서, 국가가 어떻게 훌륭한 군사제도를 마련하고 유지하여 건군의 목적을 이상적으로 달성할 수 있도록 할 것인가를 제시해 주는 학문이다. 군제학이 관련되는 범위는 대단히 광범위하다. 군사 면에 국한해서 논한다면 군정과 군령을 포괄하며, 아울러 건군과 전쟁준비를 위주로 하여 군을 다스리는 치군治軍과 군대를 운영하는 용병 문제까지 관련된다. 군제학은 이밖에도 정치·경제·문화·역사·사회·심리·과학기술 등과 밀접한 관계를 지니고 있다. 또한 군사학술의 사상을 중심으로 하고, 기타 각 분야 학술의 중점을 융합하여 종합된다.

군제와 군제학의 의의를 종합적으로 말한다면, 군제는 군대에서 실시되고 있는 군사업무와 관련된 모든 제도를 말하며, 군제학은 이들 제도를 기타의 제반 제도와 어떻게 협조시키고 배합시킬 것인가 하는 원리와 절차, 그리고 이들 제도가 필요하게 된 동기 등을 설명해 주는 것이며, 절차수행 과정에 수반되는 책임 소재를 상세히 규정해 주고 있다. 군제와 군제학에서 무엇보다 중요한 것은 기본철학과 정신요소가 결핍되어서는 안된다는 것이다.

Ⅱ. 제도의 의의와 기능

1. 제도의 의의

제도란 무엇인가? 제制는 법칙이며 제한한다는 뜻을 지니고, 도度는 저울질과 규범의 뜻을 가지고 있으니, 제도란 곧 어떤 집단이 공동생활을 영위함에 있어 운영과 발전을 위하여 필요로 하는 규율이다. 이와 같은 규율이 있음으로써 어떤 사물을 평가할 때 표준을 정할 수 있고, 사물을 처리할 때 일정한 기준을 잡을 수 있게 된다. 그러므로 제도의 기능이란 어떤 집단을 다스리는 질서라고 할 수 있다. 제도는 어떤 작업을 하는데 있어 일정한 규칙과 기준을 제시해 준다.

제도의 형식에는 두 가지가 있으니, 그 첫째는 성문화된 제도이며, 다른 하나는 불문율이다. 성문화된 제도란 법령·규정 및 절차 등을 말하며, 불문율은 통상 풍속 또는 관습이라 일컫는데, 예를 들면 사회의 각종 자연질서와 같은 것이다. 어떠한 국가나 사회가 계속 존재하여 발전하고, 나아가 질서 있게 행복한 생활을 유지하려면 반드시 인간의 행동과 사물의 처리 및 그들 상호간의 관계와 표준을 법으로 정함으로써 비로소 질서있게 움직이고 발전할 수 있는 것이다. 사람마다 책임 있는 직분을 가지고 사물이 규율있게 질서를 유지하는 상태에서 전체가 공동의 이익을 위하여 일치된 공헌을 하고, 보다 밝은 발전을 도모해야만 더 잘사는 내일을 기대할 수 있는 것이다.

중국인은 종종 사람과 사람 사이의 인간관계만을 각별히 중히 여기고 인人·사事·물物 세 가지의 상호관계에 대해서는 소홀히 다루어 왔다. 사람만을 중히 다루고 물질에 대해서는 소홀했으니 모든 일을 처리하는데 필요한 제도 또한 소홀히 취급되지 않을 수 없었다. 여기서 우리는 제도란 일체의 인·사·물 세 가지를 질서정연하게 다루기 위한 종합체란 것을 알아야 한다. 제도가 흐리면 규율이 문란해진다. 그러므로 규율을 문란시키고자 하는 자는 먼저 제도부터 흐리게 뜯어 고치려고 한다. 제도는 조직 속에 존재한다. 조직이 흐리면 그 정신도 산만해진다. 고로 어떤 단체의 정신을 흩트리려는 자는 반드시 그 조직부터 파괴하기 마련이다. 조직이 무너지면 제도 또한 깨지게 되어 마침내 국가의 윤리와 민주와 과학이 송두리째 흔들리게 되는 것이다.

그러므로 우선 제도부터 굳건히 마련되어야 한다. 사람과 사람 사이의 관계를 다스리는 것은 윤리요, 물질과 물질 사이의 관계를 다스리는 것은 과학분야에 속하는 것이니, 이들 상호간에 일어나는 모든 사건을 처리하는 방식은 반드시 민주적이어야 한다.

2. 제도의 기능

제도의 기능은 정적인 인간 및 물질에 대하여 일정한 표준을 요구하며, 동적인 사건 및 업무에 대해서는 자동적인 질서를 요구한다. 우리가 군대에서 하고 있는 모든 작업행위는 일정한 궤도를 따라 규율있게 진행되고 있다. 제도는 인·사·물 등에 관한 관리·처리·운영을 자동적으로 질서정연하게 획일적으로 해 나갈 수 있도록 하며, 한 구절 한 마디 모두가 부드럽고 자연스럽게 진행될 수 있도록 함으로써 신속하고 간단하게 능률을 높이고, 부단하게 향상을 도모할 수 있게 한다. 그러므로 한 국가의 제도가 훌륭할수록 그 사회는 더욱 진보하게 되며, 반대로 훌륭한 제도를 갖추지 못했거나 설령 제도가 있더라도 조화가 이루어지지 않는다면 그 사회의 질서는 곧 문란해진다.

질서는 반드시 제도에 의해서 유지되어야만 오래도록 발전되는 것이다. 만일 어떤 개인의 힘에만 의존하여 사회질서를 유지한다면 그 사람이 그 자리를 떠났을 경우에는 질서가 사라져 걷잡을 수 없는 혼란을 빚고, 국가와 사회는 영원히 올바른 궤도를 달릴 수 없게 된다.

그러므로 제도는 국가가 달리는 궤도요, 건군의 기초가 되는 근본문제이다. 어떠한 제도라도 한 번에 완성되거나 이상적인 상태에 도달하기 어렵기 때문에 각종 제도 상호간에 조화를 이루는 배합이 필요하다. 한 가지 제도가 실질적인 효과를 거두고, 각종 제도와 평형하게 발전되어야 비로소 상호 보완하면서 전체적인 효력을 발휘할 수 있다. 제도상의 완전성·연관성 그리고 연속성이야말로 제도를 수립할 때 소홀히 해서는 안되는 중요한 요소이다.

Ⅲ. 「제도제일制度第一」의 관념

오늘날 인류사회의 진화는 천태만상의 양상으로 나날이 복잡해지고 있다. 모든 업무처리는 분업·협조 및 과학을 바탕으로 조직적이고 과학적인 관리를 하지 않으면 그 결과는 엉망이 되기 마련이다. 만일 합법적인 정신으로 제도와 계통을 중시하지 않는다면, 서로 협조가 되지 않을 뿐만 아니라 오히려 서로 방해하는 결과를 초래하게 된다. 그리고 직책이 분명한 경영관리를 하지 않는다면 그 결과는 무용지물이 되어 버린다. 이와 같은 결과는 마침내 국가의 정치상황을 모순과 혼란, 부정부패의 도가니로 몰아넣을 뿐만 아니라 다시 회복할 수 없는 곤경으로 빠뜨린다.

그러므로 과거에 성행했던 '사람이 다스리다가 그 사람이 자리를 물러나면 다스림도 함께 사라진다'는 식의 단순히 어떤 한 개인의 힘에 의존하여 일하던 관념은 오늘날처럼 진보된 시대에 와서는 철저히 지양되어야 한다. 바꾸어 말하면, 지난날 사람에 의존하여 일을 하던 관념은 「제도제일」의 법치 관념으로 대치되어야 한다는 것이다. 필자가 주장하는 바는 사람에 의한 다스림과 법에 의한 다스림을 갈라놓으려는 것이 아니라 두 가지의 방법이 제도에 의해 통합되어야 한다는 것이다.

필자는 인재가 제도의 추진작용을 한다는 점을 결코 부인하는 것이 아니다. 만일 인재가 기차라고 한다면 제도는 궤도라고 할 수 있는데, 기차가 애써 달리려고 하더라도 궤도가 없으면 달리지 못하게 된다. 인재는 제도를 논하는데 있어서 한 요소가 되나, 개인의 재능이 제도의 일정한 범위 내에서 발휘되고 운영되었을 때 비로소 궤도를 벗어나지 않고 정상적인 기능을 발휘할 수 있다는 것이다. 지식이 있는 자를 재능을 갖춘 인재라고 할 수 있겠으나, 제도가 마련되지 않은 상태에서 그 인재의 견해만 따라간다면 결국 만족한 성과를 기대할 수 없게 된다.

따라서, 국가는 반드시 일정한 과학적인 제도를 설정하고 거기에 준하여 인재를 발탁하여 훈련시키고 운영해야 한다. 많은 무리 가운데서 인재를 찾아 쓰겠다는 소극적인 생각을 버리고 인재를 길러서 쓰겠다는 적극적인 생각을 가져야 한다. 인재는 어느 시대를 막론하고 있기 마련이다. 증국번(曾國藩)은 "인재가 없는 것이 아니니다. 격려와 선도와 배양과 선발 등의 방법을 활용하면 구할 수 있다."고 했다. 손문(孫文) 선생은 사람마다 어떻게 그 능력을 충분히 발휘하도록 할 것인가에 대해 "교육을 통해서 각 개인의 재질을 낭비하지 않고 격려와 고무로써 근심을 덜어주고, 인재를 적재적소 원칙에 따라 운용하면 조정에 무능한 관리가 있을 수 없을 것이다."라고 말했다.

앞서 열거한 말들은 한결같이 「제도제일」의 중요성을 명백히 밝혀주고 있다. 제도는 부단히 혁신되고 발전하는 것이며, 개인의 재질과 능력을 무한히 발전·확장시켜 주는 힘을 가지고 있다. 그러나, 제도를 설정하는데 있어서 반드시 정신요소를 갖추어야 하며, 제도를 적용할 때에는 필요한 통제와 균형을 갖추어야 하고, 제도를 고치거나 발전시킬 때에는 반드시 일정한 방식을 따라야 한다. 이 모든 것이 곧 군사제도의 기본 원리인 것이다.

Ⅳ. 군사제도의 중요성

군제는 군사를 다루는 일체의 제도를 일컫는다. 군사는 정치를 하는데 필요한 네 가지 요소(정치·경제·심리·군사) 중의 하나이다. 그 가운데서도 군사는 극히 중요한 위치를 차지하고 있다. 전쟁은 정치의 연속이라고 하지만 사실상 정치작전의 마지막 수단이다. 그러므로 이 수단(인원 및 장비)의 우열이 국가의 강약强弱, 민생의 화복禍福, 국가의 존망存亡 등에 미치는 영향은 실로 심각한 것이다. 중국의 수 천년 역사를 통해 역대의 정치적 득실과 그 흥망성쇠의 발자취를 돌이켜 보면, 가장 감명 깊은 것은 정치제도가 충실했을 때에 군사제도 또한 충실하여 독립된 강대한 통일국가를 이룩하고, 국위를 떨쳐 영광되고 찬란한 역사로 장식된 위대한 시대를 창조할 수 있었다는 점이다.

이러한 시대의 예를 든다면, 한漢나라와 당唐나라를 꼽을 수 있다. 이와 반대로 정치가 퇴폐하여 지리분열支離分裂되어 쇠약해지고, 민족은 정착하지 못한 채 가난에 허덕이고, 외국세력에게 굴욕을 당하여 걷잡을 수 없는 암흑을 겪은 적도 있었으니 송宋나라 시대가 가장 좋은 예이다.

여기서 군사가 정치의 가장 중요한 일환이라는 것을 알 수 있다. 일체의 정치제도가 훌륭하면서 군사제도만 나쁠 수 없으며, 반대로 군사제도가 완정完整한데 정치제도는 결함투성이일 수도 없다. 요컨대 군사는 정치의 일환이며, 군제는 정치제도의 일부인 것이다. 그러므로 역대의 흥망성쇠가 정치제도 및 군사제도의 완정 여부와 밀접한 관계를 맺고 있다는 것은 이미 역사가 증명해 주고 있으며, 오늘날 부인할 수 없는 사실이 되었다. 그러므로 훌륭한 정치제도로부터 훌륭한 군사제도를 뽑아내는 것이 건국과 건군의 첩경이 되는 것이다.

장개석(蔣介石) 총통은 전쟁원칙을 "3할 군사, 7할 정치로써 무력을 중심으로 한 사상적인 총력전"이라고 말했다. 전쟁을 지도하고 준비하는 입장에서 태평정치를 논한다면, 모든 정치제도는 군사제도를 위주로 검토되었을 때 막강한 군사력으로 보장된 태평정치가 존재할 수 있다. 장 총통은 "우리는 건국과 건군을 함에 앞서 반드시 제도부터 세워야 하며, 제도가 바로 서지 못하면 치안이 오래 지속될 수 없을 뿐만 아니라, 비록 요행히 일시적인 승리를 거두었다 하더라도 그 결과는 역시 실패하게 된다. 한 나라의 군대를 작전면에서 말한다면, 일반적인 전략·전술만을 익히더라도 우연한 승리를 거둘 수는 있다. 그러나 현대화된 진정한 국군이 조직과 규율, 정신을 갖춤으로써 비로소 국가를 통일시키고 민족을 부흥시키는 중대한 임무를 수행할 수 있으므로 반드시 건군의 근본을 올바로 찾아야 하며, 이와 같이 위대한 과업을 보편적인 전략·전술만을 구사하여 완성할 수는 없는 것이다. 건군을 하는데 있어서 중요한 요소로는 첫째가 정신이요, 둘째는 제도요, 셋째는 규율이요, 넷째는 조직이다. 더욱이 정신요소와 제도는 일체의 근본이 된다."고 말했다.

이 훈시 가운데 언급된 전략이란 분명히 야전에서의 전략을 가리키는 것이다. 야전에서의 전략 및 전술은 용병의 기술이다. 그러나, 가용한 병력을 획득하려면 먼저 군비부터 준비해야 하는 것임을 위의 훈시는 지적하고 있다. 앞에서 인용한 훈시는 지난날의 사실을 재확인하고 군제의 중요성을 충분히 설명해 주고 있다. 장 총통은 제도설정을 말함에 있어 건국과 건군을 동시에 취급하고 있으니, 국정과 군제는 불가분의 존재임을 가히 짐작할 수 있다.

1950년 3월 1일 총통직에 복귀한 후 장개석은 그의 제1차 훈시에서 기풍쇄신, 체질개선, 제도확립, 조직강화 등 네 가지의 요망사항을 밝혔다. 이는 앞서 인용한 훈시의 내용과 상통하는 것이며, 정신, 조직, 규율, 제도의 관계를 알 수 있다. 조직의 운용 가운데서 정신을 찾아볼 수 있으며, 제도를 시행하는 가운데서 규율을 찾아볼 수 있다. 그리고 조직과 제도가 엄정해야 비로소 기풍과 체질도 개선될 수 있는 것이다.

각급 지휘관 및 참모를 시험할 때에도 역시 상술한 원칙에 입각해서 치른다면 올바른 해답을 얻을 수 있을 것이다. 군제는 군사전략 및 각 군의 전략을 주관하는 사람들의 책임분야에 속한다. 장차 사용가능한 병력의 획득 가능성 여부, 오늘의 출전태세 완비 여부, 일체 작업의 효율성 여부, 군제의 건전성 여부 등을 다루는 것은 참모본부(한국의 합동참모회의에 해당)의 기능에 속한다.

V. 제도에 관한 역사적 교훈

군제의 내용은 복잡하고 광범위하다. 이러한 군제의 설정·개혁·유지·이행 등은 반드시 이론적인 기초를 바탕으로 실시되어야 한다. 만일 이론적인 기초가 수립되기 이전에 실시하려면 어떻게 해야 할까? 이는 곧 역사상으로 나타난 경험적인 교훈 가운데서 배워야 하며, 과거의 많은 자료에서 그 득실을 귀납시켜 공통된 원칙을 찾아내야 한다.

장백리(蔣百里) 장군은 "심오한 군사학을 연구하려면 반드시 역사부터 연구해야 한다."고 했다. 따라서 한 가지의 군사제도 이론을 발전시키려면 먼저 여러 나라의 역사를 개관해야 하며, 특히 자국의 역사에 정통해야 한다. 만일 일시적인 현상이나 소수인의 동기에 따라 만들어진 잠정적인 방침을 군제로 착각한다면 전면적이고 지속적인 실제 요구를 충족시킬 수 없다.

역사를 통해서 군제의 원리를 연구한다는 것은 마치 전사를 통해서 전략과 전술원칙을 뽑아내는 것과 동일하다. 역사상 군제와 관련된 몇 가지 중요한 교훈을 약술하여 참고로 삼고자 한다.

1. 군·민 일치

역사를 개관해 보면 군대와 국민이 합치된 국가는 강했고, 분리된 국가는 약했다는 사실을 알 수 있다. 주周나라 시대의 정전井田제도, 한나라의 의무병제도, 당나라의 부병府兵제도, 명明나라의 위소병衛所兵제도, 원元나라와 청淸나라의 국민개병제도 등은 모두가 국민과 군대를 합일시켜 국세를 성왕케 하고 군대를 강하게 만들 수 있었다. 이와 반대로 진·당·송·명·청나라 말기에는 모병제도를 채택함으로써 군대는 농사를 안배우고, 농민은 군사를 모른 채 분리된 상태에 이르러 결국에는 혼란과 쇠약으로 멸망의 길을 걷게 되었던 것이다.

이른바 군·민 일치란 국방과 민생의 중요성을 동시에 뜻하는 것이다. 역사자료로부터 귀납된 군·민 일치 제도는 크게 두 가지로 나누어 설명할 수 있다. 하나는 한나라 시대의 방식이요, 다른 하나는 당나라 시대의 방식이다. 즉, 한나라 시대의 군·민 일치란 군대를 농사에 종사하게 하는 동시에 모든 농민은 병역을 치르게 하였으니, 국방과 무장을 농민이라는 생산집단에 의지한 셈이다. 이 제도는 방대한 병력을 유지하는 현대국가의 국민병역제도와 유사한 것으로서, 숙련된 훈련을 마친 다음 귀향하여 소집을 기다리게 하는 제도였다. 한편 당나라의 민병합일제도는 농사를 군대에 맡겨 생산을 군대에 의존하였으며, 결코 군대가 생산집단에 의존하지 않았다. 모든 병사가 농사를 짓되, 모든 농민이 군대에 복무하는 것은 아니었다. 이 제도는 군대가 해마다 민간인의 파종과 추수, 기타 생산작업을 돕는 것이나, 경제건설의 일부분에 참여하는 조치와 흡사했다.

여기서 고대의 군·민 일치 제도를 새삼 답습하려는 것은 아니다. 더욱이 중국공산당이 시행하고 있는 총과 낫을 동시에 둘러메는 군·민 일치 제도는 더 더욱 반대한다. 그러나 역사로부터 국방과 민생이 균형되었을 때의 조건에서 두 가지의 진리를 찾아낼 수 있다. 잘 훈련된 병사를 민간에 배치해 두는 방법과 군대 역시 전쟁업무에 지장을 초래하지 않는 한 경제건설에 종사하는 방법이다.

바꾸어 말하면, 전투인원의 동원 잠재력을 높이는 한편 잠재능력을 유용하게 활용하면서 그에 따르는 수속절차의 간소화와 시간의 단축을 중요시해야 한다는 것이다. 이렇게 함으로써, '10년을 양병하여 하루를 써먹는다'는 재래식 사고방식을 지양하고, 그 밖의 허다한 기능을 발휘할 수 있도록 해야 한다. 군대의 질은 시대의 변천에 따라 변화하고, 민간과 합치하는 방식이나 범위도 시대의 요구에 따라 발전해야 한다.

2. 군사와 정치·경제·심리와의 관계

장바이리 장군은 "평소의 생활조건이 전투조건과 일치하는 자는 강하고, 서로 어긋나는 자는 약하여 멸망한다."고 말했다. 이 말을 역사상의 실례를 들어 증명함으로써 타당성을 밝히고자 한다.

가. 주나라의 정전제도

주나라의 건국정신은 병농합일과 문무합일제도에 착안하여 평소의 생활조건과 전투조건이 일치하는 국방체제를 이루었다. 실제로 정치·경제·심리·군사의 네 가지가 일원화된 국방제도였다. 백성은 가구 수에 따라 토지를 분배받고 정부는 정전에 따라 세금을 부과하였다. 부역은 병역을 필함으로써 대치하고 세금은 곡물로 바치게 했다. 이리하여 곡식과 군대가 충족하여 자연히 생활은 풍요하고 국력은 강대하였다. 주나라의 농민은 외적의 침입을 경계하는 가운데 서로 돕고, 질병에 걸렸을 때도 서로 원조하여 행동은 군사화하고 생활은 전투화하였다. 주나라가 100여 년의 국운을 향유한 것은 훌륭한 군사제도를 가졌었기 때문이었다.

나. 춘추전국시대의 병사제도

춘추시대의 다섯 개 나라 가운데 제환齊桓이 가장 번성하였다. 제환은 관중管仲의 기내정어군령寄內政於軍令(내정을 군령에 따라 다스린다는 뜻) 제도를 채택하여 군·정 합일 및 민·병 일체를 달성했다. 평시에는 견고한 방위태세를 갖추고 전쟁시에는 강했으니, 여러 이웃 나라들을 통합하고 천하를 통일하여 마침내 다섯 나라 가운데 으뜸이 되었으며, 북방의 오랑캐들을 제압하여 당당한 중국의 역사와 문화를 지켜왔던 것이다. 공자(孔子)는 일찍이 "관중이 이웃 제후들을 병합하고 천하를 통일하여 백성들이 복을 누리나니, 만일 관중이 없었던들 오늘날 백성들의 꼴은 볼 모양이 없게 되었을 것이다."라고 하여 관중의 업적을 높이 찬양했다.

춘추시대의 정치와 군령의 관계는 〈표 1〉과 같다.

〈표 1〉 춘추시대 정치와 군령의 관계

내정 조직	궤軌 (5家)	→	리里 (50家)	→	연連 (200家)	→	향鄕 (2,000家)	오향五鄕 (10,000家)
	↕		↕		↕		↕	↕
군사 조직	오伍 (5人)	→	소융小戎 (50人)	→	졸卒 (200人)	→	여旅 (2,000人)	군軍 (10,000人)

다. 당나라의 부병제도

당나라는 무력으로 천하를 평정한 후 계속해서 학문으로 다스려 백성으로 하여금 편안한 가운데 생업에 종사하게 하고, 정치가 밝아 저절로 나라가 부강하고 백성들은 편리했다. 백성 가운데 건강한 자를 뽑아 병정으로 삼아 모든 병정에게 농사를 짓게 하고, 적절한 통제기구를 두어 유사시에는 싸움터에 나가게 하였으며, 평시에는 생산에 종사시키는 한편 여가를 이용하여 무술을 가르쳤고, 농사에 지장이 없도록 경제조건과 국방소요를 균형있게 유지하였다. 이리하여 병정은 강해지고, 장수는 시야가 넓어져 국위를 떨쳤으니, 돌궐을 정복하고 멀리 페르시아까지 정복하여 사방 856개의 대소 국가들이 당 태종唐太宗을 가리켜 티엔지한(天可汗)이라 불렀다. 이때야말로 중국이 그 위세를 만방에 떨치던 시대였다.

물론 오늘날은 사회조직과 정치형태가 변했고 군대의 가치관도 달라졌으며, 국제간의 외교관계도 과거와 같지는 않다. 그러나 우리는 역사과정에서 총체전의 요청과 그 수행방법을 터득할 수 있고, 나아가 어떻게 힘의 균형을 이루어 다스릴 것인가, 그리고 군웅할거의 현상을 어떠한 방법으로 방지할 것이며, 어떻게 중앙과 지방 사이의 균형을 이루어서 통일된 국력을 발휘할 것인가를 알아야 한다는 것을 깨달을 수 있다. 이것이야말로 오늘날 군제를 설계할 때에 심각하게 고려해야 할 문제점인 것이다.

3. 군제와 국민경제와의 관계

군대는 국가 최대의 소비자이다. 군제가 양호하면 할수록 그만큼 국민경제가 받는 영향이 적을 뿐만 아니라 오히려 간접적으로 사회생산의 발전을 촉진시킬 수도 있다. 그와 반대로 만일 군제가 건전하지 못하다면 국민경제가 받는 부담이 과중하여 사회산업을 위축 또는 방해하고, 심지어는 민간의 생업을 도탄에 빠뜨리고 국가의 재원을 고갈시켜 민심마저 이탈되어 어떤 국가도 이러한 재난을 감당할 수 없게 되는 것이다.

그러므로 평시에는 군대로 인한 국민의 부담을 감소시켜야 하며, 군대를 과잉상태로 유지하여 무위도식하는 군인이 생기도록 해서는 안된다. 송나라 말기에는 전쟁도 하지 않으면서 병력 100만 명을 유지하느라 백성은 허덕이고 국고는 고갈되어 점차 쇠약해져 결국 멸망하고 말았다. 송나라는 역사상 군제가 가장 빈약했던 시대였다. 송나라의 태조 조왕윤(趙枉胤)은 원래 반란을 일으켜 왕위를 차지한 인물로서, 군인의 정치에 대한 간섭을 두려워하여 즉위하자마자 문관 우위주의를 채택하여 무관을 경시하는 정책을 펼침으로써 무관의 지위는 약화되고 말았다. 더욱이 그 당시는 북방 국경의 방위상태가 허술하여 우수한 군대로써 만일의 사태에 대비할 태세를 갖추지 않으면 안 될 형편이었다. 비록 군대가 숫자 면에서는 많았으나 강하지 못하여 요·하·금·원나라 등 외적이 침입하여 굴욕적인 참화를 당하였고, 도읍을 옮기면서까지 저항했지만 결국 멸망하고 말았다.

300여 년에 걸쳤던 송나라 왕실은 시종 가난과 내우외환, 그리고 퇴폐적인 환경 속에서 허덕였으니, 이 시대는 중국의 쇠약기라고 할 수 있다. 당시 중국 전체의 세입이 6,000만 섬이었는데, 그 중에서 군비지출로 5,000만 섬을 탕진했었으니 실로 놀라지 않을 수 없고, 백성의 경제생활에 미친 영향이 얼마나 심각했었는지 가히 짐작할 수 있다. 그 당시 왕안석(王安石)이란 인물이 "만일 군제를 바로잡지 못하면 중국은 절대로 부강해질 수 없다."고 부르짖었으나, 이미 때가 늦어 고질痼疾을 고칠 수 없는 지경에 이르렀다. 그 후 군대가 무위도식하는 습성이 전국적으로 걷잡을 수 없이 번짐으로써 결국 망국의 종말을 고했던 것이다. 이를 두고 역사가들은 송나라를 가리켜 너무 방대한 군대를 기르다가 멸망한 시대라고 일컫는다.

군대라는 용어는 원래 병기라는 뜻을 내포하는 복합적인 의의를 갖고 있다. 국가경제 면에서 논한다면, 과거에는 사람(군인)을 유지하는데 부담이 컸으나, 현대에 와서는 무기 및 장비로 인한 부담이 날로 높아지고 있다. 옛날에는 부대를 말할 때는 병졸을 가리켜 논했으나, 오늘날에는 무기에 편중하거나 심지어는 단순히 병기만을 가지고 논하기에 이르렀다. 예를 들면 포병이 예비대의 임무를 담당하는 것이 아니라 포병 예비대란 곧 그가 보유하고 있는 포탄을 지칭하는 것이다. 또 다른 예로는 오늘날의 핵 유도탄은 병력으로 간주되고 있다. 현대의 과학문명이 급속도로 발달하여 어제와 오늘이 다르니, 무기 및 장비의 형태와 성능도 급속도로 새로운 것이 요구되고 있다.

장차 정비 부속품과 보급품을 예비병력으로 간주하더라도 크게 잘못된 것이 아닐 것으로 본다. 이러한 상황하에서는 평시의 정비와 전시의 동원에 관한 업무가 전체 국민의 경제실태에 맞게 수행되었을 때에 비로소 강한 군대와 부유한 국가를 동시에 이룰 수 있는 것이다. 이를 통해 군제와 국민경제와의 관계는 그만큼 밀접하다는 사실을 알 수 있다.

4. 군인의 사회적 지위

군인은 국민으로부터 태어나며 또한 국민의 일부분이다. 양민은 양병의 기초가 되며, 양병은 양민의 본보기가 된다. 군인도 사회적으로 공정하고 합법적인 지위를 마땅히 누려야 하며, 지나치게 편중하거나 경시되어서는 안 된다. 너무 편중하면 무인의 기질이 방종해져서 국법을 무시하여 국민을 괴롭히고 난폭해지기 쉽다. 당나라 말기의 번진제도藩鎭制度는 국토를 여러 장수들에게 분할해 주어 다스리게 한 제도였는데, 이 제도를 실시한 결과 무인이 발호跋扈하여 함부로 날뛰었으니, 마치 '나라는 장수에 의해서 움직이고, 장수는 병졸의 손바닥에서 놀아나는' 형국이 되어 번진이 반란을 일으켰을 때에 나라는 이미 꼬리가 몸보다 더 무거운 상태여서 수습할 길이 없었다. 이처럼 군인의 사회적 지위가 너무 높으면 이와 같은 폐단을 막을 길이 없고, 반대로 군인의 지위가 너무 낮으면 거기에 따르는 부작용이 더 큰 폐단을 초래한다.

위魏·진晉·남북조南北朝 시대에는 세습적인 병역제도가 성행하여 부호들이 제멋대로 군대를 양성하였으니, 백성들은 그 가운데 어느 한 부호의 군사집단에 입적하여 완전한 사병私兵이 됨으로써, 어버이가 죽으면 아들이 상속하여 사병이 되어야 했다. 당시의 큰 부호들은 공경公卿이라고 불렀다. 그들은 국가에 대한 병역의무를 기피하는 반면, 일반 서민은 정부에 세금을 바침으로써 병역을 면제받았다. 그 결과 망나니·깡패·노예·범죄자·실업자 등에게만 병역을 치르게 하였으니, 그들의 지위는 자연히 사회적으로 최하급의 대우를 면하지 못했고, 일반백성은 그들을 멸시하여 자리를 같이하기를 꺼렸다. 이리하여 국세는 나날이 쇠약해지고, 사회풍조가 시들게 되어 전체 백성이 숨을 쉬지 못할 정도로 사태는 긴박해졌다.

그 후 난리를 겪어 백성은 도탄에 빠지고 국경을 접하고 있는 여러 나라들로부터 침략을 당하게 되었다. 그 당시 조적(祖逖)과 도간(陶侃)과 같은 충신·명장들이 이 같은 상황을 애써 바로잡으려고 했으나, 회복하지 못한 채 나라가 멸망하게 되었다. 여기서 우리는 군제가 밝지 못하면 비록 충신과 명장이라 할지라도 올바로 이끌 수 없다는 사실을 알 수 있다.

세상만사를 다스리는데 있어서 너무 지나치게 극단적인 것은 화를 입는 수가 많다. 군인의 사회적 지위 역시 예외가 될 수는 없다. 그러므로 적당한 수준으로 유지해야 한다는 것은 역사가 가르쳐 주는 진리이다. 그렇다면, 어느 정도를 가리켜 적당하다고 하며, 또한 적당하다는 수준을 어떻게 유지할 것인가 하는 문제야말로 군제를 취급하는 사람들이 탐구해야 할 문제점이다.

전쟁 상황에서는 군인의 지위를 합리적으로 높여주는 한편, 군사법규는 군인에 대해 적당한 제재를 가할 수 있도록 유지해야 한다. 이렇게 하지 않으면 대단히 위험한 결과를 초래하게 된다. 군인의 지위를 높일 때에도 어떤 부문은 높여주어서는 안될 경우가 있다(예 : 군사전략은 국가전략에 따라 결정되어야 한다). 한편 그들을 제재할 때에도 어떤 경우에는 제재해서는 안 될 때도 있다(예 : 7할 정치, 3할 군사의 체제하에서 무력을 중심으로 사상적 총력전을 수행할 경우). 이와 반대로 되면 국력에 크게 영향을 미쳐 아주 위험하게 된다. 결론적으로 중요한 착안점은 군사력의 충분한 발휘와 사회의 안정을 동시에 고려해야 한다는 것이다.

5. 군인의 소양 문제

선량한 국민 중에서 재질 있는 자를 선발하여 군인으로 양성하는 것은 고무적일 뿐만 아니라 실제로 절실히 바람직하다. 자기를 존경할 줄 알고 또한 남을 존경할 줄 알 때에 사기도 높아지고 전력도 강해지는 것이다. 당나라 시대의 부병제가 바로 좋은 예이다. 만일 노예나 범죄자들을 군인으로 충당한다면 처벌의식을 내포할 뿐만 아니라, 본연의 목적을 달성할 수도 없다. 즉, 자기를 소중히 여길 줄 모르고 남을 존중할 줄 모른다면 사기는 크게 떨어지고 전력은 약해진다. 진나라 시대가 그 좋은 예이다.

또한 송나라는 도둑을 군인으로 삼은 채 군제는 설정조차 하지 않았으니 군인을 모집하는 것이 아니라 강제징발, 정확히 말하면 잡아넣는 식이었다. 군대는 도망병을 방지하기 위해 얼굴과 팔을 불로 지져 표지標識를 했고, 군인과 민간인을 완전히 분리시켜 군인이 고향에 다시 돌아갈 수 없도록 함으로써 군인은 감히 양민과 어울릴 수가 없었다. 후당後唐시대부터 남송南宋시대에 이르기까지의 군인은 실제로 군인이 아니라 강도였다. 군인의 소양과 지위가 저열하여 백성들이 그들을 외면했던 것이다.

군대는 안정되어야 패하지 않고 나라는 태평해야 망하지 않는다. 그러므로 군대의 소양을 높이는 것은 군인의 사회적 지위를 향상하기 위한 선행조건이 된다. 따라서 국가가 주도하여 계획성 있게 훌륭한 군제를 마련하여 군인의 건전한 소양을 길러주고, 나아가 백성을 보호할 수 있도록 해야 한다. 장교와 부사관의 소양도 중요하거니와 고급지휘관의 소양 문제는 정예군대를 이룩하는데 있어서 선행조건이 된다.

한편, 군인 자신은 군제가 정하는 바에 따라 스스로 엄격한 군기를 유지하여 오만과 난폭, 또는 자포자기하는 행위를 방지해야 한다. 앞서 열거한 모든 것이 건군을 하는데 있어서의 근본문제가 되는 것이며, 이들은 또한 병역제도, 인사제도, 군사교육제도와도 지대한 관계를 갖는 것이므로 군제를 마련하는 사람들이 반드시 주의해서 연구해야 할 문제이다.

군제를 논함에 있어 양量을 위주로 하는 다병주의와 질質을 본위로 하는 정병주의에 대해서도 서로 다른 주장이 있다. 양자가 모두 일리를 갖추고 있으나, 사실상 두 가지 사상은 공존 또는 병존할 수 있다고 하겠다. 왜냐하면 이들 두 가지 이론은 원래 동시에 병발竝發된 것이기 때문이다. 전자는 군비확장에 적응하기 위한 것이며, 후자는 건군초기에 일어나는 현상으로서 누구나 인정하고 있다.

그러나 역사상 어떤 시기에는 다병주의를 채택하여 한 때의 난을 모면하려고도 했으나, 장기적인 건군계획과 그를 유지할 핵심이 없었던 까닭에 오래되지 않아 밑바닥이 드러나게 되어 군사가 부진할 뿐만 아니라, 결국 국운까지 위태롭게 되었던 예도 많았다. 그렇다면 다병주의와 정병주의를 동시에 채택하여 효과를 거둘 수는 없는 것일까? 대답은 가능하다고 할 수 있다. 이는 엄격한 훈련을 거친 병력을 민간사회의 생업에 종사토록 하다가, 일단 동원되었을 때에는 그들을 핵심으로 하여 예비역 또는 민병으로 하여금 부대를 편성하는 방법이다. 독일이 소수 정병주의를 채택했던 방식이 좋은 예이다.

그러면, 100여년 이전의 미국의 제도는 어떠했는가를 살펴보기로 하자. 당시 얼핏 보기에는 건군의 기초가 전연 없었던 것 같으나, 자세히 관찰해 보면 역시 장교와 부사관을 엄선하였고, 그들은 진중윤리陣中倫理를 엄수하였으니 비록 전쟁 수요를 충당하기 위한 목적이거나, 또는 일반 민중의 소양이 저하되었다는 이유로 간부를 엄선하는 것과 병사를 엄격히 훈련시키는 원칙을 포기한 적이 결코 없었다.

싸움터는 곧 가장 좋은 학교인 동시에 훈련장이다. 미국은 건국 초기부터 서부개척 및 남북전쟁에 이르기까지 간부의 소양이 부족하다고 해서 무더기로 부사관을 장교로 끌어올려 쓰지도 않았고, 반대로 장교를 부사관의 업무에 종사시키거나 부사관을 병사의 업무에 종사시키는 예도 없었다. 더욱이 수고했다고 위로하는 방법으로 계급을 마구 승진시키는 행위는 더욱 없었다. 지난날 중국군대가 오합지졸의 군대를 끌어 모아 장교와 부사관의 가치를 깎아내렸던 사례는 실로 어처구니 없는 것이었다.

역사를 통해 알 수 있는 사실은 각국의 우수한 군대는 반드시 장교단 및 부사관단의 제도를 실천했다는 사실이다. 강조하고 싶은 것은 일반국민의 소양이 저하되었다는 사실이 군대의 소양도 따라서 저하되어야 한다는 이유가 될 수 없다는 점이다. 국가가 가난하면 군인의 소양이 저하되고, 군인에 대한 대우가 가정을 유지하지 못할 정도가 된다는 것도 건전한 이유가 될 수 없다. 국가가 가난할수록 정병의 필요성은 더욱 높아지는 것이며, 나라가 어지러울수록 우수한 자를 군에 흡수시켜야 하고, 또한 정권이 불안할수록 안정된 군대가 더욱 필요하게 되는 것이다. 정병으로 속전속결해서 승리를 거두는 것은 가장 경제적인 방법이며, 군제의 묘리妙理가 바로 여기에 있다.

무기가 발달되지 못했던 과거에는 싸움터에서 장교가 앞장서서 지휘를 담당했었다. 그래서 장교를 가리켜 병정을 거느리고 훈련시켜 사용하는 자로 인식해 왔다. 그 후 무기가 점차 발달함에 따라 전쟁의 형태도 바뀌어 직책상 장교가 직접 지휘할 수 없게 되자 부사관제도가 생겨났다. 더욱이 오늘날에 와서는 군대 내의 행정·군수·민사 등에 관한 업무가 더욱 복잡해지고 기술적인 요구가 높아져 군인을 비단 장교, 부사관, 병사로만 국한할 수 없게 되었다. 그래서 비정규군 제도와 고용제도가 증설되어야 할 필요가 생겼다. 이렇게 함으로써 장교와 부사관의 소양을 높이는 한편, 방대한 군대를 계속 유지할 수 있게 되었다. 여기에 완전한 예비역 및 민병제도가 이루어진다면 장교 및 부사관의 기술면에서의 수준을 유지할 수 있고, 나아가 질과 양을 동시에 확보할 수 있을 것이다.

6. 군대의 신진대사

중국의 역사에서 오래도록 부패하지 않았던 군대를 거의 찾아보기 어렵다. 한나라의 의무병, 당나라의 부병, 금나라의 맹안猛安과 모극謀克, 원나라의 몽골병, 명나라의 위소병, 청나라의 팔기병 등은 모두 처음에는 천하를 뒤흔들 듯 했으나, 몇 차례의 전역戰役을 치르고 나면 쇠약하고 부패해졌다. 그 원인을 분석해 보면 신진대사를 촉진할 수 있는 좋은 제도를 갖추지 못한데서 기인했다는 것을 알 수 있다. 명나라의 고정림(顧亭林)은 일찍이 "천하가 태평하려면 낮은 벼슬아치가 많은 반면 높은 벼슬아치는 적은 것이요, 반대로 천하가 어지러우려면 높은 벼슬아치가 많아지고 낮은 벼슬아치가 적어지는 법이다."고 말했다. 이는 군대가 신진대사를 하지 못하면 높은 계급은 적체되고, 하위계급은 충원되지 않아 천하가 어지럽게 됨을 말해주는 것이다.

어떠한 제도일지라도 영구히 모든 변화에 적응할 만큼 완전할 수는 없다. 젊은이는 늙어지고 늙으면 시들게 된다. 인·사·물 역시 이와 같은 과정을 밟아 변화되기 마련이다. 비록 조건과 환경을 새롭게 단장했더라도 만일 옛사람이 새로운 일을 맡는다면 관념부터 잘 돌아가지 않을 뿐만 아니라 체력면에서도 감당하기 어려운 것이다. 낡은 것을 붙들고 버리지 못한다면 결과는 새로운 시대와 새로운 임무의 시련, 또는 새로운 환경과 새로운 대상의 위력을 감당할 수 없게 된다. 그러므로 과학적인 군사제도를 만들어 군대가 신진대사를 함으로써 활기 있고 젊은 전투력을 유지할 수 있도록 해야 한다. 이것은 건군에 따르는 극히 중요한 문제이다.

막강한 군대는 반드시 건전한 장교단과 부사관단 제도를 갖추고 있다. 건전한 장교단은 반드시 엄선된 참모장교단을 보유하고 있으며, 또한 상하간에 뜻을 같이 하는 단결력을 지니고 있다. 나아가 인사·교육·연구발전·분리·동원 등에 관한 건전한 제도를 갖추고 있다. 군대의 신진대사 문제는 사실상 장교단과 부사관단의 신진대사에 부가하여 전쟁수행방법, 장비 및 편제에 관한 개혁문제까지 포함하는 것이다. 더욱이 장교단이 금자탑을 이루지 못한다면 군대의 간부는 영원히 새로운 활기를 찾을 수도 없고, 새 물결이 침체된 물결을 밀어내지도 못하여 군대는 곧 썩어버리게 된다는 것은 역사가 이미 충분히 증명해 주고 있는 교훈이다.

7. 둔전屯田제도와 국방

어느 시대를 막론하고 군대의 신진대사를 촉진시키고 국민의 부담을 경감시키기 위해 노력을 경주해 왔다. 이것이 잘되면 나라는 평온하고 융성했으며, 잘못되었을 때에는 국세가 날로 쇠약해져 도탄에 빠졌다. 사태가 어려워진 다음에 손을 쓰는 것은 마치 죽을 병에 걸린 환자에게 약을 먹여도 소용없는 것과 같아서, 비록 현명한 군신들이 있다 하더라도 장수(간부)들이 잡다한 이유를 내세워 방해하면 속수무책으로 곤경을 만회할 수 없게 된다.

어느 국가라도 무위도식하는 군대와 간부층의 비대肥大상태를 용납하기는 어렵다. 취업조건이 어려운 상황에서는 갑작스런 예편이나 군대를 해산시키기가 더욱 곤란하여 자칫하면 사회를 문란시킬 우려가 있다. 둔전제도는 비록 구시대의 낡은 방법이기는 하지만 놀고 먹는 병정문제를 해결할 수 있는 구체적인 방안을 제시해 주는 제도였다.

이 제도는 한나라 때에 시작되어 삼국시대, 진·수·당·송나라 시대를 거쳐서 명나라 시대에 가장 성행했었다. 명나라 때에는 군둔軍屯 이외에도 민둔民屯, 상둔商屯제도 등이 있었으며, 군대는 모두가 둔전을 가져 밭을 갈아 경작을 했으므로 그 수확이 적지 않았다. 명 태조는 일찍이 "우리가 백만 군사를 기르는데 백성의 곡식은 한 톨도 건드리지 않는다."고 했으니, 군사지대에서 농사를 짓게 하는 둔전실변屯田實邊 제도는 국방수비 역량을 증강시키는 동시에 국방의 기초를 공고히 하는 역할이 지대했었다. 만일 이러한 제도를 정부가 계획성 있게 지도하여 시대적 요구에 맞도록 조직과 운용을 확대시키고, 생산항목도 농사에만 국한시킬 것이 아니라 하천 부설·조림·목축·도로공사·광산개발·운수·어업 등의 공사와 생산사업으로 늘리고, 외국으로 진출하여 외화를 벌어들일 수 있도록 하는 것 등은 과학적인 방법으로 운용하고 계획성 있게 선도만 한다면, 군대에서 전역한 이후의 취업 문제까지도 해결될 수 있을 것이므로 어느 종목을 막론하고 수확을 못 거둘 것이 없다.

중국 역대에 걸쳐 내려온 군대의 인원 과잉을 인정이나 정실에 이끌려 처리하지 못하고 문제의 해결을 보지 못한다면, 군대에 새로운 희망이 없을 뿐만 아니라 사회문란과 국가기본의 동요를 초래할 것이니, 모름지기 송·명·청나라 말기에 병정들이 도둑질하던 상황을 거울삼아 각성해야 할 것이다.

8. 군대와 군수문제

건군을 하는데 있어 우선 양호한 군수지원제도를 마련해야 한다는 것은 새삼 거론할 필요가 없을 정도로 중요하다. 역사상 군수 면에서 실패했던 예를 태평천국시대의 성고제도聖庫制度를 들어 살펴보기로 한다. 사실상 이 제도는 보급을 적으로부터 획득·보충하는 제도로서, 정책면에서 본다면 거의 절대적으로 정확한 것이었다. 그러나, 운용 면에서 업무를 규제하는 군제가 결핍되었기 때문에 결국 탈선과 실패의 결과를 낳게 되었다.

태평군이 금전金田에서 의병을 일으켰을 때 홍양등洪楊等은 천주교회식 성고제도를 채택하여 일체의 노획품을 공금으로 납입시켜 누구도 사물로 삼지 못하도록 했다. 천왕[홍수전(洪秀全)을 지칭함]으로부터 말단 사졸에 이르기까지 모두가 일정한 봉급이 없었으며, 오로지 획득한 노획품의 양에 따라서 은급 및 보수가 결정되었던 것이다. 단지 주·부식만은 고정적으로 분배되어 천왕은 하루에 고기 열 근을 할당받고, 이를 기준으로 계급에 따라 양이 줄었다. 그리하여 감군(현재의 소대장급에 해당함) 이하의 계층에서는 전연 향락이란 맛볼 수 없었으니, 제도 자체가 불합리한 것이었다. 이러한 조치로 말미암아 상층계급은 한없이 향락을 즐겼으나, 하층계급은 아무런 혜택을 받지 못하였다. 의병을 처음 일으켰을 때는 모두 자발적으로 단결하여 민족운동의 대열에 참여했기 때문에 그런대로 규율을 유지할 수 있었다. 그러나 남경(南京)을 평정한 이후부터 탐관오리와 사재를 모으는 습성이 성해져 접수행위는 강탈행위로 변모되고, 상하 간에는 이해관계로 다투기에 이르러 군대는 싸울 때마다 패하였다. 태평군의 군령은 엄하기는 했으나 수습할 길이 없었다.

"군대는 수레가 없어도 망하고, 창고가 비어도 망한다."고 했다. 그런 까닭에 대부대의 작전에는 반드시 완벽한 군수계통과 양호한 군수제도가 뒤따라야 한다. 만일 장차 우리가 적으로부터 보급을 획득하는 방법을 군수계통에 정식으로 포함하여 조그마한 노획품이라도 국고에 납입하고 합리적으로 재분배하여 적절히 선용善用만 할 수 있다면, 손자(孫子)가 말한 '적을 무찌른 한편 아군은 더욱 강해지는' 지경에 이를 수가 있을 것이다. 그러기 위해서는 우선 양호한 제도가 확립되어야만 실행될 수 있을 것이다. 제도를 무시한 채 어떤 특정인의 권한만으로 처리된다면 결국 혼란을 초래하게 된다.

전략가는 적과 아군이 접전하기 전에 유리한 태세를 형성시키는데 착안해야 한다. 군사전략에는 육·해·공군의 군별 전략과 야전전략이 내포되어 있다. 전략의 정의를 자세히 들여다보면 군제도 그 속에 포함되어야 한다는 것을 발견할 수 있다. 만약 군제가 건전하지 못하면 전쟁에 임박해서도 가용부대가 부족하여 임시적인 방법을 쓰거나 혹은 규율이 문란하여 제대로 기능을 발휘하지 못하게 된다. 만일 솔선수범하는 기풍이 결핍되거나, 간부들의 의견이 구구하거나, 상관이 부하의 자발적 행동을 용납하지 않아서 간부들이 창조력과 책임감을 상실하게 된다면 이 역시 군제의 잘못이니 군사전략의 범주에서 다루어야 할 문제이다. 간부가 자율적이고 자발적인 정신을 갖추지 못하고 평시에 부대가 전쟁터에서 최후의 결전을 어떻게 치를 것인가를 소홀히 한다면, 전투발전과 나아가 기술연구에까지 영향을 미치게 되어 마침내 작전지속지원(전투지속) 업무가 발전할 수 없게 되거나, 발전하더라도 전쟁상황이 요구하는 바에 적응하지 못하게 된다면 그 책임은 실로 막중한 것이며, 곧 국가의 운명을 위태롭게 하게 되는 것이다.

위에 제시한 역사상의 교훈을 종합해 보면 모두가 군제를 마련하는 것과 관련된 중대한 문제들이다. 역사상 실패했던 전철을 되풀이 하지 않기 위해서는 훌륭한 병역제도·동원제도·인사제도·군사교육제도·군수제도·연구발전제도·일체의 지휘관계·참모운용·절차 및 합동작전에서 어떻게 통일된 전력을 유효하게 발휘할 수 있는가에 관한 제도 등을 마련해야 한다. 이를 한마디로 말하면 완벽한 군사제도를 마련해야 한다는 것이다.

정치적인 제도뿐만 아니라 통제력과 효율성을 갖춘 동적인 제도라야 한다. 군제의 설정을 논함에 있어서 만일 역사상의 교훈으로부터 얻어진 진리를 벗어나거나, 오늘날의 제반 현실을 고려하지 않는다면 그러한 제도는 실정에 맞지도 않을 뿐만 아니라 완전히 쓸모없는 결과를 초래하는 것이니, 그러한 제도로는 전쟁에서 승리를 기대할 수가 없는 것이다.

과거의 역사로부터 물려받은 교훈이란 그 근본정신을 흡수하는 것이지 결코 그 전체를 모방 및 재연하자는 것이 아니다. 청나라 시대 손태양(孫詒讓)은 그의 저서 『주례정의周禮正義』에서 "지난 시대의 정치를 논한다면, 가변적인 사실과 불변적인 원리의 두 가지로 구분할 수 있다. 옛것을 거울삼아 오늘을 알려고 함에 있어 그 원리는 배우되 표면상의 사실은 본 따지 말 것이며, 그 원리는 활용하되 그 허울은 되풀이 하지 않아야 하며, 지난날의 원리를 변화에 맞추어 융통성 있게 최대로 활용해야 한다."고 했다. 이 말은 우리가 현행 군사제도를 연구·제정하는데 있어서 동서고금을 통해 얻어진 값진 교훈을 참고해야 한다는 것을 말해주는 것이다.

Ⅵ. 현대 국방사상이 군제에 미치는 영향

군제를 설정하는데 있어서 한편으로는 역사상의 경험으로부터 얻어진 교훈을 이해하여 거울로 삼고, 또 한편으로는 세계 각국, 특히 적성국가의 군사사상을 통찰하여 진일보의 발전을 위한 참고로 삼아야 한다. 과거를 거울로 삼아 미래를 판단할 줄 알아야 군제에 대한 올바른 인식을 갖출 수 있고, 나아가 적을 무찌를 만큼 유효하고도 구체적인 제도를 만들어낼 수 있다.

장개석은 "군제를 확립하는 데는 반드시 두 가지의 논리 기초를 갖추어야 한다. 첫째는 민족적 전통정신이요, 둘째는 과학의 시대적 요구이다. 이 두 가지가 갖추어져야만 비로소 자기 나라의 형편에 맞고 시대와 지역적인 특성에 맞는 완전한 군제를 창조할 수 있다."고 강조하였다.

위의 논리에 근거한 현대 국방사상과 군제와의 관계는 다음과 같이 귀납시킬 수 있다.

1. 군사와 정치와의 관계

클라우제비츠(Carl Von Clausewitz)는 "군사는 정치의 연속이다.", "작전계획을 세울 때에는 반드시 정략을 근거로 해야 한다."고 말했는데, 오늘날 우리가 군사제도 문제를 연구할 때에는 앞서 열거한 이론을 더욱 중요시 해야 한다. 무릇 군제를 수립함에 있어서 가장 기본적인 바탕을 이루는 것은 국가의 헌법과 국가전략이며, 이 두 개의 바탕을 국가통치와 국방의 기초로 하여 부국안민의 길을 닦고 적군을 물리쳐 안으로는 평화를 누릴 수 있도록 하는 것이니, 이는 곧 국시國是의 근본이라 하겠다. 만일 이와 같이 중요한 근본을 망각한다면 군제는 수립될 수 없다. 또한 일시적인 동기나 기분에 따라 군제를 제정한다면 뿌리 없는 묘목과 같아서 수분을 빨아들이지 못하고 시들어 버리기 때문에 건군 및 전쟁준비의 계통을 유지할 근거조차 없게 되고, 결국 국가의 안전마저 동요하게 된다. 군사가 국가안전의 여부를 가름 짓는 최후의 수단이기에 바로 정치의 중심부분을 차지하는 것이다.

여러 국가가 서로 생존경쟁을 하고 생활수준이 나날이 진보되는 상황에서 우리는 항상 국가안전과 적대국의 침략을 동시에 고려해야 한다. 그러므로 국가의 최고정책은 반드시 국방을 가장 기본적인 고려사항으로 삼아야 하며, 동시에 국방은 군사행동을 최후의 수단으로 하고 군사는 무력을 중심으로 해야 한다. 전쟁방침은 정치적인 의도를 그 목적으로 삼아야 하며, 정치적 의도의 최후 보루는 곧 무력이 되어야 한다. 전쟁방침으로 말한다면 정치·경제·심리·군사 등 국력의 네 가지 요소 가운데 하나에 불과하지만, 역시 그 중에서도 군사가 국력의 핵심을 이루고 있다. 반면, 군사가 핵심을 이루고 있을지라도 네 가지 수단 중의 하나에 불과하므로 반드시 전쟁방침에 복종해야 한다.

비스마르크(Otto Eduard Leopold von Bismarck)는 "중대한 전략을 결정하는 데는 정략목적이 무엇인가를 먼저 착안하여 정략원칙을 중요 전략의 근본으로 삼아야 한다."고 말했다. 이것이야말로 군제를 설정함에 앞서 반드시 깨달아야 할 사항이다. 장개석은 전쟁방침을 '3할 군사, 7할 정치, 무력을 중심으로 한 사상적 총력전'이라고 밝혔는데, 이는 지극히 합리적인 표현인 것이다. 이만하면 군軍과 정政간의 주종관계 및 비중관계가 완전히 해명되었으리라 믿는다.

2. 국방과 민생문제

현대전쟁은 총력전인 전체전인 동시에 국력의 종합전이다. 국방은 국가의 안전을 위한 필수적인 존재이며, 민생은 국가 시정의 주체이다. 국방에 관한 제반사항은 반드시 민생문제를 해결할 수 있는 기초 위에 세워져야 한다. 민생은 국방으로써 보장해야 하고, 국방을 위한 제반 조치는 민생의 보호를 최고 목적으로 해야 한다. 손자는 일찍이 "전쟁은 국가의 중대한 일이다. 국민의 생사와 국가의 존망이 걸린 일이니 깊이 살피지 않을 수 없다."(兵者 國之大事 死生之地 存亡之道 不可不察也)고 했다. 여기서 우리는 국방문제와 민생문제가 다같이 중요한 가치를 지니고 있음을 알 수 있다.

역사상 이미 겪어 온 교훈을 통해서 군사가 반드시 정치·경제·심리와 상호 배합이 되어야 한다는 것을 알 수 있다. 만일 국방이 민생문제를 이탈한다면, 고립된 군사적 국방이 되어 마침내 국민의 지지를 얻지 못하여 국민경제의 파탄과 국가재정의 붕괴를 초래하게 된다. 이렇게 되면 국방은 마치 사상누각과 같아서 오래지 않아 시련을 견디지 못하고 현대전쟁의 요구에 적응하지 못하게 된다. 만일 민생문제를 편중하고 국방을 소홀히 한다면 이기적인 사회로 변질되어 결국 외세의 침략을 받아 국가의 운명이 위태롭게 되고, 일체의 국가시책은 실현시킬 수 없게 된다. 따라서 국방과 민생문제를 동시에 균형 있게 다루었을 때 비로소 부국안민과 민생태안民生泰安의 목적을 달성할 수 있다.

군사적인 입장에서 말한다면, 전쟁이란 적을 섬멸하는 것을 목적으로 하는 까닭에 당연히 국방을 위한 후방지원을 제공할 수 없는 것이며, 반면 민생 수준이 높으면 군대를 육성하고 유지할 수 있을 뿐만 아니라, 나아가 지원과 작전면까지 강화시켜 준다. 만일 장기전을 치러야 한다면, 민생문제를 더욱 깊이 고려해서 정치의 안정과 전력의 지속성을 증진시켜 최후의 승리를 쟁취하도록 해야 한다.

3. 평·전시의 관념 및 문·무일치 사상

생명이 있으면 싸우기 마련이며 조직을 가진 곳에는 전쟁이 있고, 전쟁이 있으면 국방문제가 뒤따르게 된다. 국방 역량을 충실히 갖추고자 한다면 우선 국방체제를 중시해야 한다. 국방체제란 국방체계에 관한 제도를 가리킨다. 군사제도의 고단위 조직과 형식은 각종 군사제도의 형성과 설정에 영향을 미친다. 국방체제의 의미 가운데는 군사 이외의 중요한 요소인 정치·경제·사회·심리 등이 내포되어 있으나, 역시 그 주요 골자는 군사 무력을 유효하게 발휘한다거나 혹은 적을 섬멸할 수 있는 무력을 중심으로 삼아야 실제 요구에 부합하여 전체전의 목적을 달성할 수 있게 된다.

현대전의 본질은 이미 근본적으로 달라졌다. 현대전의 본질은 군사무력을 중심으로 하여 정치적인 내정과 외교·경제·과학·농업·공업·상업 및 교통부문 등의 영향을 받을 뿐만 아니라, 사회심리·사상·종교·문화·교육·풍습 등과도 밀접한 관계를 맺게 되는 총체전이다. 그러므로 방위체제를 세운다는 것은 역사적인 전통정신과 국가목표의 요구에 입각하여 국력이 종합적으로 발휘되었을 때 실제적 효능을 기대할 수 있다. 이것이 국방체제를 연구하는데 갖추어야 할 기본개념이다.

한 국가의 국방체제(국가안전보장기구)가 어떠한 상태에 놓여 있더라도 그 정신은 반드시 국가의 '독립과 자주'를 지켜야 한다. 이 목적을 달성하는데 있어 가장 믿을 수 있는 방법은 강인한 의지와 전술전기를 연마하여 단결되고 현대화된 국군을 유지하는 것이다. '군비축소로 평화를 유지하자'는 슬로건은 강대국들이 약소국가를 기만하여 자국의 이익을 도모하거나, 혹은 약소국이 강대국이 될 때까지 적당한 시간적 여유를 얻기 위해 내세우는 허울 좋은 사기술에 불과한 것이다.

근대사를 살펴보면 국방체제의 변천과정은 3개의 단계로 구분할 수 있다.

제1단계는 제1차 세계대전 이전으로서, 국방이란 군비를 주체로 하여 무력전을 그 대상으로 했고, 전쟁이란 군대만이 전담하는 임무로서 국민은 다만 간접적으로 전쟁을 지원했을 뿐이다. 이러한 관념은 오늘날의 입장에서 볼 때 편협하기 짝이 없는 것이다.

제2단계는 제2차 세계대전을 전후한 시기로서, 과학기술이 급속도로 발달하고 국제관계가 극도로 복잡했던 관계로 전쟁의 규모도 확대되었다. 그래서 전쟁은 무력전 이외에도 약간의 정치적인 요소가 첨가되어 진행되었다. 또한 국방체제의 관념도 '순 군사위주'의 형식에서 '국가 총동원'의 형태로 변천되었다.

제3단계는 오늘날을 가리키는 것으로써, 국가 총동원의 형식에 관하여 한걸음 더 앞선 검토를 가해야 할 필요가 생긴 것이다. 군사적인 입장에서 볼 때 최소한 언제든지 동원할 수 있는 동시에 언제든지 복귀시킬 수 있는 준전시체제를 항상 유지해야 한다.

제2차 세계대전 이후에는 전쟁형태도 완연히 달라졌다. 전쟁의 범위는 사회의 각 계층 및 국민 개개인의 비약적인 발전으로 말미암아 전쟁으로 인한 파괴력과 기동성, 기습성이 극도로 높아졌다. 순수이론적으로 분석해 본다면 전쟁과 평화의 한계는 이미 모호하게 되었다. 미국인들은 "평화를 기도하면서 전쟁을 준비하자!"고 하고, 소련 공산당은 "전쟁이 곧 평화요, 평화는 곧 전쟁이다!"라고 하는 한편, 영국인들은 "만일 평화를 원한다면, 먼저 전쟁에 관해서 철저히 이해하고 연구하라!"고 말한다.

이처럼 전쟁과 평화의 구별이 없는 관념은 결국 "오늘의 평화는 내일의 전쟁을 의미할 수도 있다"(peace of today may be war of tomorrow)고 말하기에 이르렀고, 장기적인 전쟁준비 없이는 전쟁이 발발했을 때 감당하기 어렵게 되었다. 그러므로 과거의 임시적인 총동원 형식의 국방체제로서는 오늘날의 시대적 요구에 결코 적합할 수 없게 되었다. 오늘날의 국방관념은 '전쟁'과 '평시'의 구분이 없으며, 준전시체제란 말도 부족한 감이 있으니, 부득이 '항시 전쟁체제'란 새로운 용어를 쓰지 않을 수 없게 되었다.

그 조직의 기본정신은 「군민일체·문무합일」에 있고, 그 작전방식은 전후방의 구분과 전시와 평시의 분별없이 적의 전방에서부터 후방에 이르기까지를 작전범위로 삼고 전력의 운영은 동맹 및 연합전선을 펼쳐서 전 국력을 일치단결 시켜야 한다. 비록 무력의 잠재력을 필요로 하는 전쟁일지라도 손자병법의 '싸우지 않고 적을 굴복시키는' 방법이 우리가 취할 수 있는 전쟁의 최고 원칙이다.

오늘날 열강국들의 무기와 장비 면을 살펴보면 상당한 부문에 걸쳐 위탁 및 합작제도를 채택함으로써 민간공업이 군수품 생산을 지원하는가 하면 '전체 국민의 후방지원' 및 '동맹 후방지원' 등의 이상적인 단계에까지 이르고 있다.

인사 면에서는 되도록 많은 민간 전문가로 하여금 군에 봉사토록 하는 한편, 문무합일 및 군·민간의 교류를 최대한으로 이용하여 인력운용상의 융통성을 유지한다. 또한 동원체제는 이스라엘의 동원제도와 유사한 체제로의 전환 필요성이 요구되고 있다. 이와 같은 체제하에서는 전쟁준비와 작전에 참여한다고 해서 반드시 군 부대에 복무해야 되는 것은 아니며, 비록 군 복무에 종사한다고 하더라도 총이나 대포를 직접 쏘는 사람뿐만 아니라 과학자·관리자 및 군사 전문가 등도 직접 전투에 참가하는 사람들과 마찬가지로 엄연히 영웅적인 위치를 차지하고 있는 것이다.

4. 군정과 군령의 협조

군정이란 국방과 군사에 관한 정무를 가리키는 것으로, 군대의 건립·군비조달·장비획득·동원 및 복귀 조치, 그리고 주로 국민의 권익과 국가의 일반 서무행정과 관계되는 군인의 생활보조, 퇴역 후의 생활보장 및 사기 앙양 등에 이르는 여러 업무를 정부행정기관이 법규와 절차에 따라 협조 및 처리하게 되어 있다. 그러므로 군정에 관한 책임은 통상 내각이 맡게 되며, 군에서는 각 군 본부가 담당한다.

군령이란 3군을 지휘하는 중책을 가리키는 것으로, 전투서열의 편성, 작전계획의 작성, 전력의 운용, 무력전의 발동시기 등에 관한 사항들을 포함하여 책임진다. 군령은 전쟁통수의 권한 범위에 속하며, 초연하게 독립성을 지켜 국가원수(통수권자)의 의도를 직접 지시받아 행사함으로써 신속 기민하고 적시적절하게 집행되어야 하는 것이다.

군정과 군령은 통수직책의 중요한 기능으로써, 군대에만 작용하는 것이 아니라 일반 국민에게도 작용하며, 국방체제가 충분한 효능을 발휘할 수 있도록 하기 위해 최우선적으로 고려해야 할 기본요소이다. 군정과 군령의 상호관계는 비록 구분은 되어 있지만, 그 작용 범위나 영향권은 서로 교차되는 까닭에 반드시 상호지원 또는 배합되어야 하고, 비록 기술적인 면에서 분업을 하게 되더라도 다시 합작할 수 있어야 성공할 수 있다. 동원계획이건 3군의 인사업무이건 모두 군정과 군령이 혼성되어 이루어지는 업무이다.

작전계획이나 전법에 관해서 말한다면, 사실상 적에 대항하기 위한 유효한 전법으로 어느 전법을 채택할 것인가를 상당한 기간에 걸쳐 연구한 다음에야 비로소 작전계획을 완성하게 된다. 이와 같은 과정의 반복과 끊임없는 토의를 거쳐 전법을 결정하고 나면, 채택된 전법을 수행하는데 소요되는 전쟁도구를 마련할 방법을 세우고 이에 근거하여 편제와 편성을 결정하게 된다. 여기에서 채택한 전쟁도구의 기능과 수량 및 보급시기의 시효성이 채택된 작전계획을 관철시키기에 충분한가의 여부를 역으로 검토해 봐야 하는데, 이는 결코 군령기관의 독자적인 힘만으로는 원만한 해답을 얻을 수 없는 것이다.

한편, 일반적으로 순수한 군정업무로 간주되고 있는 군사예산의 결산과 인력 및 물자의 동원문제는 반드시 장기·중기·단기로 구분된 국방계획을 기초로 하여 착수되고 최종심사까지 거치게 되는데, 이는 결코 군정기관의 독자적인 능력만으로는 산출해 낼 수 없는 것이다. 그러므로 군령과 군정 양자가 서로 협조하고 보완함으로써, 비로소 통수가 사명을 원활하게 수행하고 책임을 완수할 수 있게 된다.

위에서 살펴본 내용을 종합해 보면, 군정과 군령이 국방건설 및 국가안전보장과 직접 관계되는 중대한 요결임을 알 수 있다. 군정과 군령이 서로 협조·통일되고 보완되었을 때에 비로소 군대가 정치의 영향을 받지 않고 군인이 정치에 뛰어들지 못하게 방지할 수 있기 때문에 어느 한 쪽이 지나치게 편중되거나 무시되어 국가의 기본이념이 영향을 받아서는 안 된다.

과거 중국에서는 군대를 통솔하는 자가 군정문제에 간여하거나, 군정을 다스리는 자가 정벌이나 토벌의 임무를 맡아서는 안 된다고 생각해 왔다. 이는 군정과 군령에 관해 중국이 역사상 지켜온 전통적인 관념이다. 생각하건대, 그 정신과 참 뜻은 횡포와 소란을 방지하는데 있었다고 할 수 있다.

그러나, 현재의 군사적 입장에서 볼 때 그렇게만 해석할 수 없다. 사실상 총체전 시대의 항시 전쟁체제 하에서의 군정과 군령은 결코 서로 완전하게 독립된 개체라고 볼 수 없으며, 오히려 분할·병립하고, 상호 균형되고 협조·통일하는 것이라고 봐야 한다. 직무상으로는 전문분야에 관한 책임을 분담하는 것이요, 운용면으로는 역량을 집중하여 합치시키는 것이니 계통을 무시(by pass)하는 것은 일을 그르치고, 상호 견제를 한다면 일을 더욱 망쳐버린다. 이에 관한 적당한 운용방법을 모색하는데 있어 다음 사항을 유의해야 한다. 즉, 상급기관은 종합하고 하급기관은 분업하되, 종합하는 과정에서 어느 한 쪽으로 편중되지 않는가의 여부와 분업이 이루어진 후에 다시 합작할 수 있는가의 여부 등은 쌍방 고위지도층의 태도와 제도 이행의 정도에 따라서 달라질 수 있다.

현대 국방조직은 민주체제와 전제체제를 막론하고 군정과 군령의 양자에 관한 직무를 동시에 집행하고 있으니, 모두가 분할·병립을 유지하는 한편 실질적으로는 협조·통일의 효과를 거둘 수 있는 제도를 채택하고 있다는 것을 알 수 있다. 한 국가의 원수는 전쟁을 지도하는 최고통수임에 틀림없다. 그러므로, 군정 및 군령의 양자는 통수권자의 의도를 구현하는 것이 당연하다. 본 장 제1절에서 군사는 정치의 도구이며 정치의도에 복종해야 된다는 것을 이미 설명한 바 있다.

오늘날에는 군정이 내각 업무의 일환을 이루고 있는 까닭에 얼핏 보기에는 마치 군정이 군령 위에 위치하는 것처럼 오해되기 쉽다. 그러나, 대통령이 군의 통수권자이기 때문에 최고통수의 일원화된 지도하에 군정과 군령의 선후를 가리거나 상하를 논하는 것은 특별한 의미가 없게 되었다. 이와 같은 사항을 현대 국방체제 면에서 반드시 인식해야 하며, 양자 간의 조직과 기구와 명칭 등은 시대의 요청에 따라 변경 또는 결정될 따름이다.

5. 3군 연합작전 개념

제2차 세계대전에서 육·해·공군 연합작전의 필요성은 이미 증명되었다. 만일 어느 한 군에만 의뢰하거나 혹은 3군이 개별적으로 지혜와 용기를 발휘하려고 한다면, 그 어느 것도 미래전쟁에서 승리를 달성하기 어렵다. 근대에 와서 세계 각국은 국방부·전쟁성·3군성 등을 설치하여 3군에 대한 지휘를 통일시켜 왔다.

비록 각 나라마다 건국정신이나 빈부강약, 지리적 환경, 3군의 발전 비중

등이 다르거나 혹은 작전지구의 작전대상 및 임무의 특수성에 따라 3군의 운용면에 다소의 선후관계가 있다고 할지라도 3군이 통일된 지휘를 받아 연합작전을 실시한다는 사실만은 부인할 수 없는 철칙으로 되어 있다. 그러므로 근대적인 군제를 건립하려면 반드시 미래전에 대비하여 3군을 균형 있게 발전시키고 지휘를 통일해야 한다는 점에 착안해야 한다. 여기서 말하는 균형된 발전을 평균화된 발전의 뜻으로 곡해해서는 안 된다. 특히, 인사제도 부문에서 '3군 일체'의 관념을 주지시키는 한편 유아독존적인 자기 본위주의를 근절할 수 있는 과학적인 방법을 창달해야 한다.

각 군은 각 군 내의 병과나 마찬가지로 모두가 국군의 운용자본이다. 군제를 설계하는 자나 군제를 운용하는 자는 반드시 객관적이고도 냉정한 입장에 서야 한다. 모든 실무자는 제각기 독특성 내지는 특수성을 지니면서도 항시 상호지원과 교류를 할 수 있어야 하고, 혼연일체가 되어 상호 이해를 촉진시켜 연합지원의 시효를 잃지 않음으로써 작업의 능률과 경제적 효과를 거둘 수 있도록 해야 한다.

전투부대가 상황에 적응하거나, 고정편제를 채용하거나, 혹은 융통성 있는 가변편제를 채택하든 간에 평시에는 교육훈련에 편리하고 전시에는 지휘의 통일과 협조에 편리해야 하며, 군사교육 과정에서의 교육내용은 원칙상 교리·장비·편제 등의 기본정신에 입각해서 결정되어야 한다. 현재 각국은 육·해·공군에 의한 독자적인 발전보다는 3군의 합동성을 강화하는 방향으로 꾸준히 발전시키고 있으며, 교육 또한 3군의 간부가 단일지휘 하에서 받도록 제도화 하고 있는 추세에 있으므로 통일된 전술사상과 단결·협동정신을 강화시켜 나가야 한다.

각급 계층에 해당되는 방침이나 준칙에 관해서는 해당되는 각급 학교기관에서 발전시킨 다음, 각 군 본부 혹은 그 이상의 기관에서 결정하고 채택하도록 해야 한다. 교육체제가 연합작전에 적합하게 짜여지는 반면, 각 군의 특수성을 잃지 않도록 해야 한다는 점이 현대 군사교육의 특징이다. 연구·발전·교육·훈련·실험·교육과 인사의 배합문제 등 일체를 군사제도 안에 명시하여 각자가 준수하고, 상호 배합할 수 있도록 함으로써 3군이 통합된 전체 전력의 발휘를 도모해야 한다.

6. 집단 안전보장을 위한 연합작전 개념

방위사상의 발전은 시대의 변천에 따라 진보되어 왔다. 개인의 방위에서 부락 및 종족의 단계를 거쳐 국가방위의 단계로 발전하여 현대에는 포괄적 안보의 개념이 대두되기에 이르렀다. 과학의 진보, 교통의 발달, 국제관계의 밀접한 교류 등으로 인해 과거에는 서로 멀기만 했던 나라들이 오늘날에는 가까운 이웃처럼 되었다. 국가와 국가 간의 정치·경제·심리적 영향은 모두가 이해관계를 지니고 있으며, 지구촌 한 쪽에서 일어난 사건이라고 할지라도 사안의 경중에 따라 곧바로 전 세계 국가에 영향을 미친다. 더욱이 각국의 입지조건이 다르기 때문에 상호 의존하려는 경향은 점차 짙어지고 있다.

예를 들면, 갑甲이란 나라는 영토도 넓고 인력도 풍부하나 군수자원이 부족하고, 을乙이란 나라는 전략자원은 풍부하나 군수자원이 부족하고, 병丙이란 나라는 인적자원과 물적자원은 있으나 충분한 공간이 없고, 정丁이란 나라는 자원이 충분하나 문화가 뒤떨어져 개발할 능력을 갖지 못하고, 또 어떤 나라는 특정한 자원과 제조능력을 가지고 있다고 할 때, 이상 열거한 여러 나라들은 서로 부족한 점을 돕고 보충해야만 비로소 이해관계 면에서 유리한 지위에 설 수 있게 된다.

이 뿐만 아니라, 지역전략을 다루는데 있어서도 지역적인 정치현상을 나타내고 있는 바, 오늘날의 전쟁형태로 말한다면 국경에 관한 과거의 관념은 이미 낡은 것이 되어버렸다. 그러므로 이러한 현실에 관련된 여러 나라들은 「뭉치면 살고 흩어지면 망한다」는 이치를 절실히 터득하게 되었다. 탈냉전 이후 오늘날의 국제정세는 자국의 이익을 극대화하기 위해 국가 간에 긴밀한 협력을 강화해 나가는 추세이며, 경제 면에서는 공동복지체제(Common Wealth)와 공동시장체제(Common Market)를 추구하는 가운데 무역 경쟁이 심화되는 한편 제 분야에서의 개방이 가속화되고 있다.

앞으로 군사제도를 설정하려면, 국제관계의 추세를 반영하여 이해관계의 균형을 이루고 기술합작을 도모하여 집단안전과 연합작전사상의 고취에 부합시키도록 해야 한다. 그러므로 국가전략을 다룰 때에는 대전략 개념을 추가해서 공동 이익을 위한 공동 목표를 어떻게 결정하여 어떻게 분담·이행할 것인가, 그리고 어떻게 통합전력을 발휘하여 공동의 사명 혹은 상호 이익을 위한 임무를 완수할 수 있을 것인가에 관해 연구해야 한다. 바꾸어 말하면 대전략을 세워서 어떻게 적성국가로 구성된 동맹세력을 저지 또는 파괴할 것인가를 연구하는 것이 승리를 거둘 수 있는 지름길이라는 것이다.

국가목표 및 최종적인 이익을 달성하기 위해서는 항상 무거운 부담을 감내할 줄 알아야 우방국의 이해와 협력을 얻을 수 있다. 심지어는 우방국가의 이해와 협조를 구하기 위해 눈 앞에 보이는 이익을 희생하는 국가도 있다. '국가 제일' 또는 '국가 지상'을 부르짖는 사람들은 대전략 사상이 국가전략 사상 보다 상위를 차지할 수 없다고 생각하며, 국가안전보장을 강화하는 국제 및 지역기구에 참여하는 것이 곧 자국의 안전과 이익을 위함이라는 사실을 전연 깨닫지 못한다.

그러나 일단 동맹집단에 가입하여 공동의 적에 대항하기 위한 대전략(예를 들면 목표를 결정, 우선적으로 격멸할 목표의 선택, 전략구상의 확정, 상호 협력에 관한 사항 등)을 확정한 이후에는 마땅히 이에 따르는 의무를 충실하게 이행해야 한다. 만일 그렇지 않는다면, 제2차 세계대전 당시의 독일·이탈리아·일본이 끝까지 합작하지 못하여 독일이 모스크바 진격의 시기를 놓치게 된 것과 같은 결과를 초래하게 될 것이다. 일본은 소련의 배후를 차단하지 못했기 때문에 미국의 원조물자가 소련으로 자유롭게 반입되었으며, 다른 예로는 아랍 연맹국이 이스라엘에게 각개격파를 당한 사례를 들 수 있다. 이러한 예로 미루어 볼 때, 대전략이 결정된 이후 각국의 국가전략은 마땅히 대전략 구상에 배합되어야 한다는 것이 연합작전 사상의 중요한 요점이다.

7. 전면전쟁 개념

오늘날 우리는 이미 생활방식의 추구를 목표로 삼고, 정치이론을 슬로건으로 하여 국민 전체의 이익을 위해 거국일치의 전 국민적인 총체전 시대에 돌입하였다. 이와 같은 전쟁형태의 개념은 이미 개개인의 일상생활에 영향을 미치고 전 국민의 정신과 체력, 일체의 자원을 총동원하여 전쟁을 수행하지 않으면 안되게 되었다. 그러므로 정치·경제·심리·군사 등 네 가지의 동태적인 국력요소는 반드시 서로 밀접히 배합되고 유효하게 운용되어 종합적인 국력으로 발휘되어야 하는 한편, 이미 사생활 면에 깊이 파고든 전쟁형태에 대비할 수 있어야 한다.

전면전쟁에 대비하기 위해서는 먼저 새로운 인식과 새로운 준비를 갖추어야 전체 국민으로 하여금 공동 목표를 지향하는 공동의 노력을 발휘하도록 하여 최후의 승리를 획득할 수 있다. 전면전쟁을 지도함에 있어서 과거처럼 단순히 국방부와 각 군에 의한 작전지도만으로는 한계가 있다. 금후의 국방체계와 계획 및 내용 등은 반드시 이와 같이 유효한 체제를 갖추어야 비로소 능동적인 기능을 발휘하고, 단결과 공동적인 노력을 촉진시켜 일체의 동원 및 행동이 상호 배합되어 신속하게 적을 굴복시켜 승리를 기할 수 있을 것이다.

8. 집중·소산·융통성 및 기동성

전쟁형태의 변화와 무기 및 장비의 혁신은 작전방식과 병력운용 면의 변화를 가져오게 하였다. 군사제도 또한 당연히 이러한 현상에 보조를 맞추어 함께 발전시켜야 한다. 어떠한 군사제도라도 모두 전략·전술·전투 및 기술과 배합할 수 있게 설정되어야만 전쟁이 요구하는 바에 적합할 수 있다. 이는 곧 군사제도학에서 다루는 주요 원칙 중의 하나이다.

오늘날의 전쟁형태는 재래식 전쟁이 아닌 첨단무기에 의한 전쟁으로 변화하고 있다. 그러므로 제반 작전에서 고도의 기동력이 결핍되어서는 안 된다. 광대한 지역에 걸쳐 소산하거나, 또는 한 지역에 집중하거나 간에 변화무쌍한 작전방식에 적합한 고도의 융통성이 요구되고 있다. 과거에 적용되었던 작전방식과 관례적인 작전지도는 점차 현실 상황과 무관하여 거의 적용될 수 없게 되었다. 이러한 현실에 대비하기 위해 건군과 전쟁준비와 군대유지 및 작전 면에서 이미 커다란 변화를 가져왔다. 따라서, 군제의 내용도 반드시 중대한 개혁이 있어야 한다. 여기에 비교적 군제와 중요한 관계를 가진 용병사상에 대해 간략한 설명을 하고자 한다.

가. 집중集中

인민해방군과 아군(대만의 군대)의 병력을 비교해 볼 때 병력규모 면에서 아군이 열세인 것은 사실이다. 그러므로 이를 극복하기 위해서는 '바늘로 소를 잡는 식'의 용병술을 구사해야 적과 싸워 이길 수 있다. 그러면 바늘로 어떻게 황소를 무찌를 것인가? 그 방법은 총 병력 규모 면에서는 적에 비해 열세하면서도 적군을 격멸시킬 수 있는 것이라야 한다. 즉, 아군의 병력을 적시적소에 신속하게 집중시켜 국부지역에 대한 우세를 조성하여 각개격파 하는 것이다. 따라서, 병력의 신속한 이동과 전개 및 적절한 시기의 포착은 군사전문가들이 특히 착안해야 할 점이다.

그러므로 우리는 국가전략과 군사전략을 완벽하게 구비한 상태에서 야전부대의 전투준비태세가 갖추어지고, 국부지역에 대한 병력의 우세가 확보되었을 때, 이와 더불어 전술 면에서의 화력집중과 화력엄호 하에서의 병력이동에 대해 중점적으로 착안하는 것이 전략을 성공시키는 열쇠이다. 지휘관은 작전계획을 완성하여 명령을 하달한 이후에는 예하부대를 직접 방문하여 필요한 지도를 할 뿐만 아니라, 공격개시에 즈음해서는 전선을 시찰하는 등 지휘관 자신의 정신작용을 발휘하여 전술지도와 전략구상이 상호 부합되도록 철저를 기해야 한다. 이러한 과정을 만족하게 수행할 수 있느냐, 없느냐는 지휘관이 그 부대를 적극적이고 능동적인 방법으로 장악하느냐, 장악하지 못하느냐에 달린 것이다.

통신수단은 반드시 정확하고 신뢰할 수 있어야 하고 부대의 규율은 엄격해야 하며, 지휘관은 자진해서 책임질 줄 알아야 한다. 철저하고도 신속한 집중의 효과를 거두기 위해서는 모든 군제가 배합되고, 군제에 근거하여 실시되어야 하며, 결코 어느 개인의 특정요소에 기대해서는 안된다. 이렇게 함으로써 인위적 요소의 착오로 인해 시기를 놓쳐 집중된 병력이 격파당하는 과실을 미연에 방지할 수 있다. 그러므로 인사·교육 및 평소의 지도면을 신중히 검토·개선하여 시기에 맞춰 신속하게 소수의 병력으로 다수의 적을 섬멸할 수 있는 우세를 조성할 수 있도록 해야 한다.

마한(Alfred Thayer Mahan) 장군은 "열세의 병력을 우세로 전환시키는 데는 단 한 가지 방법이 있으니, 그것은 곧 '전쟁의 예술'을 운용하는 것이다. 이른바 전쟁예술의 기본원리는 간단한 것으로서, 쌍방의 실력이 어떻든 간에 결전하는 마당에서 적에 대한 우세를 확보하는 것이다."라고 말했다. 그러므로 어떠한 작전계획이나 규정을 결정할 때에는 먼저 「집중」이라는 요구사항을 만족시킬 수 있는가를 고려해야 한다. 따라서, 동시에 두 가지의 작전을 시도하는 행위는 회피해야 한다.

나폴레옹(Bonaparte Napoleon)은 "목표는 단일목표를 설정하는 것이 성공의 요결이다."라고 말했다. 여기서 말하는 집중이란 신념의 집중, 계획의 집중, 준비의 집중, 그리고 행동의 집중 등을 내포하며, 이와 같은 집중을 촉진하기 위해서는 특별히 건군할 때와 전쟁준비를 할 때에는 필요한 조치를 취해야 한다. 부대의 장비편성 면에서는 참모단의 편성과 운용·절차·장악수단 등에 관한 근본적인 기틀이 마련되어 있어야 사태에 직면하여 당황하는 일이 없을 것이다.

나. 소산疏散

계획적인 소산방책이 마련되어야 유효한 집중을 기할 수 있으며, 핵무기에 의한 불의의 기습과 대량 공중폭격 및 포병의 집중공격으로 인한 피해를 면할 수 있다. 리델 하트(B. H. Liddell Hart)는 "오늘날에 와서 우리는 과거에 고집해 왔던 집중의 그릇된 관념을 버리고 병력의 유동성에 관한 새로운 원칙을 파악하여 소산을 다스릴 수 있는 새 기술을 찾아내야 한다."고 말했다. 여기서 말하는 소산을 다스릴 수 있는 새 기술이란 분산에 의한 새로운 집중 방식을 뜻하는 것이며, 이 기술은 장래에 닥쳐올 전쟁에서 관용적인 전법이 될 것이다. 리델 하트는 또한 "진정한 집중이란 계획성 있는 소산이다."라고 말했다. 집중과 소산은 얼핏 듣기에 서로 상반되는 별개의 것 같지만, 전쟁 수행의 과정에 있어 이 두 행동은 서로 보완하는 역할을 하는 용병기술인 것이다.

나폴레옹은 "전쟁의 예술은 기동력을 유지함으로써 존재하는 것이요, 또한 신속한 집중으로써 전투에 대비하는 것이다."라고 말했다. 미래의 전쟁에서 전장이 확대되고 무기의 살상력이 증대되어 어떻게 적당한 분산과 신속한 집중을 실현할 것인가 하는 점이 교리·장비·편제·편성·교육훈련 면에서 고도로 강조되어야 할 과제이다. 이러한 「소산」 원칙의 운용을 발전시키기 위해 오늘날 세계의 여러 나라들은 군대로 하여금 제 분야에서의 자립

능력과 작전능력을 동시에 구비하는 것을 추구하고 있다. 그리하여 한 지역을 담당하는 야전군의 기능이 마비되더라도 다른 지역의 야전군은 계속 작전능력을 유지할 수 있게 한다. 그렇지 못하면 한 지역이 격멸되었을 때 기타의 전체 지역마저 마비되어 버릴 것이다. 이외에도 후방병참시설·진지편성 등과 같은 병력운용 면에서도 소산의 원칙은 강조되어야 한다.

다. 융통성

융통성을 구비하고 있으면 돌발 상황에 적시 적절하게 대처하여 임무를 완수할 수 있다. 장개석은 "장래의 승리는 오늘의 준비에 달려 있다."고 말했다. 그러므로 평시에 일체의 계획·편제·장비·편성 및 절차 등에 관해 주도면밀한 준비를 갖추고 융통성을 구비해야 한다. 현대전에서는 전장의 확대와 작전참가부대의 다양성으로 인해 전쟁의 우연성과 막연성의 정도는 더욱 높아질 것이며, 용병개념과 제도면에서 부정성(uncertainty)과 다변성(variousness)이 더욱 심각하게 나타나게 될 것이다. 그러므로 장차 강력한 살상력과 파괴력, 고도의 기동력과 광범위한 소산, 급변하는 전쟁상황 하에서 효율적으로 작전을 수행하기 위해서는 발생 가능한 모든 상황에 대비할 수 있도록 명확한 구상과 면밀한 지도계획을 미리 갖추어야 하며, 아울러 신중하고도 합리적인 가정을 수립하여 이에 대한 대책을 미리 마련해야 된다.

한편으로는 이러한 계획을 수립할 때에는 약간의 여유를 둠으로써, 실제 전투시에 하급지휘관이 스스로 결정하여 임무를 수행할 수 있는 융통성을 보장해 주어야 한다. 각자의 행동구상에 더욱 융통성을 갖추게 하여 유리한 시기를 포착하고 전기를 마련함으로써 전투력을 지속적으로 발휘하게 하고, 아군에게는 최대의 안전을 제공하며, 적군에 대해서는 최대의 혼란과 위협을 가할 수 있도록 해야 한다.

요컨대, 전쟁의 형태와 전쟁수행이 복잡해질수록 전쟁방침은 더욱 융통성을 갖추어야 한다. 작업분야가 복잡하게 분담되고 전쟁수행의 속도가 빨라질수록 융통성은 더욱 절실히 요구된다. 융통성을 갖춘다는 것은 결코 단순한 정신적인 문제에 그치는 것이 아니라, 제도상으로 갖추어야 비로소 근본적이고도 실질적인 해결을 구할 수 있다는 점을 중요시 해야 한다.

라. 기동

기동이야말로 전쟁지도자의 생명이요, 또한 전쟁지도 면에 있어서 중요한 병력운용 사상이다. 이것은 어느 군이나 병과, 어느 부대의 전유물이 아닌 전체가 필요로 하는 근본요소이다. 기동력이 강한 군대는 전장에서 기선을 제압할 수 있고, 광대한 전장을 기민하게 휩쓸어 적의 전력을 섬멸할 수 있다. 기동력이 결핍되면 아무리 훌륭한 작전계획이라 할지라도 그 효과를 기대할 수 없게 된다. 기동의 의의와 방법에 대해 설명하면 다음과 같다.

1) 기동의 요소

가) 주동성主動性

주동은 기동의 근원이며, 또한 기본심리상의 주동, 용병사상 면의 주동을 뜻한다. 지휘관의 결심과 참모의 판단은 빨라야 하고, 각급 간부들은 독자적인 실천력과 독립적인 작전능력을 배양해야 전장에서 기선을 제압할 수 있다. 어느 제대의 지휘관을 막론하고 우유부단하여 적시에 적절한 결심을 하지 못하고 지연시킨다면, 판단을 그르치고 시기를 포착하지 못하여 주동성을 상실하게 될 것이다. 기동의 기機자는 주동성을 뜻한다.

나) 부대이동(행군)

부대이동은 기동의 수단이며, 기동의 동動자에 해당한다. 어떠한 전략이나 전술의 목적은 대부분 부대이동에 의해 달성된다. 그러므로 일체의 부대이동은 반드시 병력운용과 부합되어야 하며, 진퇴를 분명히 하고 중점을 명확히 파악하여 정확하게 취사선택할 줄 알아야 한다. 부대이동이란 목표 없이 맹목적으로 움직이는 것이 아니라 반드시 목표와 중점을 갖추어야 한다. 목표와 계획과 규율을 구비한 부대이동은 유리한 시기를 포착하거나 그 시기를 조성할 수 있으며, 전기轉機를 확대시키고 유리한 형세를 조성하여 최후에는 대규모로 신속하게 적을 섬멸할 수 있게 하는 요소가 된다.

다) 속도

속도는 기동의 역량이며, 속도가 있어야 계획과 실천이 어긋나지 않고 유리한 기회를 놓치지 않는다. 속도 자체는 역량이며, 또한 속도를 갖춤으로써 안전을 구할 수 있다. 속도의 정신은 의뢰하거나 기다리지 않고, 미리 준비하며, 규율을 지키고, 창의력을 발휘하고, 장악을 철저히 하는 것 등이다. 일분 일초의 시간을 다투어 전체의 통합된 전력을 발휘할 수 있는 속도의 실천 방법은 간단 명료·예규·임무형 명령·명확한 책임한계·독자적인 실천, 그리고 주저하지 않고 전장에 임하는 것 등이다.

2) 기동성의 기능

가) 기습

적이 무방비 상태에 놓였을 때 불의에 기습을 감행함으로써 가장 유효하게 전력을 발휘시킬 수 있다.

나) 안전

진퇴를 신속하게 하여 항상 주동성을 유지하되, 피동적이어서는 안된다. 속도는 안전을 유지하게 하는 가장 유용한 방법이다.

다) 기동성

접적상태에서 작전을 실시하거나 후방지역에서 작전을 수행할 때, 혹은 어떠한 전술적 행동을 취함에 있어 기동성이 없으면 유리한 시기를 포착할 수 없다. 더욱이 기동성이 결여되면 적시에 유리한 태세를 형성시키는 것이 불가능하다. 모든 형태와 유형의 작전을 수행함에 있어 기동력이 결핍되면 결코 성공할 수 없다. 그러므로 우리는 편제와 장비·참모조직·절차·기동수단·통신운용 등에 관한 군사제도가 기동성 발휘에 적합하도록 편성해야 하며, 만일 그렇지 못하면 장차 대륙작전大陸作戰 방침이 크게 차질을 빚게 될 것이다.

3) 대기동 및 대 대기동(Anti-maneuver & Anti-anti-maneuver)

기동작전을 지도할 때 주의해야 할 점은 우리가 기동을 한다면 적도 역시 기동을 중요시 한다는 것이다. 그러므로 우리는 적의 기동력을 견제하여 상대적인 기동성을 확보해야 한다. 적이 대기동으로 우리의 기동성을 저지한다면, 우리는 한걸음 더 나아가 적에게 대 대기동으로 응수함으로써 기동성의 우세를 확보하여 적이 아군의 행방을 찾을 수 없도록 해야 한다. 피아간에 서로 언제 나타날지 모르는 기습전을 감행하고, 기선을 제압하기 위한 시기를 포착하기 위해 경쟁하는 상황에서 최후의 승리는 결국 효율적으로 기동성을 발휘하는 쪽이 차지하게 된다.

4) 기동성의 확보 요령

어떻게 기동성을 확보할 것인가 하는 문제는 건군·전쟁준비·군대유지·병력운영 등의 과정에서 전면적으로 고려되어야 하며, 훌륭한 제도를 제정하고 제도에 근거하여 규정되어야 달성할 수 있다.

① 각급 지휘관 및 참모는 독자적인 리더십과 실천력을 배양해야 한다.

② 부대편제는 지휘계층을 간소화하여 지휘의 폭과 능률을 증대시켜야 한다. 비교적 규모가 작은 전투부대를 작전단위로 하여 강력한 전력과 자급자족의 역량을 갖춤으로써 독립작전의 능력을 발휘하도록 해야 한다.

③ 부대장비 면에서 효율성이 낮고 무거운 장비를 도태 또는 개선하여 경량화 함으로써 전쟁수행에 편리하도록 해야 한다.

④ 군수(작전지속지원) 면에서는 보급기구와 보급절차를 간소화해야 한다. 즉, 리델 하트가 말한 "꼬리를 치켜 감고 달리되, 꼬리를 끌면서 달리지는 말아야 한다."는 개념에 부합되도록 해야 한다.

⑤ 통신방법과 수송수단, 장비기재 및 기술 면에서의 개선을 추진하여 부대장악의 능률을 증대시키고, 지휘계통을 신속히 회복·유지하도록 해야 한다.

⑥ 참모임무 수행역량을 제고하여 소요시간을 단축시키고, 각종 절차는 간단 명료해야 한다. 임무를 수행함에 있어 심리적인 동기를 부여해 주어야 하며, 개개인은 능동적으로 책임을 수행하는 정신과 능력을 배양해야 한다.

⑦ 과학적인 기계와 기동성을 구비한 부대를 대량으로 운용하여 속도와 기동성을 증대해야 한다. 전술적 임무를 수행할 때에는 공수부대 및 기계화부대 등 기동성이 강한 부대를 최대한 활용하여 소기의 목적을 달성해야 한다.

⑧ 정치공작과 밀접하게 배합시켜 모략전술 및 기만전술의 수단으로 기동에 유리한 형세를 조성해야 한다. 「전쟁」과 「정치공작」의 두 가지 측면을 활용하여 기동작전의 성과를 확대시킬 수 있다. 한편, 정치공작은 기동과 원거리작전의 특성을 이용하여 적 후방에서 수행되어야 한다. 따라서 양자는 상부상조하여 일치되어야 한다.

앞에서 열거한 요소를 종합해 보면, 승리를 획득하기 위해 각종 군사제도의 설정과 시행은 기동성이 요구하는 바와 기동성의 정신에 부합되어야 한다는 것을 알 수 있다. 기동작전의 중요성을 인식하고 기동작전의 능력을 증강하는 문제야말로 건군 및 전쟁준비 면에서 소홀히 해서는 안될 중요한 부분인 것이다.

9. 전·평시의 병비제도兵備制度

「평시에는 병력을 최소한으로 유지하고, 전시에는 최대한의 병력을 운용한다」는 것은 군사제도의 기본원칙이다. 현대에 이르러 여러 강대국들은 이 원칙에 따라 상비병력을 최소한으로 감소하고 있다. 간부요원들의 질과 양을 배양하여 예비병력으로 유지하고, 동원제도와 절차를 개선함으로써 전쟁이 발발했을 때에 신속히 동원하고 기간병력을 대량으로 확장하여 전쟁에 임할 뿐만 아니라, 최단시일 내에 적국을 패망시킬 수 있도록 도모하고 있다. 정상적인 상황에서 군대는 국가의 최대 순소비집단이기 때문에 국가는 전쟁이 끝나면 곧 복원조치를 하지 않을 수 없는 것이다. 병력으로 하여금 무위도식하게 하여 국고를 소모시키는 것은 반드시 재앙을 초래하기 때문이다.

현대의 징병제도 가운데 소집훈련이라든가, 귀향조치 및 ROTC제도 등이 좋은 예이다. 민간으로부터 새로운 병력을 계속적으로 확보하고, 아울러 대다수의 국민으로 하여금 평시에는 생산에 종사하면서 국방건설에 참여하게 하는 것, 즉, 평시에는 생산과 건설 부문에 종사하면서 동원 잠재력을 증대시키는 한편, 전시에는 신속히 동원·확장한다는 사상이야말로 현대 병역제도가 갖추어야 할 기본정신인 것이다. 전시와 평시를 막론하고 항시 상비군을 확보하고 확장해야 한다는 관념은 표면상 나타나는 숫자상으로는 방대할지라도 실제 내용상으로는 취약한 것이며, 신진대사가 되지 않을 뿐만 아니라 국민의 경제적 부담을 가중시켜 전력을 오래 지탱할 수 없으니, 결국 전쟁에서 최후의 승리를 쟁취한다는 것도 기대할 수 없는 것이다.

10. 연구발전 및 과학의 중요성

시대의 진보와 과학의 발달은 국방관념에 커다란 변혁을 가져왔다. 전쟁은 순수한 군사분야를 탈피하고, 정치의 구속까지 벗어나게 하였으며, 질과 양에 있어서 큰 변화를 일으켰다. 장차 발발할 전쟁의 추세를 유추해 보건대 시간상으로는 영구성을 띠고, 공간상으로는 전 지구를 무대로 하며, 그 본질은 과학성을 띄게 될 것으로 전망된다. 소위 말하는 전쟁의 예술이란 오늘날에 와서는 이미 순수한 군사적인 문제일 수 없으며, 전반적인 정치(경제·심리 포함) 및 전 국력의 종합적인 운용으로 대두되었다. 그 중 과학분야가 담당하는 역할은 특히 중요하여 전쟁의 국면을 좌우하기에 이르렀다.

오늘날 우리는 핵·전자 및 우주시대에 살고 있고, 이들 분야는 계속 비약적으로 진보·발달하고 있다. 영국의 몽고메리(Bernard Law Montgomery) 원수는 "우리가 앞을 내다볼 때 장래의 희망은 과학자의 손에 달렸다는 것을 인식할 수 있다. 어떤 사람들은 오늘날의 인류생활은 이미 '절대무기' 시대에 살고 있다고 했으나, 사실상 이것은 과도기에 불과한 것이고, 앞으로 더 놀라운 발전이 아직 우리를 기다리고 있지 않는가!"라고 말했다. 이 간단한 설명이 이미 과학의 가치를 극도로 높이 평가하고 있는 것이다.

현재 각 국의 국방계획은 한 가지 공통된 추세를 보이고 있다. 그것은 새로운 무기와 장비를 연구·발전하는데 역량을 집중시키고 있다는 점이다. 어떤 국가는 과감하게 군대를 감소하여 군비를 절약함으로써 연구·발전에 보다 큰 예산을 충당하고 있다. 강대국들은 서로 맹렬한 경쟁을 벌여 제각기 앞서 나아가려 하고 있다. 어느 나라든지 승리를 보장할 수 있는 절대적인 무기를 보유하지 않고서는 감히 전쟁을 일으키지 못하게 되었다. 여기에서 언급하는 「승리의 보장」이란 군사가나 정치가에 속하는 문제가 아니라 바로 과학자의 손에 달린 문제이다.

이처럼 과학의 경쟁으로 절대적인 무기를 생산하여 상대방을 제압한다는 관념은 현재 세계 각국의 국방면에서 나타나고 있는 공통적인 사실이다. 미래의 전쟁에 있어서 승패와 존망의 결정은 대단히 짧은 시간에 판가름 날 추세를 보이고 있다. 현대적 군사제도를 책정하는데 있어 일반 국민으로 하여금 장기적인 군비경쟁을 하는 가운데 닥쳐올 위기에 대한 경각심을 갖도록 하고, 한편으로는 동원령이 선포되면 즉각 신속하고 전면적인 동원이 실시되어 조국 수호와 정의와 평화의 유지를 위해 싸울 수 있도록 하는 점에 착안해야만 비로소 올바른 방안이 될 수 있다.

건군과 전쟁준비와 군대 유지, 군대운용 등에 관한 일체의 제도는 「과학지상」을 목표로 하며, 과학적인 방법을 강조하고 과학기술을 운용해야 한다. 모든 사항을 과학의 연구발전과 부합시켜 부단히 혁신해 나아가야만 비로소 생존할 수 있다.

Ⅶ. 군사제도의 근원

1. 헌 법

군제라는 말의 뜻을 새겨보면 곧 하나의 규정이라고 할 수 있다. 학술적으로 말한다면 군제의 작용은 군사입법이요, 그 정신은 법치의 표현이라 하겠다. 그러므로 군제는 국가의 헌법 및 헌법 중의 군사사항과 관련된 규정과 밀접한 관련을 가지고 있는 것이다. 헌법은 군제를 산출하는 기본적인 근원이며 불변의 요소로서, 군제가 갖추어야 할 지속성과 강제성을 부여해 주고 있으며 헌법에 저촉되는 군제는 효력이 없는 것이다. 군제 가운데 기본조문의 설정은 반드시 입법절차를 거쳐야 하고, 임의로 반포하거나 또는 시대에 뒤떨어지게 만들어서는 안된다. 군제는 일단 설정되었다면 반드시 준수되어야 하고 결코 마음대로 개정하거나 폐지할 수 없는 것이다.

중화민국의 헌법은 1947년 1월 1일 국민정부가 공포하고, 동년 12월 25일부로 시행되었다. 군사제도와 관련 있는 많은 조문 가운데 중요한 것을 살펴보기로 한다.[1)]

---

1) 대한민국 헌법에 명시된 군사제도와 관련된 조항은 다음과 같다.
제5조 : ① 대한민국은 국제평화의 유지에 노력하고 침략적 전쟁을 부인한다. ② 국군은 국가의 안전보장과 국토방위의 신성한 의무를 수행함을 그 사명으로 하며, 정치적 중립성은 준수된다.

제20조 : 국민은 법에 의하여 병역의 의무를 진다.

제36조 : 총통은 전국의 육·해·공군을 통솔한다.

제39조 : 총통은 법에 의하여 계엄령을 선포할 수 있으나, 반드시 입법원의 통과 혹은 추인이 있어야 하며 입법원이 필요하다고 인정할 때에는 총통에게 계엄령의 해제를 결의·요청할 수 있다.

제41조 : 총통은 법에 의하여 무관 및 문관을 임면任免한다.

제42조 : 총통은 법에 의하여 영예를 수여한다.

제43조 : 중화민국의 국방은 국가안전의 보위와 세계평화를 목적으로 하며, 국방에 관한 조직은 법률로 정한다.

임시조례 : 국민대회 제1기 제4차 회의에서 추가 결정한 헌법의 임시 조례 내용은 총통에게 난동 진압을 위한 기구를 설립 및 동원할 수 있고, 아울러 전지戰地에서의 정치공작 업무를 처리할 수 있는 권한을 부여한다는 것이다. 이는 통수권의 체계를 세우는 한편, 통수권의 범위를 확장시켜 총통으로 하여금 군령권 뿐만 아니라 군정권까지 행사할 수 있도록 하고 있다.

제39조 : ① 모든 국민은 법률이 정하는 바에 의하여 국방의 의무를 진다. ② 누구든지 병역의무의 이행으로 인하여 불이익한 처우를 받지 아니한다.

제60조 : ① 국회는 상호 원조 또는 안전보장에 관한 조약, 중요한 국제조직에 관한 조약, 우호통상항해조약, 주권의 제약에 관한 조약, 강화조약, 국가나 국민에게 중대한 재정적 부담을 지우는 조약 또는 입법사항에 관한 조약의 체결·비준에 대한 동의권을 가진다. ② 국회는 선전포고, 국군의 외국에의 파견 또는 외국 군대의 대한민국 영역 안에서의 주류에 대한 동의권을 가진다.

제74조 : ① 대통령은 헌법과 법률이 정하는 바에 의하여 국군을 통수한다. ② 국군의 조직과 편성은 법률로 정한다.

제77조 : ① 대통령은 전시·사변 또는 이에 준하는 국가비상사태에 있어서 병력으로써 군사상의 필요에 응하거나 공공의 안녕질서를 유지할 필요가 있을 때에는 법률이 정하는 바에 의하여 계엄을 선포할 수 있다. ⑤ 국회가 재적의원 과반수의 찬성으로 계엄의 해제를 요구한 때에는 대통령은 이를 해제하여야 한다.

제78조 : 대통령은 헌법과 법률이 정하는 바에 의하여 공무원을 임면한다.

제80조 : 대통령은 법률이 정하는 바에 의하여 훈장 기타의 영전을 수여한다.

제91조 : ① 국가안전보장에 관련되는 대외정책·군사정책과 국내정책의 수립에 관하여 국무회의의 심의에 앞서 대통령의 자문에 응하기 위하여 국가안전보장회의를 둔다. ② 국가안전보장회의의 조직·직무범위 기타 필요한 사항은 법률로 정한다.

이상의 각 조항을 종합해 보면, 병역·동원·인사 등에 관한 제도의 설립이건, 국방체제의 형성이건, 통수 직권의 위임 및 행사이건 간에 모두가 헌법에 의거해야 한다는 것을 알 수 있다. 헌법은 전체 국민의사의 결정이다. 그러므로 군대의 설립은 본질상 공평무사하고, 합법적이고, 이치에 맞아야 하며, 전 국민의 의사와 국가의 이익을 모토로 하고, 국가안전을 직접 보위하고, 사회의 안녕과 질서를 유지해야 한다는 것 등이 응당 갖추어져야 할 조건들이다.

국민의 병역과 계엄령에 관한 규정은 국민이 지켜야 할 기본 임무인 동시에 헌법을 준수하는 정신을 구체적으로 표현하고 있다. 이는 국민이 인식해야 할 기본적인 사항이다. 군사상의 일체의 규정이 마치 벌을 주고 엄준하기만 하여 국민의 요구에 부합하지 않는다는 사고방식은 지양되어야 한다. 전 국민의 의사를 표현하는 헌법에 의하여 권한을 위임받은 자는 책임질 줄 알고 법을 준수할 줄 알아야 하며, 결코 고관대작에 의해 권한이 남용되거나 민주체제와 준법정신을 흩트려서는 안 된다.

2. 국가전략

국가전략이란 국가가 국가목적을 달성하기 위해 정치·경제·심리·군사 등 네 가지 국력요소를 발전, 운용하여 전력을 통합해 내는 예술이다. 그 목적은 유리하게 조성된 상황하에서 전력을 발휘하여 성공의 확률을 증대시키고 승리의 결과를 획득 또는 확장시키는데 있다. 국가전략 가운데 군사전략에 관한 구상은 군사정책의 모체가 된다. 군사정책은 군사제도의 기초가 되는 것으로, 국가전략은 곧 군사제도의 근원이 되는 것이다.

국가이익이 새로운 영향을 받거나 또는 국가목표가 새로운 장애에 봉착했을 때 국가전략은 전반적으로 새로운 검토와 수정이 가해져야 하고, 군사전략과 군사정책도 새로이 갱신되어야 하며, 군사제도 역시 갱신되어야 한다. 그러므로 국가전략은 군제를 설정·수정하는데 있어 중요한 근거가 되는 것이며, 융통성과 적응성을 갖춘 군제라야 건군 및 전쟁준비 등에서 항상 새로운 상황에 부합되고 적용될 수 있다.

국가는 국가이익을 옹호 또는 추구하기 위해 국가이익에 근거한 국가목표를 수립하고, 국가목표에 근거하여 주관적 조건과 객관적 환경을 참작하고 국가 전체의 정세를 판단함으로써 국가전략 구상을 산출해 낸다. 이렇게 해서 짜여진 국가전략 구상으로부터 국가안전보장정책이 마련되는 것이다. 국가전략 체계는 〈표 2〉와 같다.

〈표 2〉 국가전략 체계

<table>
<tr><td rowspan="4">국가이익</td><td rowspan="4">국가목표</td><td rowspan="4">국가전략 구상</td><td rowspan="4">국력요소전략기구</td><td rowspan="4">국가안전보장정책</td><td>정치</td></tr>
<tr><td>경제</td></tr>
<tr><td>심리</td></tr>
<tr><td>군사</td></tr>
</table>

가. 국가이익(National Interests)

국가이익이란 한 국가의 안전·복지에 중요한 관계가 있다고 인정하는 사항과 정부가 국가와 민족의 생존 및 발전에 관계가 있다고 인정하는 사항 등으로서, 국가전략을 수립할 때 분명히 파악해야 할 기본요소이다. 예를 들면 국가 영토의 확보, 국민 권익의 보호, 국권의 독립 및 자주성 등을 들 수 있다.

나. 국가목표(National Objectives)

국가목표란 한 국가가 국가이익을 유지 및 확장시키기 위해 건국이념에 입각하여 취하는 중요한 목표이다. 중화민국 헌법 제1조는「중화민국은 삼민주의를 바탕으로 하는 민주공화국이다」라고 되어 있다. 이는 중화민국이 영구히 추구할 국가목표이다. 국가목표라는 용어는 제2차 세계대전 이후에 생긴 산물로서, 그 전에는 국가목적(National Aim)이라고 일컬었다. 중화민국은 이를 '국책'이라고 하고 일본은 '국시'라고 한다. 이상 열거한 몇 개의 용어는 그 뜻이 대략 엇비슷하지만 모두가 명확하지 못했다. 현재 사용하고 있는 국가목표라는 용어를 쓰게 됨으로써 왜곡과 오해에서 벗어날 수 있게 되었다. 국가목표는 국가 기본목표와 국가 특정목표로 구분된다.

1) 국가 기본목표(Basic National Objectives)

국가 기본목표는 '궁극적인 목표'와 '영구적인 목표'의 뜻을 내포하는 것으로써, 국가가 건립될 초기에 확정해야 할 영구보존적인 목표이기 때문에 그 성질은 광범위하고도 항구적인 것이다. 앞에서 인용한 헌법 제1조의 내용이 곧 국가의 기본으로서 이 목표는 결코 단기간 내에 달성되는 것이 아니며, 시대에 따라 항상 끝없이 진보·발전하는 것이므로 장기적으로 계속적인 노력과 더불어 이 목표를 향해 전진해야 한다.

2) 국가 특정목표(Specific National Objectives)

국가 특정목표는 국가가 생존·발전과정에 있어서 현실적인 정세에 적응하기 위해 취해지는 바, 국가 기본목표 보다 앞서 달성해야 하는 중간목표이다. 또는 국가 기본목표를 유지하는 동시에 달성해야 할 부수적이고 단계적인 목표라고 할 수 있다. 그러므로 국가 특정목표는 통상 당면한 환경과 조건의 필요에 따라 결정된다. 예를 들면 중국이 과거에 일본제국주의의 침략을 받아 국토와 국민의 이권이 침해 내지는 파괴당했을 때 국민정부가 일본의 침략으로부터 국토의 완전 회복과 국민 권익의 보호를 위해 벌였던 항전건국抗戰建國은 당시에 있어서 특정 목표가 되었던 것이다. 공산집단이 대륙을 차지하여 국민의 권익을 박탈하고 있는 오늘날 정부가 도탄에 빠진 국민생활을 구제하기 위해 내세우고 있는 반공복국反共復國은 지금의 국가 특정목표인 것이다.

다. 국가전략 구상(National Strategy Conception)

국가전략 구상은 국가가 전반적인 국가전략 상황을 연구하여 채택한 행동방침으로써, 장차 어떻게 행동할 것인가에 대해 광범위하게 지시해 준다. 바꾸어 말하면, 국가가 국력요소를 발전·운용하기 위해 목표의 지시와 통합전력의 발휘 등에 관한 지도방침을 표현한 것이 곧 국가전략 구상이다. 간단 명료하게 표현한 것을 일반적 구상이라고 하며, 세밀하고 명확하게 지시한 것은 전략지도라고 부른다. 국가전략 구상을 간단하게 국가전략 또는 국가전략 개념이라고 일컫기도 하지만 그 뜻은 동일하다. 국가전략 구상은 국력요소 전반에 관한 전략구상(정치·경제·심리·군사전략)을 포괄하는 것으로서, 중화민국 안전보장회의는 국민대회의 결의에 따라 이를 대정방침大政方針이라고 부르고 있다.

라. 국가정책(National Policies)

국가정책은 정부가 국가목적을 달성하기 위해 국가전략 구상에 근거한 각종 업무를 유효적절하게 집행하는데 따르는 행동방안을 가리킨다. 정치·경제·심리·군사 등에 관한 국가정책을 종합한 것이 곧 국가전략이 된다. 국가정책은 일반적 국가정책(General National Policies)과 국가안전정책(National Security Policies)으로 구분된다.

일반적 국가정책이란 국가의 일반적인 개별정책으로서 국가안전에 직접적인 영향을 끼치지 않으며, 그 대상은 보편적이고 광범위한 것으로서 통상 행정부에서 수립한다. 미국의 농산물 가격 문제라든가, 중국의 최저 노임정책 또는 유학생에 관한 정책 등이 이에 해당하는 예이다. 국가안전정책이란 한 국가가 국가목적을 달성하기 위해 설계한 특수임무노선으로서, 국가안전에 직접적인 영향을 끼치며 국가 최고당국이 결정한다. 앞의 두 가지 정책이 비록 성질상 차이는 있다고 하나, 국가목적을 달성하기 위해서 존재한다는 점에서는 마찬가지이다. 그래서 미국은 국가정책을 국가 안전정책이라고 부르고 있다.

과거 중국에서는 국가정책을 국방정책(National Defense Policies)이라고도 하였으나, 국방회의가 「전란시에 관한 임시조례」의 규정에 의해 국가안전회의로 개칭됨에 따라 지금은 국가안전정책으로 불리고 있다. 낱말은 비록 다를지라도 내포하고 있는 뜻은 같다. 국방을 '외침 방지'로, 안전은 '내우'와 관련된 것처럼 문자상의 착각에 의한 해석을 하기 쉽다. 안전이란 낱말에 대해 중국인들은 습관적인 오류를 범해 왔다. 즉, 안전이란 내란 또는 외세의 침략 등과 관련된 사항만을 가리키는 것으로 생각할 뿐, 서방국가들 사이에 쓰이는 안전이 위에서 말한 내용 이외에도 사회질서와 사회보장에 관한 안전도 포함하고 있다는 사실을 전연 모르고 있었던 것이다. 그러므로 국가안전이란 전시 및 평시에 쓰일 수 있는 비교적 완전한 용어라고 할 수 있다.

국가전략이란 국력과 관계되는 제반 요소를 종합적으로 운용하는 예술인 까닭에 국가안전정책은 정치·경제·심리·군사 등의 여러 방면에 걸친 각종 정책을 세워야 하며, 나아가 국가의 안전을 강화하는 필요한 연락·협조 및 합작이 원만히 이루어져야 한다. 국가안전정책의 내용에는 여러 가지가 포함되어 있으므로 사실상 「국가안전에 관한 제반 정책」이라고 불러야 할 것이다. 군사제도의 입장에서 특별히 강조되어야 할 것은, 정책이란 반드시 구상에 근거해서 산출되어야 한다는 점이다. 만일 그렇지 못하면 터무니 없는 공론이 될 뿐만 아니라, 각 부분의 정책을 어떻게 상호 배합해야 할 것인지 모르게 된다. 과거에 성행했던 '편파주의' 또는 '본위주의'의 고질적인 원인은 정책을 결정할 때 각 분야에 걸쳐 통합적인 구상을 하지 않았던 탓이다.

위에서 살펴본 내용을 종합하면, 한 국가가 국가의 이익을 확보하고, 국가목표와 국가전략 구상을 실현하고, 안전정책을 완성하기 위해 정치 면에서는 정치제도를, 심리 면에서는 심리제도를, 그리고 군사 면에서는 군사제도를 각각 제정하여 국력요소를 운용·발전시키는 기준으로 삼는 것이다. 군사제도는 군사전략 구상에 의거한 군사정책으로부터 만들어지는 것이며, 군사전략 구상은 국가전략의 일부분인 까닭에 국가전략이 바로 군제가 산출되는 근원이라는 것을 알 수 있다.

헌법과 국가전략, 군사제도의 세 가지를 나무와 비유한다면 헌법은 뿌리, 국가전략은 줄기, 군제는 가지에 해당된다. 뿌리가 없는 나무에서 어떻게 가지가 뻗어날 수 있겠으며, 가지가 없는데서 어떻게 잎과 열매가 생길 수 있겠는가? 나뭇잎의 호흡과 영양 흡수, 그리고 꽃이 피고 열매를 맺는 것 등 모두가 가지에 의존한다. 또한 가지는 줄기와, 줄기는 뿌리와 일맥상통한 관련을 가지고 있는 것이니 더 이상 비유를 할 필요가 없다.

3. 군사전략과 군사정책

군사전략은 국가전략의 일부분이다. 국가전략을 도외시 한 군사전략이 있을 수 없고, 오로지 국가전략 가운데 군사전략이 포함되어 있는 것이다. 예를 들면, 국가정세의 판단에 관한 회의를 할 때, 참모총장[2]이 제출하는 「현 군

2) 한국의 합동참모의장에 해당하는 직위임.

사정세 및 채택된 전략에 관한 연구」 같은 것은 군사전략 판단이 된다. 국가전략 구상에는 군사전략 구상이 포함되고, 국가안전정책에는 군사정책이 포함되어 있으며, 군사정책은 또한 군사전략계획을 책정하고 발전시키는 근거가 되는 것이다. 그러므로 군사전략과 군사정책은 칼날의 양쪽 면과 같아서 서로 갈라질 수 없는 것이다.

그러나, 연구상 편리를 위해 통상 국가안전정책과 시행에 관한 절차를 국가전략의 연구분야에 삽입시키고, 군사전략 판단과 구상은 군사전략계획과 함께 군사전략 연구의 범주에 편입시키고 있다. 담당분야로 나누어 보면, 전자는 각종 국력요소에 관한 문제를 종합 운영하는 것이고, 후자는 단순한 군사문제만을 다루는 것이다. 그런데 이들 양자는 마치 손등과 손바닥 같아서 국가전략과 군사전략은 서로 분리될 수 없다.

군사전략계획은 전략능력의 건설(건군을 가리킴)과 전략능력의 운용(용병을 가리킴)의 두 가지로 대별된다. 군사전략 능력의 우열은 무장부대의 강약으로 표현되는데, 무장부대의 전력은 유형 및 무형의 두 종류로 구분한다. 전자는 병기의 생산 및 기술 등과 같은 국방과학의 힘에 의존하며, 후자는 제반 정신력(간부 및 부대의 교육훈련을 포함)의 확립에 의존한다. 군사제도의 설정은 자연히 군사전략능력 건설에 관련된 항목 가운데 중요한 위치를 차지하고 있다.

군사전략계획은 제반 군사정책의 방침에 의거하여 발전되며, 또한 군사정책은 군사전략 구상에 근거하여 산출된다. 그러므로 군사제도의 설정은 군사정책의 요구에 부합되어야 하며, 군사전략 능력의 운용으로 군사전략 구상을 실현시키고, 나아가 국가목표를 달성하도록 뒷받침 되어야 한다. 바꾸어 말하면 군사전략 구상과 군사전략 정책의 적부성 여부는 군사제도의 설정에 직접적인 영향을 끼치며, 군사제도의 우수성 여부는 각종 군사건설에 지대한 영향을 미친다. 따라서 양자는 상호 밀접한 협조와 배합을 갖추어야 한다. 군사전략계획의 내용은 〈표 3〉과 같다.

〈표 3〉 군사전략계획의 내용

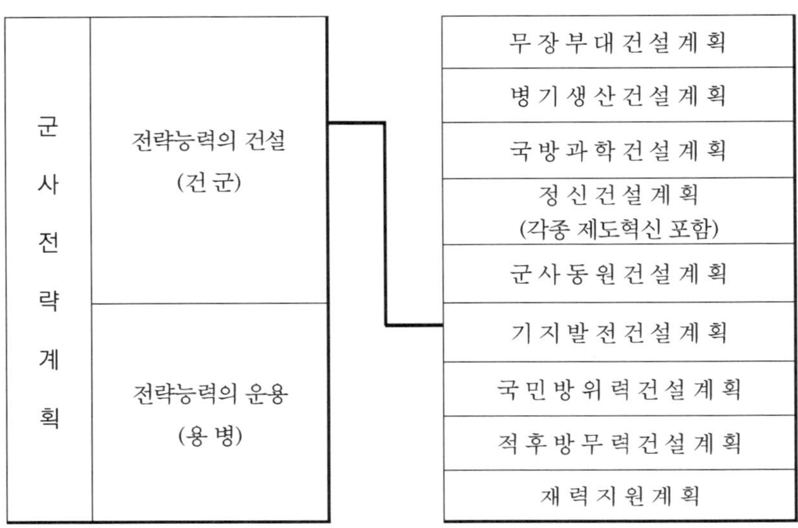

「국가안전정책」은 국가전략 체계의 중요한 핵심이며, 군사정책은 국가안전정책의 중심부를 차지한다. 그러므로 정책이란 무엇을 뜻하는 것인가에 대해 구체적인 정의를 밝힘으로써 혼돈을 피하고자 한다.

「정책」의 정의는 목표를 달성하기 위해 채택하는 행동방침이다. 정책은 목적의 요구에 기초하여 수립되어야 한다. 정책의 본질은 운용하는데 있으며 결코 어떠한 실물체가 아니다. 「기본정책」은 어떠한 국가(단체 또는 개인)의 행동을 지도하는 기본방침이다. 「일반정책」은 비특수상황 하에서 일반적인 구상에 근거하여 산출된 정책을 가리킨다. 어떠한 목표나 장기 목표일지라도 한 번에 달성할 수는 없다. 반드시 상당한 시간에 걸쳐 단계적으로 실시하고, 어떤 부문에서는 분업을 함으로써 이상적으로 달성할 수 있다. 그러므로 총체적인 구상에서 산출되는 총체적인 정책 이외에도 몇 계단 혹은 몇 부문으로 구분하여 각개의 수요와 행동구상에 따라 산출되는 개별 정책이 있어야 한다. 이와 같은 각급 정책은 목표에 대해서는 계획추진이 되고, 소속기관에 대해서는 시정방침이 된다. 한마디로 말하면, 정책이란 어떤 사건에 대해 어떤 목표의 기본개념을 달성하기 위해 여러 사람이 통일적으로 이해할 수 있도록 마련한 계획·준비 및 행동의 근거이다.

무엇을 가리켜 군사정책이라고 하는가? 군사정책이란 곧 군사목표를 달성하기 위하여 마련된 행동방침이다. 조미니(Antoine Henri Jomini)는 그의 저서 『전쟁술 개요』(The art of war)에서 "군사정책이란 군사행동과 관련된 일체의 정신요소의 총화를 포괄한다."고 풀이했다. 조미니는 정신력이 전쟁의 승부를 결정짓는 중요한 요소라고 인정하였다. 그가 말하는 정신요소란 일반적인 의미 이외에도 다음과 같은 네 가지를 특히 강조하고 있다.

1) 민족적 투지

조미니는 민족적 투지가 전쟁에 지대한 영향을 미친다고 강조하였다. 이는 손자가 말한 "모름지기 백성과 통치자는 뜻을 같이해야 한다"(令民與上同意也). "상하의 뜻이 같은 자는 승리한다."(上下同欲者 勝) 등과 같은 견해라고 하겠다. 오늘날로 말하면 민족적 투지는 건국정신과 민족적인 역사문화, 정치적 신앙과 사회 관습의 풍조, 국가전략계획과 제반 조직제도의 기능과 공동의 적에 대한 적개심을 굳히는 신념 등으로 형성되고 있다.

2) 부대 사기

장교와 병사의 사기가 전투의 승패에 미치는 영향은 현저한 것이다. 조미니는 군사정책을 설정할 때에 사기앙양 및 유지에 특히 유의해야 완전한 정책이 될 수 있다고 강조하였다.

3) 군대의 규율

조미니는 "행동이 일치해야 역량을 발휘할 수 있고, 질서가 있어야 바람직한 행동의 일치를 이룰 수 있으므로 규율은 곧 질서의 주춧돌이다. 만일 규율과 질서가 없다면 전쟁에서 승리할 가망이 없다."고 하여 규율의 중요성을 강조하였다. 질서는 규정과 준칙으로 정해져야 한다. 그렇지 않으면 질서를 지키려 해도 두서를 가리지 못하여 일치를 바랄 수 없게 된다. 질서를 지키는 것을 규율이라 한다. 군제는 군인으로 하여금 질서를 지키도록 할 뿐만 아니라, 안 지키면 안 되도록 강제해야 질서가 유지될 수 있다.

4) 지휘관의 중요성

조니미는 "지휘관의 용기와 활력은 전쟁의 승패에 대단히 중요한 영향을 미치는 요소이며, 만일 쌍방의 조건이 서로 비슷하다면, 어느 쪽 지휘관의 재능이 우수한가에 따라 승패가 결정된다."고 말했다. 이는 손자의 "장수의 우열에 따라 전쟁의 승패가 결정된다."는 견해와 완전히 일치한다. 조미니는 "지휘관을 선발하는 문제는 대단히 중요할 뿐만 아니라, 군사정책 가운데에서 가장 중요한 부문을 차지한다."고 말했다.

그러면, 어떻게 해야 군사정책이 요구하는 정신적 요소를 이상적으로 달성할 수 있을 것인가? 조미니는 이에 관해 가장 중요한 두 가지 사항을 상세히 밝힌 바 있다. 그 첫째는 상무정신을 배양하고, 둘째는 강력한 군사제도를 확립하는 것이다. 전자는 전체 국민 또는 각 분야에 걸쳐 공동으로 노력해야 할 사항으로서 군사정책을 지원해주는 원동력이 되며, 후자는 군사정책을 실현시키는 구체적인 방법이 된다. 조미니는 군사제도의 중요성을 설명하면서 특히 강조하기를 "한 국가의 정부가 어떠한 이유로든 국가의 군사발전을 소홀히 한다면, 후세 사람들이 볼 때 그 정부는 민족에 대한 절대적인 죄인이라고 낙인찍힐 것이다"라고 했다. 이 말은 곧 만일 어떤 국가가 군사제도를 소홀히 하거나, 혹은 군사제도가 시대와 지역, 국가의 사정에 적합하지 못하면 망국의 화를 초래한다는 것을 뜻한다.

이상에서 살펴본 것을 종합하건대, 군사정책과 군사제도의 관계는 다음과 같이 결론지을 수 있다. 국가전략상으로 볼 때 군사정책은 국가안전보장정책의 일부로서, 정치·경제·외교·심리 등과 상호 보완하여 국가전략 목표를 달성시키는 중요한 요소이다. 한편, 군사 자체의 입장에서 본다면 군사정책이란 군사조직 내부의 일체의 활동을 지도하는 총체적인 목표이고, 총체적인 방침이며, 또한 총체적인 구상이라고 할 수 있다. 군사정책은 국가전략 발전의 최고봉이며, 군사제도를 산출하는 바탕이다.

그러나, 군사정책은 윤곽만을 밝히는 원칙적인 면을 지시할 뿐이고, 군사제도는 군사정책을 실현하기 위한 구체적인 법칙이 되는 것이다. 양자간의 관계는 불가분의 관계를 가지고 있다. 군사제도는 반드시 군사정책을 근본으로 하여 설정되어야 정상 궤도를 탈선하지 않고 올바로 시행되어 유기적이며, 목적이 뚜렷하고, 계획성 있게 전체의 활동과 발전을 지원할 수 있을 것이다.

Ⅷ. 군사제도의 제정절차

여기에서 말하는 「절차」란 군사제도를 산출하는 근원과 방식, 계통, 그리고 건군과정에서 기타의 여러 가지 제도와의 관계 등을 설명하고자 함이다. 군사제도의 산출과정, 군사제도와 정치제도와의 관계, 군사제도의 작업절차 등 세 가지 문제를 연구하기로 한다.

1. 군사제도의 산출절차

군사제도를 산출하는 기본적인 근원은 첫째가 헌법이고, 둘째가 국가전략이다. 헌법은 군제의 최고 근본이며, 국가전략은 군제에 대한 구체적인 지시이다. 헌법과 국가전략에 관한 내용은 이미 설명했으므로 여기서는 군제의 산출절차를 설명하기로 한다. 군사제도의 산출절차는 〈표 4〉와 같다.

〈표 4〉 군사제도의 산출절차

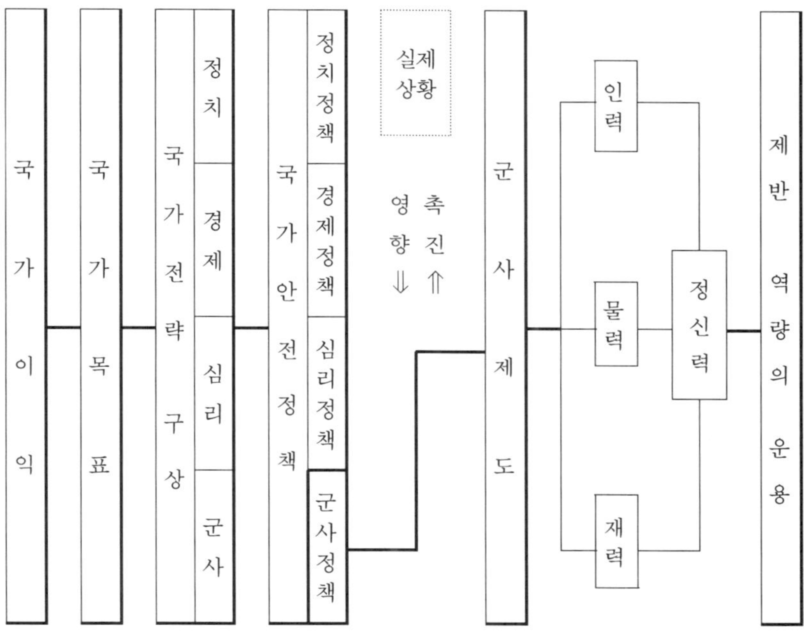

1) 국군의 사명

국가전략 구상으로부터 국가안전정책이 산출된다. 군사정책은 국방정책의 일환이다. 이것이 곧 「국군의 사명」이다. 국군의 사명과 국가목표는 밀접한 관계를 가지며, 상세한 내용은 「군대의 기본 사명」에서 기술하기로 한다.

2) 군사전략 구상

군사전략이란 무력을 확보·운용하여 유리한 태세를 조성함으로써 전쟁목표를 쟁취하고 국가전략을 지탱시키는 예술이다. 그 계획에는 연합전략과 연합동원이 포함되며, 아울러 각 군 및 전략공군 등 전체 무력의 운용에 관한 사항을 제시해 준다. 이 밖에도 각 야전군에 대한 임무부여, 야전군 상호간의 배합, 병력의 분배 및 조정, 각 군의 동원목표, 시간 및 속도 등에 관해 상세히 지시한다. 이러한 목적을 달성하기 위해서는 반드시 주도면밀한 절차와 계획, 준비가 있어야 한다. 이에 관해 대략적인 지도를 해주는 것이 군사전략 구상이다.

3) 건군정책

각급 전략구상과 전술 및 전투, 그리고 기술의 배합 등에 의거하여 건군정책을 수립한다. 그 가운데는 건군목표, 각 군 및 각 병과의 비율, 그리고 건군에 필요한 각종 기본역량 및 조건을 발전·운용하는데 관한 지시사항과 상비역, 예비역, 고용인원, 민병대, 동원, 복귀, 그리고 군대의 통솔방침 등에 관한 개념을 포함하고 있다.

4) 군사제도

건군정책에 의거하여 각종 군사제도를 제정한다. 각종 군사제도를 실시하기 위해 각종 군사조직을 설치한다. 군사제도와 군사조직은 어떤 목표를 달성하는데 있어서 어느 한 쪽이라도 없어서는 안되는 상호 불가결의 관계를 가지고 있다. 그러나, 「조직은 제도를 실현하기 위해 생기는 것이고, 제도는 목적을 달성하기 위해 생긴다」는 이론을 망각해서는 안 된다. 그러므로 조직은 어떤 행동을 하든지 하나의 계통을 이루어야 제도에 따라서 유효하게 사명 또는 목적을 달성할 수 있다. 서방국가에서는 계통과 제도를 체계(system)로 표현하고 있다. 군사제도의 기능은 인력·물력·재력 및 정신력 등의 네 가지 기본 역량을 발전·운용하는 구체적인 방법이며 수단이다. 예를 들면, 인력을 발전·운용하기 위한 인력동원과 인사제도가 있고, 물력을 발전·운용하기 위한 경제동원과 작전지속지원계획이 있다.

건군정책 가운데 명시된 각종 건군목표를 완수하고 국군의 사명을 달성하기 위해서는 인력·재력·물력 등의 기본 역량에 정신력을 추가하여 종합역량을 발휘해야 한다. 정신력이란 지혜·덕성·체력·단결의 네 가지로 표현할 수 있다. 이들은 건군의 기본조건으로서 그 중요성에 관해 추가적인 설명을 요하지 않으며, 어느 하나라도 결여되어서는 안된다. 이들 역량은 양호한 군사제도와 조직체계가 있어야 올바르게 발휘·운용될 수 있다.

2. 군사제도와 정치제도와의 관계

넓은 의미에서의 정치는 최고위층의 정치로서 국력의 전체를 뜻하며, 또한 총체적인 정치(정치·경제·심리·군사 등을 포함)를 일컫는다. 좁은 의미에서의 정치는 내정과 외정을 뜻하며 총체적인 정치의 일부분을 차지한다. 군사제도와 정치제도는 건국 및 국가안전 면에서 상호 보완하며, 인과적인 관계를 가진다.

건국을 하려면 우선 건군을 해야 하며, 또한 군사는 반드시 여타의 정치적인 요소를 바탕으로 존재한다. 그러므로 정치제도는 군사제도의 기초가 되며, 군사제도는 정치제도의 중심을 이루고 있다. 군사와 정치의 양 제도가 균형있게 발전함으로써 국가가 부강할 수 있다. 국방과 민생문제를 병행 발전시켜야 할 이유가 바로 여기에 있다.

역사상 군사나 정치 가운데 어느 한 쪽만을 편중했던 사실은 쉽게 찾아볼 수 있다. 편중의 결과는 처음에는 비록 흥왕했을지라도 결국 쇠약해졌거나, 또는 겉보기에는 강하더라도 속으로는 허약하였다. 국가가 오래도록 안녕과 자주독립, 부강을 누리려면 반드시 문무가 합일하고 군사와 정치를 동시에 중시해야 한다. 군사와 정치의 두 제도는 나라를 세우는데 가장 중요한 주춧돌과 같은 기능을 발휘하므로 어느 한 쪽이라도 가볍게 취급해서는 안된다. 「국가 제도화」는 건국이념을 달성하는 길이며, 건국에 따른 작업을 지도하는 중요한 국책이다. 군사제도와 정치제도와의 관계는 〈표 5〉와 같다.

〈표 5〉 군사제도와 정치제도와의 관계

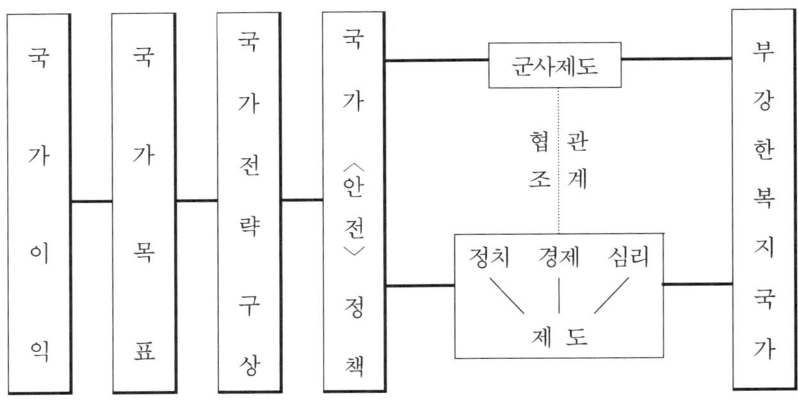

3. 군사제도의 설정절차

군사제도의 설정에 관한 참모활동은 논리상 또는 방식상 일반적인 참모활동과 동일하며, 그 순서는 〈표 6〉과 같다.

〈표 6〉 군사제도 설정 순서

군사정책 〈국군의 사명〉	건군정책	전반적인 요소 고려	각종방안의 설정	가능한 방안의 채택	입법절차	지원수단의 준비 및 기풍쇄신	공포실시	연구발전 및 검토개선

앞의 군사제도 설정 순서 중에서 입법절차, 지원수단의 준비와 관념 및 기풍의 쇄신을 살펴보면 다음과 같다.

1) 입법절차

군사제도는 군사입법에 속하는 것으로서, 어떤 사태에 부딪혀서 마련하거나 적당히 얼버무릴 수 있을 만큼 간단한 것이 아니다. 어떠한 제도이든 반드시 입법절차를 거쳐야 한다. 국방부에 법제기구를 두는 것도 이러한 이유 때문이다. 군 내부의 모든 행정사항은 국방부 혹은 그 부속기구에서 효율적인 방법으로 연구, 설계하여 공포한다.

군대와 민간의 양자와 동시에 관련되는 사항은 정부의 관계부처와 협조하여 입법기관의 심의를 거쳐 통과된 다음에 공포해야 법률상의 근거를 갖추게 된다. 군제가 헌법에 저촉되어서는 안되며, 자법子法은 모법母法에 어긋날 수 없는 것이다. 그러므로 어떤 제도를 설정하거나 수정하려면 제멋대로 또는 현실에 맞지 않게 손질해서는 안되며, 반드시 입법절차에 따라 진행되어야 한다.

2) 지원수단의 준비와 관념 및 기풍의 쇄신

제도의 실시는 쉽지만 관념과 기풍의 쇄신은 어렵다. 어떠한 제도이든 명령을 내린다고 해서 곧 성공으로 연결되는 것이 아니다. 전체가 이해하여 지지하고, 공동으로 준수해야 효율을 발휘하게 된다. 어떤 제도를 시행하려면 먼저 이를 뒷받침 할 수 있는 각종 지원수단을 준비해야 한다. 예를 들면 선전·설명·해설·시범·연습 등이 있다.

전체 국민 또는 집행기관의 실무 간부가 어떤 제도의 시행요령과 그 우수성을 충분히 이해하고, 새로운 관념을 터득하여 공동으로 추진하면서 새로운 기풍에 호응한다면 자연적으로 정상궤도를 달리게 된다. 간부를 양성·훈련시키고, 관련된 제도를 보완하고 기구를 설립하는 것 등은 모두가 제도의 실시를 지원하는 수단이며, 이러한 수단은 사전에 준비되어야 제도의 성과를 보장할 수 있다. 만일 새로운 관념과 기풍을 조성하지 못한 채 각종 준비가 결핍된 상태로 무리하게 실시를 하게 된다면, 오류를 범하거나 폐지되어 노력과 재력을 낭비할 뿐만 아니라 기대하는 효과를 거둘 수 없게 된다.

Ⅸ. 군사제도에 포함될 사항

한 국가의 군사조직이 건전하게 이상적인 목표를 달성하려면 어떠한 군제를 마련해야 할 것인가? 물론 많은 제도를 일일이 열거할 수 없을 뿐만 아니라, 각 시대의 배경이 다르고 전쟁의 형태와 특질 및 전쟁도구 등이 수시로 변동하여 군사제도의 설립도 변화무쌍하게 변천된다. 여기에서는 「원칙성의 설명」과 「세부 항목」으로 나누어 설명하기로 한다.

1. 원칙성의 설명

군사제도에 관한 원칙성을 손자와 조미니의 이론을 인용하여 설명하면 다음과 같다.

가. 손자

"군사(전쟁)는 국가의 대사이며, 국민의 생사와 직결되며, 국가존망의 분수령이니 신중히 다스리지 않으면 안된다. 그러기 위해서는 다섯 가지 사항을 고려하여 비교하고 분석해서 현실에 맞는 결론을 추구해야 한다. 다섯 가지 고려사항(오사五事)이란, 첫째는 백성과 지도자가 생사를 같이 하게 하는 정치원리요, 둘째는 기상적인 조건과 시간적인 조건이요, 셋째는 지리적인 조건이요, 넷째는 지智·신信·인仁·용勇·엄嚴을 갖춘 인재이며, 다섯째는 조직으로서, 곡제曲制·관도官道·주용主用의 세 가지가 있다." 여기서 조직이란 곧 군제를 뜻하는 것이다. 그리고 곡제·관도·주용 이 세 가지는 군제의 3대 요소라고 할 수 있다. 이를 현대적인 용어로 해석하면 다음과 같다.

① 곡제 : 오늘날의 부대편제를 의미한다.

② 관도 : 오늘날의 인사제도에 해당하는 뜻을 가진다.

③ 주용 : 오늘날의 재정과 후방지원(작전지속지원)을 뜻한다.

나. 조미니

그의 저서『전쟁술 개요』의 제13절「군사제도」가운데 완전무결한 군대를 조직하는데 필요한 조건을 열거하고 있다.

① 양호한 징병제도.

② 양호한 군사조직.

③ 양호한 조직을 갖춘 전국적인 예비병제도.

④ 전체 장병의 양호한 훈련상태 : 제식훈련 뿐만 아니라, 실제적인 전투훈련에 중점을 두어야 한다.

⑤ 엄격하면서도 굴욕적이 아닌 군기를 유지할 것. 규율을 준수하고 복종하는 정신은 신념을 바탕으로 해야 하며, 형식주의가 되어서는 안 된다.

⑥ 유효한 포상제도로 사기를 진작시킨다.

⑦ 공병 및 포병과 같은 특종 병과에 대하여 더욱 우수한 훈련을 가한다.

⑧ 공세 또는 수세작전을 막론하고 장비 및 무기 면에서 우세를 확보한다.

⑨ 각종 요소의 능력을 운용할 참모부를 설치하고, 다른 부서로 하여금

장교에 대한 이론 및 실제교육을 담당하게 한다.

⑩ 군수·의무·일반행정 면에서 양호한 계통을 구비한다.

⑪ 인사분야에 관한 양호한 제도와 전쟁에 대한 지휘방식 등에 관하여 명확히 규정한다.

⑫ 전체 민족의 상무정신을 고취시키고, 이를 유지·확보한다.

⑬ 양호한 보급제도

조미니의 주장은 군사제도의 집대성이라고 할 수 있으며, 비록 시대는 다를지라도 그 정신에는 다를 바가 없다. 이는 오늘날 군제를 제정하는데 있어 중요한 참고가 되리라고 믿는다.

2. 세부 항목

엄격히 말하면 군사부문에 관한 업무는 너무나 방대하고 복잡하여 전체적인 것을 열거하기 어렵다. 여기에서는 필요 불가결한 요소만을 열거하여 전문가의 연구개선 작업에 참고로 제공하고자 한다.

1) 건군의 근본의의와 통수의 직분
2) 국방체제의 형태와 조직
3) 전쟁지도를 담당하는 기구
4) 군대조직(지휘·전투·훈련·근무)
5) 병역(현역·예비역·보충역)
6) 동원(징집·소집)과 복귀
7) 직위(계급 및 직책)
8) 임관(분류 및 보직)
9) 복무·휴가 및 퇴역
10) 복장제도 및 훈장(기장)
11) 포상·징계 및 보상
12) 교육·훈련·연습 및 검열
13) 선발·고시 및 평정
14) 예절 및 관혼상제
15) 재정·병참·급여 및 회계
16) 위생·의무 및 보급
17) 수송·통신·비축 및 정비
18) 정치작전·선전 및 소조훈련
19) 방첩·감찰·군기 및 군법
20) 구매·입찰 및 계약
21) 복지 및 구호사업
22) 검문 및 안전조치

23) 처벌 및 교도소

24) 문서 및 보고

25) 연구발전·발명·창작 및 저작

위에 열거한 항목들을 8개 항목으로 귀납시켜 보면 다음과 같다.

1) 국방체제

2) 군대 편제

3) 인사제도

4) 군사교육제도

5) 병역 및 동원제도

6) 군수제도

7) 정치작전제도

8) 연구발전제도

X. 건군의 정의 및 군제와 건군과의 관계

1. 건군의 정의

건군의 정의는 곧 건군의 기본 사명이다. 각 국의 국방임무를 살펴보면, 건군의 기본 사명은 다음 세 가지 항목을 공통적으로 포함하고 있다.

① 국방안전의 공고 : 주로 대외적인 문제로서, 외세의 침입을 방위한다.

② 국가안전의 확보 : 주로 대내적인 문제로서, 내란을 평정한다.

③ 세계평화의 유지 : 주로 정의를 신장하고 침략행위를 제지한다.

위에 열거한 세 가지 목적은 국가별로 모두 갖추고 있는 것은 아니다. 국가의 강·약, 대·소와 혹은 그들의 건국이념에 따라 다르다. 일반적으로 강대국은 세 가지 항목을 전부 포괄한다. 하지만, 어떤 국가는 세계평화를 유지한다는 미명하에 침략을 감행하므로, 세계평화의 유지란 그들에게 있어서는 보기 좋은 허울에 불과한 것이다. 중등국가는 국방안전의 공고와 국가안전의 확보 두 가지 항목만을 감당할 수 있다. 규모가 작은 국가는 국가의 안전이 강대국에 의해서 보장되기 때문에 그러한 국가들의 건군 목적은 기껏해야 국가의 안전을 추구하는데 있을 뿐이다.

2. 군제와 건군과의 관계

제VIII장에서 건군에 관련되는 각종 요소와 군사전략 구상에 근거하여 군사정책이 수립되고, 군사정책에 의거해서 육·해·공군의 구체적인 분배와 목표가 결정된다는 내용을 설명한 바 있다. 그러나, 각종 군사제도를 거쳐야만 비로소 인력·물력·재력 및 정신력 등 요소의 효능을 충실히 발휘할 수 있으므로, 군사제도는 곧 이들 군사역량 요소의 운용준칙인 동시에 원동력이라는 것을 알 수 있다.

이와 같은 역량의 조직과 육성, 관리 등의 방대하고 복잡한 과정을 거쳐 「현대화된 군대」를 만들어낼 수 있다. 현대화된 군대를 일품요리와 비교한다면, 각 군의 목표와 각종의 군사력 요소는 요리를 만드는데 필요한 재료가 된다. 재료가 구비되었더라도 반드시 적당한 순서를 거쳐 만들어야 일품요리라고 할 수 있다. 군사제도는 곧 가마솥에 해당된다. 여기서 우리는 국가가 결정한 건군 목표는 반드시 건군제도라는 용광로를 거쳐서 조합·배양·관리되어야 현대화된 군대를 만들어 낼 수 있다는 것을 알 수 있다. 군제와 건군의 상호 관계는 〈표 7〉과 같다.

〈표 7〉 군제와 건군의 상호관계

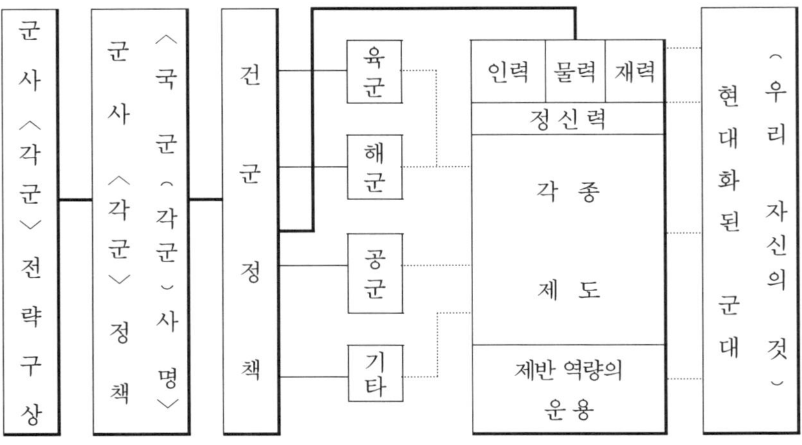

그러나, 현대화된 군대란 결코 유도탄이나 전략폭격기와 같은 무기와 장비를 갖추었다고 해서 현대화 되었다고 할 수 있는 것이 아니다. 이러한 현대화는 지리환경과 정치상황이 부적합하면 곧 효력을 상실하여 현대화가 무색하게 된다. 그러므로 앞의 〈표 7〉과 같이 국가전략을 근거로 하여 군사정책을 발전시킨 다음 '우리 자신의 것'으로 만들어야 한다.

여기서 우리가 알 수 있는 것은 건군은 어떤 사건을 다루는 것과 마찬가지로 반드시 논리적인 방법과 과학적인 행동절차를 밟아야 하며, 결코 현실에 어긋나게 결정할 수 없는 것이라는 점이다. 군제는 반드시 목적에 알맞게 절차에 따라 이론과 사실과 정책에 의거해서 산출되어야 건전한 군제가 될 수 있으며, 이렇게 산출된 군제라야 비로소 유효한 군사력을 건설할 수 있다. 그런 이후에 이것을 다시 '우리 자신의 것'이 되도록 일련의 발전을 도모해야 한다. 건군 및 군사능력 운용의 발전절차는 〈표 8〉과 같다.

〈표 8〉 건군 및 군사능력 운용의 발전절차

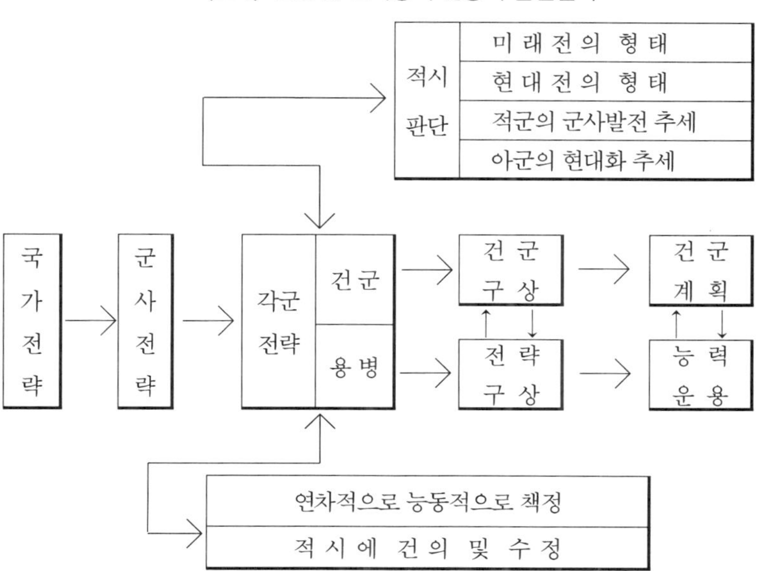

XI. 군대의 기본 사명과 용병의 본질

1. 군대의 기본 사명

국가의 수요(국가이익을 바탕으로 한 국가목표)에 따라 국가역량의 운용에 관한 전략(국가목적에 의거하여 산출되는 국가전략 구상 및 국가역량의 운용에 관한 정책)을 결정한다. 물론 군사전략과 각 군의 전략 역시 이에 따라 결정되어 국가전략의 실현을 지원한다. 다만, 상급기관의 명확하고 합리적인 적절한 지도가 있어야 비로소 유효한 전력을 통일적으로 발휘할 수 있다.

국가목표를 달성하는데 있어 가장 현명한 수법은 싸우지 않고 적으로 하여금 저항을 포기하게 하여 우리의 정치목적에 굴복시키는 것이다. 이렇게 되지 못할 때에는 결국 무력에 의존하여 해결하게 된다. 그러므로 능동적이든 혹은 부득이한 경우이든 상관없이 무력을 행사하려면 우선 사전에 전쟁준비를 하여 전쟁의 수요를 충족시켜야 하며, 동원에 관한 준비 및 군대의 편제와 훈련도 예상되는 전쟁방법에 적합하도록 시행되어야 한다.

무력은 가장 유효한 최후의 수단이므로 전시나 평시를 막론하고 반드시 무력을 중심으로 하여 어떻게 적을 우리의 의사에 굴복시킬 것인가 하는 방법을 사전에 준비하고 있어야 한다. 야전전략은 바로 여기서 산출된다. 참모본부의 계획은 3군의 배합과 이들에 대한 전략방침, 그리고 전장에서 각

군의 운용 문제 등을 궁극적인 목적에 부합하도록 완성해야 한다.

이와 같은 일련의 절차는 모두가 국가목표와 직접적인 관계를 가진다. 국군의 기본 사명은 곧 헌법과 영토와 주권을 수호하고, 나아가 삼민주의의 실현을 보장하는데 있다. 중화민국의 당면한 국가 특정목표는 마오쩌둥(毛澤東)의 공산당을 격멸하는 것이다. 따라서 국군의 당면한 특정 사명은 곧 군사적 승리를 달성하고 공산당을 격멸하여 삼민주의 정치체제를 건립하는 것이다.

앞서 기술한 것으로 미루어 국군의 사명을 다음과 같이 표현할 수 있다. "국민혁명군은 삼민주의를 실현함으로써 중화민국의 독립과 자유와 평등을 보장하고 세계평화를 유지함을 목적으로 삼는다. 중화민국의 영토와 주권을 침해하거나, 삼민주의의 실현을 방해하는 자는 전력을 다하여 소탕 또는 제거하여 국민혁명군의 신성한 사명을 완수한다." 필자는 미래의 군제를 다듬는데 있어 국군의 기본 사명을 다음과 같이 명시할 것을 강조하고자 한다.

1) 헌법 수호

① 중화민국의 헌법을 수호하고 삼민주의의 실천을 보장한다.

② 세계평화를 유지하며 국가안전을 확보한다.

2) 국내 안정

① 내란을 평정한다.

② 법률과 질서를 유지한다.

3) 대외 방호

① 영역과 주권의 완전성을 보장한다.

② 국가와 국민의 권익을 보호한다.

③ 국제조약의 의무를 이행한다.

4) 대민 사업

① 민간 건설사업에 협조한다.

② 재난구조 활동에 봉사한다.

③ 국가적인 활동을 지원한다.

앞서 열거한 네 가지 항목은 과거 군대의 사명을 논할 때에 「국내 안정」과 「대외 방호」의 두 가지에 가려져 그 의의가 뚜렷하게 밝혀지지 못했다. 국가가 군대를 10년 동안 양병하여 1일 동안 용병하는 전쟁양상을 고려하면 이는 실로 낭비적 요소가 있다. 그러므로 국내 안정 항목의 ②항과 대민 사업을 국군의 사명으로 명문화하여 평시에도 최대한 활용하도록 해야 한다.

2. 용병의 본질

군제를 설치하는 기본 목적은 전투력의 발휘와 전쟁에서 적으로부터 압승을 거두는데 있으므로, 우선 용병의 본질을 분명히 밝혀두어야 각종 제도가 목표에 부합되게 발전할 수 있을 것이다. 작전의 최종 목표가 상대방(적국)의 정치의사를 굴복시키는데 있고, 또한 작전은 국력을 통합 발휘해야 하는 것이므로, 적국의 국력자원을 약화시킬 수 있도록 조종해야 한다. 그러나, 적국의 대부분의 자원은 그들의 무력으로 보호받고 있기 때문에 우리는 우선 성공적인 무력전을 감행하여 적의 전력을 궤멸시켜야 비로소 적을 굴복시킬 수 있다. 이러한 논리법칙에 따라 용병의 본질을 다음과 같이 귀납시킬 수 있다.

군은 전투를 위주로 하고, 전투는 승리를 요구하며, 승리는 적을 섬멸함을 목표로 한다. 적을 섬멸한다는 뜻은 적을 고립시키고, 그들 전투력의 균형을 파괴하고, 전쟁의 의지와 행위를 포기하게 하고, 나아가 어떠한 저항조차 하지 못하도록 만드는 것을 의미한다. 만일 이러한 본질을 망각한 채

군대를 운용한다면, 군사작전에서 승리를 거두지 못할 뿐만 아니라, 간접적으로는 정치적 목적의 달성에도 지대한 영향을 끼치게 된다.

장개석이 주장한 반공작전의 본질에서 "7할 정치, 3할 군사의 비율로 무력을 중심으로 한 사상적인 총체전"이라고 한 것은 바로 이러한 이치를 가리키는 것이다. 그러므로 최후의 전승을 기하려면, 반드시 우리의 무력으로써 적의 유생전력(생명을 지닌 전쟁능력 요소)을 섬멸해야 한다. 이 점을 이해해야 비로소 건군과 전쟁준비에 관련되는 일체의 제도가 지향해야 할 방향을 뚜렷이 알 수 있다.

XII. 통 수 권

1. 통수권의 의의

통수직책을 통상 통수권統帥權이라고 칭한다. 과거의 일반적인 관념은 직책이 권리를 낳는다고 생각했기 때문에 직권이라고 불렀다. 장개석은 "직위·책임·권리의 세 가지는 원래 하나이며, 또한 책임과 권리는 직분에 따른 불가분의 것이기 때문에 직분이 있는 곳에 책임이 따르고, 책임이 있는 곳에 권리가 있다"고 말했다. 권리란 어떤 직무를 행사하도록 허가하는 것이지, 결코 어떤 권세를 의미하는 것이 아니다. 과거에 관리자들이 주로 쓰던 '하급기관에의 권리 위임, 또는 수권', '계층에 따르는 책임' 등의 용어는 현대화된 관념인 '명확한 직책' 및 '권리는 책임과 더불어 생긴다'는 용어로 바뀌었다. 통수권 역시 마찬가지로 오늘날 여러 선진국가에서는 통수권을 가리켜 통수책임으로 칭하고 있다. 이러한 책임은 국가통치에 관한 중책에 속한다.

중화민국으로 말하면 헌법 제36조에서 "총통은 전국의 육·해·공군을 통솔한다."고 규정하고 있다. 헌법은 전국의 인민대표가 제정하는 것이므로, 총통이 3군을 통솔하는 직권 역시 전체 국민이 위임한 것이다. 통수직책은 군대 책임제도의 기본이고, 군대윤리의 시발점이며, 지휘계통의 골간이다.

군대계급의 존엄성·군기확립·복종정신 등 모두가 통수직책에 의해 유지된다. 통수의 책임 가운데, ① 징집 및 소집 등의 건군에 관한 사항, ② 인력과 물력을 동원하여 작전지원을 준비, ③ 육·해·공군의 작전을 지휘하는 세 가지를 빼놓을 수 없다. 그런데, ①항과 ②항은 군정軍政에 속하고 ③항은 군령軍令에 속한다. 그러므로 통수직책의 내용은 군정과 군령의 두 가지를 내포하고 있으며, 이는 군대에 대해서만 작용하는 것이 아니라 일반 국민에게도 작용한다. 군령에 관한 사항은 총통이 통수의 자격으로 명령의 형식을 통해 행사한다. 군정에 관한 사항은 일반 서정庶政 및 국민의 권익(권리·권익·권력·권세는 서로 별개의 것임)과 관계되는 것이므로 법의 절차에 따라서 처리한다.

전시에는 임기응변의 묘를 살리고 국가 전체의 총력을 발휘하여 승리를 달성할 수 있도록 하기 위해 통수직책을 임시적으로 보강·증대시킨다. 제2차 세계대전 당시 미국의 대통령이나 영국의 내각이 바로 그러했다.

제도 면에서 주의할 점으로는 다음 두 가지가 있다.

첫째, 통수의 직책은 반드시 법에 의해 부여되어야 하며, 어떠한 개인에 의해 부여 또는 수탈되어서는 안된다.

둘째, 군정과 군령 사이에 균형된 평형작용이 있어야 하지만 반드시 통일된 협조가 이루어져야 하며, 평형작용이 결코 용병의 효율을 저하시켜서는 안된다.

2. 통수의 특징

국가는 전쟁에서 총력을 경주하여 최후의 승리를 달성해야 하며, 작전과 관련되는 중대한 사항은 신속히 결단을 내리는 동시에 절대적인 기밀을 유지해야 한다. 그러므로 전쟁방침은 통일되어야 하고, 일원화된 가운데 수직적인 지휘계통을 유지해야 한다.

동원령이나 계엄령이 선포되면 통수권은 일반 행정의 범주에서 독립되며, 일체의 역량을 통일적인 영도 아래 집중시켜 평소에 있었던 외부의 견제를 받지 않는다. 그렇지 않으면 전쟁에서의 승리를 달성할 수가 없다. 여기서 말하는 일원화된 독립적인 지휘계통이야말로 통수직책 행사의 특징인 것이다.

전쟁지도와 관련되는 통수직책은 평시의 행정적인 직책보다 훨씬 무겁다. 행정직책에 관한 사항은 입법부가 어느 정도 책임을 분담하거나, 또는 행정부가 심사숙고하여 처리할 시간적 여유가 비교적 많지만, 통수 업무는 대개 혼자서 감당해야 하며, 더욱이 대외적으로 협조할 수 있는 상황이 못되기 때문이다. 예를 들면, 미국의 대통령이 약간의 중요한 사항에 관해서는 의회의 감독을 받지만, 통수의 자격으로 전쟁지도를 할 때에는 그러한 감독을 받지 않는다. 통수가 직책을 원활히 행사할 수 있도록 하기 위해서는 헌법상의 견제작용마저 잠시 보류되기도 한다.

통수의 작용은 이와 같은 상·하 일관된 정신적인 결합으로 운용되는 것이며, 이는 곧 군제에 가장 중요한 영향을 미치는 관건이 된다. 그러므로 통수의 중책은 우국충정, 학문과 성망聲望, 위엄을 겸비하고 전체 국민 및 군대의 충성과 존경을 받을 수 있는 인물이 담당했을 때에 올바르게 시행할 수 있다. 그래서 각국의 최고 통수직책은 모두가 그 나라의 국가원수에 의해 담당됨으로써 정치와 군사를 통할統轄 지도하는 중책을 이끌어 나간다. 한편, 극소수의 국가들은 국가의 사정에 따라 군대의 본질에 대해 조예가 깊은 우수한 인원으로 구성되는 별개의 전쟁지도기구를 편성하여 이러한 중책을 담당토록 하기도 하고, 또는 수상이나 총리가 담당하는 국가도 있다. 그러나, 이러한 방법은 한 사람이 담당하는 것 보다 효율이 낮다.

3. 통수직책의 행사(통수계통)

용병의 궁극적인 목적은 적의 전쟁의지를 굴복시키는 것이므로, 작전지도에 관한 제반 사항은 통수계통에 의해 발령·시행되어야 한다. 어느 국가를 막론하고 강한 충성심과 풍부한 군사 소양을 겸비한 자를 통수계통에 종사하도록 해야 군대의 안전과 전쟁에서의 승리를 보장할 수 있다는 것을 인식하고 있다. 최고 통수로부터 야전 통수에 이르기까지 상하일체가 되어 일사불란하게 명령을 관철하고 질서정연하게 엄숙한 지휘계통이 형성되어야 한다.

가. 최고 통수

전쟁지도 및 국방정책을 장악하고 전쟁의 승패에 대한 책임을 지며, 전국의 육·해·공군을 총지휘한다. 최근 들어 각국의 최고 통수직은 국가원수가 담당하고 있다. 한편, 최고 통수라는 명의만을 지닌 채 전쟁지도를 담당하는 별개의 국방기구로 하여금 실제적인 책임을 지도록 하는 영국의 여왕이 있다.

나. 참모총장

중화민국 헌법은 총통을 전국의 육·해·공군을 총지휘하는 최고 통수로 규정하고 있다. 군령계통상 참모총장은 총통에 대한 군사 막료장幕僚長으로서 총통의 명령에 따라 3군의 부대를 지휘하며, 통수명령을 관철하고 실천하는 주요 책임자이다. 그의 책임 소관에 관해서는 군제로 명확히 규정해야 되며 개략적인 책임범위는 다음과 같다.

1) 가까운 장래에 어느 나라가 가상 적국·중립국, 또는 우방국이 될 것인가를 판별하고, 이들 국가의 지리적인 특성과 국력의 발전에 관한 사항 등을 판단하며, 당면한 상황을 분석하여 장차 발발할 전쟁의 형태와 진행속도를 미리 판단함으로써, 최고 통수로 하여금 국제정세와 적국 및 자국의 실정을 명찰할 수 있도록 해준다.

2) 전쟁에서 승리하기 위해 전쟁형태에 근거하여 유효하게 작전을 수행하기 위한 전법을 마련한다. 즉, '어떻게 싸울 것인가'에 관해 준비한다.
3) 작전에 필요한 시설과 장비를 준비하고, 동원에 관한 상황 및 제도에 대해 건의함으로써 동원 잠재력과 동원속도를 증강시키며, 한편으로는 전쟁지도부의 운용을 연구하고 군비를 확충한다. 즉, '무엇으로 싸울 것인가' 또는 '어떻게 장비를 갖출 것인가'를 준비한다.
4) 유능한 간부를 충분하게 양성하여 통일된 전술사상을 주입하고, 인력분야에 관한 연구를 하는 한편 정예부대와 필요한 양의 예비 역량을 확보한다.
5) 시간과 상황의 변화에 따라 전쟁준비계획에 수정을 가하고, 전쟁지도부의 구성과 실효성에 맞추어 현실적인 조치를 취한다. 아울러 편제·장비·교리·대전략의 운용 등에 관한 사항을 연구 및 결정한다.
6) 전쟁이 발발했을 때에 준비된 계획에 따라 작전부대를 지도하여 국가전략에 부합되도록 작전을 수행한다.
7) 전쟁의 진전에 따라 사전에 마련된 준비를 수정하면서 현 상황의 요구에 적응시킨다.
8) 전쟁을 지도함에 있어 '7할 정치'가 '3할 군사'를 지원토록 하여 무력전에서의 승리를 보장한다.

이상 열거한 항목은 참모총장이 각 군 본부를 지도하는데 있어 기본적인 직능이다. 그러나, 각 군 참모부는 각 군대로 세부적인 직능을 발휘하여 효율성을 제고한다. 이것이 군사전략과 군별 전략의 관계를 나타내는 요결이다.

다. 전장 통수

최고 통수라는 무거운 짐은 원칙상 국가원수의 어깨에 지워지며, 그의 임무 수행 및 권리 행사는 수직적이면서도 독립적인 것으로, 동서고금을 통해 변함이 없다는 것을 앞에서 밝힌 바 있다. 그러나, 국경 밖이나 또는 중앙으로부터 멀리 떨어진 지역에서 전쟁을 할 때에 과연 국가원수가 직접 싸움터에 나가 3군을 진두지휘 할 수 있을 것인가? 더욱이 국가원수는 군대의 참모업무나 또는 전략전술을 전공한 전문가가 아니므로 작전은 전적으로 직업군인에 의해 진행된다. 전시와 평시를 막론하고 3군의 수뇌부와 야전 고급지휘관의 임면 및 군정의 배합 등에 관한 정책결정은 국가원수가 직접 책임져야 한다.

고대 중국에서는 군대가 출정하여 작전을 할 때에는 국가원수가 반드시 장수에게 지엄하고도 신성한 권한을 위임하여 작전에 관한 주도권과 위엄을 갖도록 하였으며, "국책 이외의 일에 대해서는 군대가 다루도록 하였다. 장수의 명령은 존엄한 것이어서 아무도 그 앞을 가로막을 수 없고, 뒤에서 간섭할 수도 없다."고 했으며, "장수는 차라리 죽음의 영광을 택할지언정 살아서 모욕을 당할 수 없는 것이다."고 했다.

이를 통해 국가원수가 전장 통수를 얼마나 소중히 다루었는가를 가히 짐작할 수 있다. 직접 전장에 나아가 전장 통수의 직책을 맡은 사람은 국가의 중책을 위임받아 전시 정치업무에 관한 사항까지도 책임져야 한다. 중앙기관은 정책에 관한 사항 이외에는 먼 곳까지 통제하려고 해서는 안 되며, 또한 간섭할 필요도 없는 것이다.

손자가 말하기를, "장수가 유능하고 임금이 간섭하지 않으면 전쟁에서 이긴다.", "장수가 밖에서 전쟁을 하고 있을 때에는 비록 임금의 명령일지라도 거역할 수도 있다.", 또한 "전쟁의 상황이 틀림없이 승리할 것으로 판단될 때에는 임금이 싸우지 못하도록 하더라도 전쟁을 수행할 수도 있고, 이와 반대로 전쟁 상황이 불리하여 승리할 전망이 없을 때에는 임금이 싸우라고 명하더라도 싸우지 않을 수도 있다. 그러므로 전장에 나설 때 자신의 입신출세나 공명을 생각하지 않고, 싸움터에서 물러설 때 죄과를 벗어나려고 하지 않으며, 오로지 백성을 보호하고 나라를 이롭게 하는 장수야말로 국가의 보배이다."고 말했다.

이 말은 한 국가의 원수가 전장 통수를 선발하여 임명한 바에는 그를 믿고 존중해야 한다는 것을 의미한다. 한편, 전장 통수로 임명된 자는 스스로 책임지고 난관을 극복하면서 맡은 직분을 관철해야 한다. 전쟁의 추세에 따라 적절한 행동방안을 채택하고, 공격작전이든 방어작전이든 간에 일체를 스스로 결심하고 전반적인 사항과 국면을 관장하되, 자기 자신의 공리나 죄과에 대해 관심을 경주해서는 안된다. 손자는 전장 통수의 독립성에 대해 엄격히 주장했을 뿐만 아니라, 전장 통수 자신의 수양방법에 관해서도 뚜렷이 밝힌 바 있으니, 실로 귀중한 것이라 하겠다. 조미니도 "원수는 전장 통수의 행동을 제한해서는 안 되며, 최고 통수의 명령은 작전의 목적·성질, 공격·방어, 그리고 인력과 물력의 가용량에 관한 사항 등에만 국한되어야 한다."고 말했으니 모두가 지당한 내용이다.

여기서 특히 강조하고자 하는 점은, 통수는 그에게 할당된 작전지역 범위 내에 관한 사항에 대해서만 책임진다는 것이다. 앞서 말한 "임금의 명령일지라도 거역할 수도 있다."는 것은 공방전을 치르는 것과 같은 순수한 군사적인 범위 내에서만 적용될 수 있는 것이다. 야전전략 이외의 대전략이나 국가전략 또는 군사전략 등에 관한 사항은 당연히 최고 통수인 국가원수 또는 최고사령부가 책임지고 처리하거나 지도를 해야 하는 것이다. 이것이 바로 정치가 군대를 장악한다는 민주주의 정신의 소재이며, 또한 군사는 정치의 도구로서 마땅히 정치의 지도를 받아야 한다는 의의를 말해주는 것이다.

비록 전장 통수가 자기의 직권을 초월한 행위를 해서는 안될지라도, 필요시에는 야전의 임무를 달성하기 위해 상급기관에 전략에 관한 요청과 건의를 해야 할 책임이 있다. 그러므로 장수를 선발하여 출정시키는 문제는 국방당국이 책임져야 할 가장 중대한 임무 중의 하나이다. 『회호치병어록會胡治兵語錄』에 "천하에 평정하지 못할 만큼 어려운 난리는 없으되, 그러려면 우선 난리를 평정할 만한 사람을 구해야 한다."고 한 것은 이를 가리켜 한 말이다.

XIII. 군제를 설정할 때 고려해야 할 사항

국가적으로 중대한 사항은 모두가 정치적인 업무와 관련되어 있기 때문에 국가전략의 내용에 포함시켜 주도면밀하게 취급하고 철저한 준비를 갖추지 않으면 기대하는 성과를 거둘 수가 없다. 군대의 건립, 군대의 통솔, 전쟁준비 및 작전 등은 모두가 자칫하면 국가 전체를 동요시킬 만큼 중대한 사항이기 때문에 이와 관련되는 제반 제도는 반드시 국가전략의 견지에서 분석·고찰하지 않으면 안된다. 국가목표를 달성하기 위해 철두철미한 군제를 마련함으로써 현대화된 무장 역량을 발전·유지해야 하는데, 이는 결코 단순한 군사문제에 그치는 것이 아니다. 여러 가지 국력요소 가운데서 어느 한 가지라도 모두가 군사제도의 설정에 결정적 또는 견제성을 지닌 영향을 끼치게 된다. 국가전략에서 취급하는 국력요소에 관해 설명함으로써 연구에 편리를 제공하고자 한다.

국력에 관해 미국의 전략가인 라이허터는 "한 국가가 같은 시대에 처해 있는 기타 국가에 대하여 행동방책을 채택할 수 있는 능력이야말로 진정한 국력을 저울질하는 척도이다."라고 말했다. 그러므로 국가전략은 곧 국력을 배양하고 운용하여 종합된 전력을 발휘시키는 방침이라고 하겠다. 그렇다면 이와 같은 능력은 몇 가지가 있으며, 또한 어떻게 형성되는 것인가?

미국의 정치가인 쉬리러는 그의 저서 『국제관계론』에서 "국력과 관계되는 요소가 비록 여러 가지이지만, 귀납시켜 보면 사실상 정치·경제·심리·군사의 네 가지 요소로 형성되어 있는 동시에 이들 요소로 형성된 국력은 동태적(완성된 요소)인 것이며, 결코 정태적(원시적인 요소)이 아니다. 이와 같은 국력요소는 모두가 군대의 건립, 군대의 통솔, 전쟁준비 및 작전에 직접 혹은 간접적인 영향을 끼치며, 아울러 이들 네 가지의 요소 사이에는 서로 영향을 끼치는 작용이 있다. 그러므로 국방정책은 국력과 배합되어야 하고, 군제의 제정은 국력요소를 고려하여 국가정책에 배합되도록 하지 않으면 안된다."고 말했다. 여기서 이들 네 가지 요소의 내용을 소개하면 다음과 같다.

1) 정치력

국가의 인구·국민의 소질·교육제도·정치제도·외교관계·국방정책 등이 건전하고 안정되어 있는가의 여부에 따라 결정되며, 특히 국민의 소질은 결정적인 기본 요소가 된다.

2) 경제력

국가자원·재정·농공업의 생산능력·과학기술·국내외의 교통체계·국제무역 등을 가리키며, 그 가운데 가장 중요한 것은 과학기술이다.

3) 심리력

민족적 단결(감정), 문화와 전통, 신앙(종교), 사회조직, 국가의식, 민족정신(가정의식 및 윤리관념), 애국심, 인내력, 지식층의 민주적인 자유사상, 정부를 옹호하는 열성, 정치·경제·군사에 대한 사회의 반응, 사기 등이 내포된다. 민심이란 정부에 대한 국민의 심리상태이고, 사기란 5대 신념(주의·영수·국가·책임·명예)과 필승의 신념 및 자기 자신 혹은 국가의 장래 등에 대해

가지는 심리적인 반응이다.

4) 군사력

무장부대의 규모·훈련·편성, 지휘관의 소질(품격·재능·체력·기백), 용병사상, 보급 잠재력, 연구발전의 수준 등이 포함된다.

이상 열거한 네 가지의 동태적인 국력 요소 가운데 잠재하고 있는 갖가지 정태적인 요소 역시 직접 또는 간접적으로 군사에 영향을 끼치는 것이므로, 군제를 설정할 때에는 이것도 역시 고려해야 한다.

국가전략이 국력을 배양·운용하여 통합된 전력을 발휘하는 예술일진대 전쟁을 지도하는 입장에서 논한다면, 국력은 반드시 적의 국력에 적중하도록 운용되어야 동일한 목표에 역량을 집중시킬 수 있다. 군제의 종국적인 목표는 우리 측 무력의 효능을 최대한으로 발휘하여 국가목표에 부합시키는 것이므로, 군제를 제정할 때에는 반드시 적 상황과 아 국력상의 제한요소를 동시에 참작해야 한다. 아군의 장점을 살리는 한편, 내부와 외부의 제한요소를 고려하여 무력을 중심으로 한 적당한 균형을 유지하도록 해야 한다.

군제는 국가전략과 밀접한 관계를 갖고 있다. 군제는 국력요소를 운용하는 전쟁을 지도하는데 있어서도 상호 밀접한 연대관계를 가지며, 그 중에서 군사전략과 가장 밀접한 관계를 맺고 있다. 군사전략을 지도하는데 요구되는 제반 조건은 군제에서 가장 우선적으로 다루어 설계해야 하며, 각 군의 제도는 또한 군사전략의 일부인 군별 전략을 지도하는 바탕이 되는 것이다. 여기에서 군제를 설정할 때는 반드시 군사전략의 일반 요구조건과 군별 전략의 특수 요구조건을 동시에 고려해야 한다는 것을 알 수 있다.

군은 전투를 위주로 하며, 전투는 적을 섬멸하는데 그 목적이 있다. 군제의 목적이 시대에 적합한 무력을 양성하여 적의 유생전력을 섬멸하려는 것이기 때문에, 군제를 제정할 때에 이러한 목적의 소재를 소홀히 해서는 안된다. 일체의 유형 및 무형전력을 산출하고 유지·운용하는데 요구되는 모든 기본조건을 군제에서 명확하게 규정해 두어야 한다. 특히, 무형전력 가운데 포함되는 정신요소는 더욱 제도를 바탕으로 촉진하고 발휘되어야 한다.

예를 든다면, 황포군관학교의 3대 정신의 하나인 「단결」은 반드시 건전한 군사조직, 절차, 법령 및 준칙, 빈틈없는 인사 및 교육체계, 건전한 장교단 및 부사관제도 등이 앞서야 비로소 달성될 수 있다. 입으로만 구호를 외치거나 탁상공론을 일삼아서는 결코 단결을 이룰 수 없다.

여기에서 터득할 수 있는 것은 제도란 반드시 조직의 정신과 체계에 의해서 표현되고 실천되어야 한다는 것이며, 만일 그렇지 못하면 한낱 백지에 불과하다는 사실이다. 현대의 군사문제는 날이 갈수록 더욱 더 복잡해지고 있으므로 군제는 과학적으로 관리되어야 한다. 과학적인 관리방법은 현대 사회생활에 없어서는 안될 요건이다. 그래서 군제학에도 관리에 관한 학문을 포함시켜야 한다. 그 중에서도 논리법칙과 행동법칙이 가장 중요하다.

XIV. 군제설정에 따르는 정신요소

1. 실정과 이치에 맞는 철학적 기초

정세와 이치, 법칙 이 세 가지는 인간의 정신수양과 사물을 다스리는데 따르는 일반적인 통칙으로 잘 알려진 사실이지만, 군제를 제정하는 입장에서 볼 때 더욱 중요한 것이다. 어떠한 제도일지라도 정신 면에 있어서 이 세 가지 요소를 구비했을 때 효능을 발휘할 수 있다.

가. 정세를 논한다면 다음 사항에 부합해야 한다

1) 국가정세 : 건국이념·정치제도·민족적 전통정신·역사배경·국제환경 등을 가리킨다.
2) 사회정세 : 국민의 문화수준, 심리적 요소, 정신과 도덕관념, 종교와 신앙, 사회풍속 등을 가리킨다.
3) 시대성 및 지역성 : 현실적인 특수상황(현상 및 필요조건)을 가리킨다.

나. 이치를 논한다면 다음 사항에 따라야 한다

1) 천리天理

천리란 대자연의 법칙(Law of Grand Nature)을 말한다. 『중용中庸』에서는 "하늘이 내려준 천성을 닦는 것을 도道라 하고, 도를 닦는 것을 가르침이라고 하니 도를 벗어나서는 안되며, 도를 벗어난 것은 도라고 할 수 없다."고 했다. 「도리道理」란 곧 천성을 닦는다는 뜻이다. 도덕에서 도道는 곧 이치를 말하며, 덕德은 도를 닦음을 말한다.

그러므로 도덕이란 천리를 행한다는 뜻이다. 만약 '도'를 알기만 하고 실행하지 않는다면 '덕'이 결핍된다. 어떠한 제도일지라도 천성을 닦고 천명에 따라야 하며, 결코 천리를 거역해서는 안된다. 그리고 반드시 실행해야 한다. 그렇지 못하면 곧 천리에 어긋나게 된다.

2) 윤리倫理

윤리는 인류활동에 있어서의 질서이다. 예의는 곧 규범이다. 군대가 무력전을 위주로 하며, 무력전은 인류의 투쟁방식 가운데 가장 격렬하고 잔인한 방법이므로, 참혹한 상황에서 군대의 질서를 유지하려면 반드시 군대윤리가 있어야 한다. 가정에서는 부모·자녀의 직업이나 가사의 분배량에 따라 상하의 구별이 생기는 것이 아니라, 부모와 자녀라는 위치 또는 신분으로 이미 상하의 질서가 세워지는 것이다.

군대에서도 마찬가지로 계급을 위주로 한 구분이 상하를 다루어야 하며, 결코 직책별로 다루어서는 안된다. 또한, 지휘계통에 있어서 계급상의 도치倒置 현상이 생겨서는 안되며, 교육계통에 있어서도 질서가 확립되어야 한다. 직책과 계급, 덕성과 능력 등의 조화를 기하기 위해 인사제도 및 인사근무제도가 있는 것이다. 이들 제도가 문란하다는 것은 곧 지도자들이 군대윤리의 원칙을 위배한 것이므로 마땅히 조정하고 개선되어야 한다.

3) 법칙法則

법칙에는 논리법칙과 행동법칙이 있다. 모든 제도는 법칙에 합당하는 유기체가 되어야 한다.

다. 법으로 논한다면 제도는 반드시 다음 사항에 근거해야 한다

1) 헌법이 군제의 근본이란 사실을 위배해서는 안된다.
2) 관계되는 법령 및 규칙과 밀접하게 배합해야 하며, 서로 일치되어야 한다.

요컨대, 어떠한 군제일지라도 반드시 정세에 통달하고, 이치에 맞고, 법을 근거로 해야 한다. 이 세 가지는 곧 제도설정의 기본 원리이며, 또한 중요한 철학적 기초인 동시에 정신요소가 된다.

2. 합리적인 논리법칙과 행동법칙

어떠한 군제일지라도 논리법칙에 따라 설계되어야 요구사항에 적합한 효능을 발휘할 수 있다. 이는 중요한 기본원리 중의 하나이다. 우리가 어떤 사물에 대해 감각을 느끼고, 관찰하고 문제점을 발견하여 그에 대한 연구를 진행하려면 반드시 사실을 알고, 탐구하고 신중히 생각하여 분명한 판단을 내리는 등의 과정을 거쳐야 한다. 이것이 곧 「정正·반反·합合」의 논리적 과정이다. 옛말에 "한 가지 일을 치르려면 먼저 세 번 생각한 다음에 행하라."고 한 것은 바로 정·반·합의 논리적 과정을 응용하라는 것이며, 결코 한 가지 관념에 대해 중복해서 사고하라는 의미가 아니다.

중국인들은 문장을 쓸 때에 계啓·승承·전轉·합合의 네 단계로 나눈다. 서양의 작곡가들이 악보를 만들 때에도 역시 계·승·전·합으로 구분하고 있다. 이는 모두가 정·반·합의 논리법칙에 따라 형성된 것이다. 그 가운데 계와 승은 정이 되고, 전은 반이 되고, 합은 역시 합이 되므로 전반적인 논리법칙은 동·서양을 막론하고 공통적으로 적용된다. 각종 판단양식을 예로 들면 첫째, 임무. 둘째, 상황. 셋째, 분석. 넷째, 비교. 다섯째, 결론으로 구성되어 있다. 그 중 첫째와 둘째는 계, 셋째는 승, 넷째는 전이 되며, 다섯째는 합이 된다.

또한 미군의 참모연구서 양식은 첫째, 안건. 둘째, 문제. 셋째, 사실과 관련되는 가정. 넷째, 분석. 다섯째, 비교. 여섯째, 결론(건의 또는 결심)으로 구성되어 있다. 이 중 첫째와 둘째는 계가 되고, 셋째와 넷째는 승이 되고, 다섯째는 전이 되며, 여섯째가 합이라고 할 수 있다. 현대관리학에서 취급하고 있는 OR(작업연구) 법칙 역시 이와 같은 논리법칙을 떠나서 생각할 수 없다. 다만 비교적 장기적인 시간에 걸쳐 좀 더 정밀한 분석을 함으로써 비교적 완전한 해답을 얻어낸다는 것 뿐이다.

논리를 행동으로 옮기기 위해서는 우선 실행 가능성 여부와 어떻게 실행할 것인가 하는 문제를 고려해야 하므로 먼저 행동법칙을 숙지해야 한다. 유효하게 행동하려면 먼저 명확한 목적이 있어야 하는데, 반드시 올바른 목적을 세워야 한다는 것이 바로 철학에 속하는 문제이며, 다음으로 고려할 사항은 근거이다. 나아가 계획하고 실시하는 절차는 과학에 속하는 방법을 말하는 것이다. 행동법칙이란 곧 목적·근거·절차의 세 가지를 가리킨다. 장개석은 "군대를 다스리려면 철학, 병사학, 과학 등의 세 가지 학문을 혼연일체로 다스려야 한다."라고 말했다. 이를 항목별로 살펴보면 다음과 같다.

가. 목적

어떠한 군제를 설계하더라도 먼저 명확한 목적에 따른 「목표와 중점」을 파악할 수 있어야 한다. 그리고 자주적인 의견 없이 남이 하는대로 맞장구만 치거나 따라 가면 안된다. 목적이란 무엇을 하라고 지시하는데 그치는 것이 아니라, 나아가 한 가지 일을 시행한 뒤에 얻어지는 효과까지도 고려할 것을 요구한다. '무엇'과 '효과'를 함께 논함으로써 비로소 목적의 정확한 의의를 찾을 수 있다. 만약 둘 중에 어느 한 가지를 빠뜨린다면 '결과만을 위한 결과', '인과관계의 도치 현상', 또는 '목적없는 결과', '목적과 결과의 불일치', 심지어 전혀 무관한 인과관계를 초래하는 폐단을 낳게 된다.

「목적」과 「목표」는 구별된다. 목적은 주관적이고 내재적인 동시에 보이지 않는 추상적인 개념이며, 목표는 객관적이며 외재적인 것으로서, 대부분 눈에 보이는 사물을 가리킨다. 목적과 목표의 양자는 일치되는 경우가 허다하다. 목적만을 지시하고 목표를 지시하지 않더라도 목표를 충분히 이해할 수 있거나, 또는 목표만을 지시해도 목적을 자연적으로 이해할 수 있는 경우가 많다. 목적은 주로 각 분야 담당자의 자율적인 자각에 따라 발굴하고 탐구해 내는 것으로써, 군대에서는 이를 '사명'이라고 한다. 그 다음으로는 상급기관으로부터 부여받는 지시가 있는데, 군대에서는 이를 '임무'라고 한다. 사명이나 임무를 시행하는데 있어 소극적이거나 피동적인 것은 상급 또는 하급기관을 막론하고 용납될 수 없다.

모든 일에는 목적이 없을 수 없으며 군대에서는 더욱 그러하다. 표적이 없이 화살을 쏘는 것은 낭비이며, 목적을 알고 착오가 있음을 알면서도 이를 교정하지 않는 것은 죄를 짓는 것이고, 목적과 상반되는데도 교정하지 않는 자는 중죄인이 되는 것이다. 그러므로 행동법칙 가운데 목적의 원칙을 위배하는 자는 무지 또는 무능하거나, 그렇지 않으면 음모와 파괴를 꾀하는 자로서 양자 모두 죄를 범하는 것이다.

나. 근거

근거는 목적의 정확성 여부와 절차의 유효성 여부를 가름짓는 바탕으로서 첫째, 이론. 둘째, 상황. 셋째, 정책으로 구분된다.

1) 군사행동의 근거에는 불변성의 원칙(Principles)과 가변의 준칙(Doctrines)이 있다. 일체의 군사행동은 원칙과 준칙에 따라야 한다.

2) 군사계획의 근거에는 현재의 사실과 장차 발생 가능한 가정이 있다.

3) 정책은 고급기관이 내리는 행동방침으로서, 상급기관의 정책 역시 이론과 사실에 근거하였을 때 착오를 일으키지 않는다. 하급기관에 하달된 상급기관의 정책은 곧 하급기관의 목표(목적)가 된다. 정책지시는 통상 임무부여의 방식으로 대치할 수 있으며, 만일 상급기관이 정책지시를 하달하지 않았을 경우에 하급기관은 응당 취해야 할 정책을 스스로 연구 및 판단해야 한다. 오늘날 우리가 접수하고 있는 대부분의 규정이나 지시는 상급기관의 정책이라고 볼 수 있다. 상급기관의 정책이 건전하지 못하거나, 한도를 벗어났을 경우에는 하급기관이 이에 대한 수정을 건의할 책임을 가진다. 왜냐하면 상급기관의 정책도 이론과 최신의 상황에 근거하지 않으면 안되기 때문이다.

다. 절차

절차란 목적을 달성하기 위해 거쳐야 하는 경로를 말한다. 절차는 곧 행동과 실천이다. 어떠한 목적이라도 절차가 결핍된다면 탁상공론이나 구호에 지나지 않으며, 어떠한 제도의 시행일지라도 성공할 수 없고 실효를 거두지도 못한다. 절차는 방법, 수단과 도구, 실시 순서 및 진도의 통제 등을 내포한다. 그러므로 군제의 절차를 추진하는데 있어 유효한 과학적인 방법을 채택해야 하며, 결코 수단과 방법을 가리지 않는 식이 되어서는 안된다. 그렇지 않으면 절차의 결함으로 인해 목적 달성에 영향을 끼치게 된다.

3. 엄밀한 조직성

현대전쟁은 보편적이고 또한 지형을 최대로 이용하는 전면전쟁의 형태를 갖추고 있다. 이는 유사 이래 가장 위대하고도 가장 비참한 「조직 대 조직」의 전쟁이다. 이와 같은 상황에서 우리는 물질적·정신적인 역량을 최대로 발휘하여 전쟁을 수행해야 한다. 물질 면에 있어서 가장 중요한 전쟁도구는 실용과학이며, 여기에는 무기·장비·군수지원 등이 포함된다. 정신 면에서는 주의·사상·무덕·군기 등이 포함된다. 그러나, 아무리 과학이 발달되고 사상이 철저하더라도, 이는 모두가 건전한 조직을 통해 그 역량이 유효하게 발휘·운용되었을 때에 비로소 목적에 부합되게 발효될 수 있다.

사실상 어떠한 제도일지라도 조직을 통해서 운용·실시되어야 하며, 또한 조직 역시 제도로부터 짜여진 조직이라야 한다. 조직은 건군에 있어서 중요한 업무이며, 조직이 엄격할수록 역량도 증대되는 것이다.

손자는 "다수를 다스리는 도리는 소수를 다스리는 도리와 같다. 다만 숫자의 차이가 있을 뿐이다."고 말했다. 조직이 엄격하면 통솔 및 지도 면에서 통일된 역량을 거두고 효능을 절제할 수 있다. 역량이 집중되면 각계 각층의 잠재능력을 원활히 운용·발휘할 수 있다. 이것이 군제를 설정하는데 있어 기본적인 요구사항이다.

조직이란 무엇인가? 장개석은 「조직의 원리와 기능」이라는 제목의 훈시에서 "조직이란 곧 '배합'이며, 결코 온갖 잡다한 것을 끌어 모은다는 뜻이 아니다. 계획성 있고, 목적과 조리, 계통과 규율이 정밀하게 융합하여 최고의 역량을 발휘함으로써 공동 일치의 목적을 달성할 수 있는 것이라야 한다."고 밝혔다. 그는 또한 "각종 조직은 그것이 무엇에 속하든지 반드시 '시간·공간'과 밀접하게 배합되어야 한다. 시간상으로는 급하고 느린 것, 선후완급 등을 고려해야 하고, 공간상으로는 위와 아래, 방향, 멀고 가까운 것 등을 고려해야 한다. 배합이 치밀할수록 조직은 더욱 건전한 것이며, 그렇지 못하면 조직은 허술하고 약해져서 기대하는 목적을 달성할 수 없게 된다."고 말했다.

엄밀한 군사조직을 갖추려면 구체적인 원칙을 반드시 군제에서 찾아야 한다. 여기서 조직은 군제를 실시하는 수단이며, 군제는 조직의 근거라는 것을 알 수 있다. 군제가 최고도의 기능을 발휘하고 유기적인 작용을 할 수 있도록 하려면 다음 몇 가지 사항을 준수해야 한다.

가. 명확한 직책

사람은 본질상 크게 두 가지로 나눌 수 있다. 하나는 명예심이 강한 자로서 자기가 맡은 일을 그르칠까봐 두려워하는 자이며, 다른 하나는 게으른 자로서 한가함을 찾는 자이다. 전자는 일거리가 없을까봐 두려워하는 자이며, 후자는 일거리가 생길까봐 겁내는 자이다. 그러므로 편성 가운데 첫째, 조직을 정연하게 갖추어서 각자가 맡은 직책을 정하고, 둘째, 직책에 따른 책임과 권한을 정하며, 셋째, 모든 업무의 집행에 절차를 구비해야 한다. 이것을 작업절차(SOP)라고 하는데, 이것이 결핍되면 작업 전반에 혼돈을 초래한다. 직책이 분명하고 적당한 배합이 이루어지는 상호 협조와 밀접한 유대를 가진다면 효율적인 결과를 획득할 수 있게 된다.

나. 엄격한 군기

장개석은 "책임과 권한은 직무와 함께 따라 다닌다. 모든 직책에는 책임이 따르고, 모든 책임은 상당한 권한을 가지는 것이다."고 말했다. 권한이란 제3자의 눈에 비치는 존재요, 책임이란 당사자 스스로 느끼는 감각이다. 건제建制는 반드시 자신의 심리반응 작용을 바탕으로 세워지고 책임을 위주로 해야 한다. 책임을 지도록 하려면 우선 군기를 확립해야 한다. 결국 군기가 바로 서야만 책임제도가 이루어질 수 있다. 직책상의 건제는 인물을 위주로 한 건제와 같아서 '사람이 있을 때는 일이 되나, 그 사람이 없으면 일이 안되는' 현상을 초래하기 쉽다. 권한에 의한 건제는 무건제와 같아서 추진성과 실천성이 결핍되고 만다. 오로지 책임에 의한 건제라야 자기가 할 일을 알아서 하게 하는 한편, 게을리 하는 자는 각성하도록 할 수 있다. 군기는 직책을 확정·유지시키고, 작업의 효율은 '권한은 책임과 더불어 존재한다'는 기본 원칙을 실천하는데서 산출된다.

다. 자율성

과거에는 엄격한 군기가 요구되는 가운데 일체의 업무를 사람의 다스림에 의존했었다. 그러나 오늘날에 와서는 명령하달을 기다리고 있도록 허용하지 않는다. 그러므로 자율성은 현대의 군제에 있어 중요한 필요조건으로 등장했다. 자율성의 실천적인 요소는 군대의 신진대사에 있다. 다음으로 각급 장관급의 통솔방법과 제도 이행의 정도에 달려 있다. 자율성을 적절히 갖추면 유기적인 작용을 할 수 있고, 자율성을 결핍하면 곧 군의 발전을 저해하게 된다.

4. 정확한 권한과 책임의 관념

「분명한 직책」은 군제를 설계하는데 있어서 중요한 요구사항 중의 하나이다. 그 목적은 사람마다 직무의 범위 내에서 책임을 지고 사명을 완수하도록 하고, 나아가 일정한 기준을 세우고 기풍을 조성하는데 있다. 그래서 필자는 먼저 「권한과 책임의 관념」을 명확히 함으로써 이해를 돕고자 한다.

권한과 책임은 서로 분리될 수 없는 것으로서, 직무(Duty) 자체에는 '직책'과 '직권'의 이중적 의미가 내포되어 있다. 어떤 직무를 맡게 되는 사람은 그 직무에 대한 책임을 지는 동시에, 직무를 수행하기 위한 권한을 행사함으로써 그 직무를 순조롭게 추진해 나간다. 여기서 논리적인 방법으로 추리해 보면 권한과 책임은 하나가 아닐 뿐만 아니라, 권한은 책임을 수행하기 위한 수단임을 알 수 있다. 미군은 "직권은 직책에 따라 발생한다."(Responsibility for a function is matched by the authority to perform that function)고 해석 및 규정하고 있어 대단히 합리적이다.

상급기관이 하급기관에 어떤 직무를 부여했을 때 그 임무를 부여받음으로써 책임이 생기고, 동시에 그 책임을 수행하는데 필요한 권한도 이미 그 속에 내포되어 있는 것이다. 지휘계층이 어떠한 임무를 수행할 때 곤란을 느끼지 않는 것은 상급 및 하급기관이 권한과 책임의 관계에 대해 명확한 관념을 가지고 있기 때문이다.

과거의 사회풍습이 너무 복잡하여 번잡한 가운데 간명한 것을 구하기 위해 모든 일에 각각 책임지는 사람이 있도록 하였으니, 이는 곧 계층에 따른 책임과 권한 위임 등의 관념을 불러 일으켰다. 일반적으로 이것을 진보적인 관념이라고 생각하고 있으나 그렇게만 생각할 수 없다. 하급기관에 대한 권한 위임은 대다수가 요망하는 추세라고 할 수 있지만, 이로 인해 스스로 곤경에 빠질 수도 있다. 즉, 하급기관이 권한을 위임받을 때까지 기다리고 있을 수는 없는 것이다. 만일 권한을 위임받지 못한다면 아무런 권한도 없다는 것이 되어 소정의 책임을 실행할 수 없다는 결과를 초래하게 된다. 과거 봉건사회의 악습은 영도자가 책임을 지지 않는 반면, 실행 또는 실무자에게는 집행 권한이 주어지지 않는데 있었다.

과학적으로 해석하면 권한이란 책임을 수행하도록 허가하는 것이며, 실시자의 심리상 책임을 느끼게 해준다. 권한이 책임을 수행하라는 허가라면, 책임을 지지 않는 자가 구태여 권한을 가질 필요가 있겠는가? 책임이 권한 행사의 목적이라면, 권한을 가진 자는 당연히 책임을 져야 한다. 권한과 책임의 관계는 반드시 군제로 정함으로써 '사람'에 의해 실행되는 일이 없도록 해야 한다. 권한이란 제3자에게 비치는 관념이란 것을 앞서 설명한 바 있다.

임무를 충실히 이행하려면 우선 임무를 맡은 당사자의 관념이 뚜렷해야 책임감이 촉진될 수 있다. 책임감이란 설교를 통해서 얻어지는 자발정신에 의존하는데 그칠 것이 아니라, 반드시 제도상으로 제정된 필연적인 자발정신에 의한 것이라야 한다. 혹자는 인사·재정·군법 등의 세 가지를 권한이라고 주장하기도 한다. 그러나, 사실상 인사의 선발, 재정의 분배, 군법의 판결 등은 어떠한 지휘관일지라도 결재할 때 망설이게 되는데, 이는 결재하려는 순간에 선천적인 판단력이 작용하기 때문이다. 만일 권한만을 가지고 처리한다면 여러 가지 폐단을 초래하게 될 것이다. 이러한 경향은 인지상정인 까닭에 반드시 군사제도로 직책을 확정해 놓아야만 어느 한 쪽으로 기울어지는 것을 방지할 수 있다. 그러므로 권한 위임은 「책임 완수」로 고쳐 불러야 할 것이다.

지휘계통상의 권위는 '당국'이라고 일컬음으로써 책임정신을 표현할 수 있다. 권한은 당사자가 마음 내키는데 따라 행사할 수 있을지라도, 책임은 반드시 의무 혹은 사명을 완수해야 한다는 것을 바탕으로 해야 하는 것이기 때문에 도피할 여지가 없는 것이다. 책임을 완수하고 직분을 다 한다는 것은 사람마다 지능에 의해 이루어진다. "나라의 흥망은 필부에게도 책임이 있다."고 한 것은 바로 이러한 이치를 가리켜 하는 말이다. 그렇다고 해서 권한의 소재를 성문화된 군제로 밝혀두지 않는다면, 권력에 대한 편차적인 관념이 수시로 군대 내에 뜻밖의 폐단을 초래하게 되어 위험한 상황에 놓이게 된다. 그러므로 '계층에 따른 책임, 권한의 위임'은 직책을 분명히 하여, '권한은 책임과 더불어'로 고쳐야 정확한 권한과 책임의 관념이 설 수 있을 것이다.

군제에서 직책을 명확히 정해 놓아야 사람마다 각기 맡은 일을 책임있게 하게 되며, 또한 열성적으로 일하는 자에게는 노력의 대가가 있고, 책임을 소홀히 하려는 자에게는 경고를 하여 '완고한 자는 부드럽게, 약한 자는 일어설 수 있게' 하며, 스스로 책임지는 기풍을 조성할 수 있다. 이러한 관념은 일단 확립되기만 하면 자연스럽게 책임 있는 계획, 효율적인 검사, 실시를 위한 교육, 재능에 의한 선발 등이 이루어져 업무에 따라 직위를 만들고 직위에 따라 인재를 선발 및 보직함으로써, 인재는 직분을 다하고, 직분은 책임을 낳고, 책임은 권한을 수반하고, 권한은 작업을 완성시키며, 나아가 건군과 전쟁준비, 통솔과 용병을 순조롭게 진행시킬 수 있는 경지에 이르게 될 것이다.

5. 사명 제일의 관념

권한과 책임의 관념을 명백히 알아야 「사명 제일」이라는 관념을 자아낼 수 있다. 군인은 사명 제일의 관념을 철저히 준수해야 한다. 일체의 지도는 사명의 완수를 바탕으로 삼아야 한다. 사명은 곧 책임이다. 미군은 책임을 3대 신념 가운데 첫째 항목으로 삼고, 국가와 명예를 그 다음으로 나열하고 있다. 군대에서 '사명 제일'이라는 구호를 다짐하는 것도 이러한 연고에 기인하는 것이다. 여기서 사명과 임무를 재해석하면, 상급부대가 부여한 과제를 임무라 하고 예하부대 스스로 판단하여 집행하는 과제를 사명이라고 한다.

자체적으로 채택한 사명 가운데는 통상 상급부대가 부여한 임무가 내포된다. 비록 상급부대가 미처 임무를 부여하지 못했더라도 예하부대는 반드시 스스로의 사명을 가지고 있어야 한다. 임무 달성과 사명 완수란 직분을 책임지고 수행한다는 것과, 명령에 대한 복종을 구체적으로 표현한 것이다. 상급기관의 명령(임무 부여)에는 다섯 가지 유형이 있다.

1) 법령

현행 준칙 및 규정을 말한다. 이들은 원칙적이고 일반적인 성격을 띤 명령으로서 조기에 공포된다. 군인은 상급부대의 특별지시를 기다려서는 안되며, 언제든지 법령에 근거하여 자율적으로 사명을 결정하여 행동을 취해야 한다.

2) 편제 및 장비표

군대의 모든 편제표에는 편제의 기본 사명과 장비의 분배 및 직무의 장악 등에 관한 사항이 설명되어 있다. 이는 법령보다 더 구체적인 명령이다.

3) 작업절차(SOP)

법령과 직책, 예상되는 상황 등에 근거하여 지휘관의 의도를 수행토록 하기 위해 마련된 규정 및 절차로서, 해당 부대가 항시 준수해야 하는 명령이다. 그러므로 작업절차 가운데 미리 규정되어 있는 사항에 대해서는 명령에서 다시 중복하지 않음으로써 행정의 간소화를 기하는 한편 SOP의 권위를 살려주어야 한다. SOP는 통상 ① 어떤 사태 또는 상황에 대응하기 위한 재편성, ② 부문별 또는 개인별로 명확한 임무를 부여함으로써 직책을 밝혀두며, ③ 작업의 순환경로를 명시하여 동태적인 책임 소재를 분명히 하는 것을 포함한다.

4) 5단계식 명령

지휘관이 당면한 현황에 대하여 지휘계통을 통해 하급부대가 취할 행동을 지시해 주는 완전한 명령이다. 5단계식 명령의 제2단계는 해당부대의 사명이고, 제3단계가 하급부대의 임무를 구분해 준다. 단계식 명령만을 옳은 명령이라고 인식하거나, 또는 이런 식의 명령을 받을 때를 기다리는 것은 일반적인 악습으로 되어 있다.

5) 단편지시

지휘관이 그의 정상적인 지시 외에 서면·구두 또는 유·무선 통신수단을 통해 수시로 하급부대에 지시하는 단편적인 명령이다. 이러한 명령방식은 각종 명령 중 마지막 단계로서, 단편지시를 수령하면 이에 따른 새로운 책임이 생기게 된다.

모든 군인은 제각기 담당분야에서 적극적이고 자율적인 자세로 사명 완수를 위해 진력해야 한다. 일체의 피동적이고 소극적인 기풍은 군인의 직책을 손상시키는 것이므로 근절되어야 한다. 책임감이 없는 자는 명예심도 없는 자이므로, 건군을 하는 입장에서 보면 이러한 자들이 최대의 장애물이다. 책임감이란 반드시 제도상으로 설정해 두었을 때 보장될 수 있다. 자율화의 촉진은 한편으로는 책임제도에 의존하고, 또 한편으로는 명예제도를 고취함으로써 효과적으로 달성할 수 있는 것이다.

6. 명확한 지휘관계

책임관계로부터 지휘관계가 산출된다. 군대의 지휘관계는 직책을 구체적으로 구분해 주는 근거가 되므로, 반드시 명확하게 밝혀둠으로써 각급 지휘계층이 준수하도록 해야 하며, 혼돈을 일으키거나 오점을 남기게 해서는 안된다. 지휘관계가 명확하지 못한 것은 직책이 분명하지 못한데서 일어나는 악현상이다. 지휘관계의 분류와 그에 해당되는 책임은 다음과 같다.

1) 건제(Organic)

편제 및 장비표(T/O & E)에서 밝힌대로 고정적인 지휘 및 예속의 책임관계를 건제라고 일컫는다. 마치 연대와 사단, 그리고 대대와 연대 사이의 관계와 같은 것이다. 건제관계를 맺고 있는 상급부대는 하급부대에 대해 참모업무(인사·정보·작전·군수)에 관련된 모든 책임을 진다.

2) 파견(Assigned)

인원 또는 단위부대를 명령에 의하여 다른 하나의 인원 또는 부대의 편성 및 지휘계통에 배치함으로써 생기는 책임관계를 파견이라 하며, 이러한 방법은 건제부대 내에서건 건제부대 밖에서건 채택될 수 있다. 미군은 건제를 가리켜 영구파견(Permanent Assignment)이라고 한다. 한편, 3개월 미만의 파견은 임시파견(Temporary Duty)이라고 한다. 임시파견에 해당되는 자는 원래의 건제부대에서 삭제되지 않는다. 바꾸어 말하면 3개월을 초과하는 보직이동은 통상 원부대의 명부에서 삭제됨으로써 직책을 명확히 하는 동시에, 일체의 행정과 지원의 원활을 기한다는 것이다.

3) 배속(Attached)

부대 또는 인원이 특정 편성체에 일시적으로 소속되는 지휘관계이며, 피배속부대 지휘관은 배속 인원에 대해 지휘 및 통제권을 행사할 수 있으나, 전속과 진급에 대한 권한 및 책임은 통상 원소속부대에 있다. 배속부대는 작전수행 간에 상황에 따라 작전통제, 전술통제 등의 새로운 지휘관계가 설정될 수 있다. 배속의 예로는 군단에 예속된 직할부대의 일부를 예하 사단에 배속하거나 기계화사단의 대대를 여단에 배속하여 운용하는 것을 들 수 있다.

4) 작전통제(Operational Control)

영어의 본 뜻은 행동통제이다. 작전은 행동의 일종이므로 행동이 작전을 포괄하지만, 작전은 행동의 일부일 뿐이다. 야전부대가 작전을 주요 행동으로 삼기 때문에 작전통제라고 부르는 것이다. 작전통제에 관한 지휘관계는 상급부대가 예하부대에 대해 정보에 관한 일체와 작전부문(교육은 제외)에 관한 책임을 지며, 아울러 예하부대(피작전통제부대) 또는 인원이 특별히 신청하는 사항에 관해서도 책임을 진다. 작전통제는 한 개의 완전한 명칭이며, 결코 통제의 일종으로 잘못 해석해서는 안된다. 전자는 지휘관계이며, 후자는 상급부대의 명령이나, 어떤 제도 혹은 정책 등에 근거하여 실행하는 일종의 업무에 지나지 않는다. 예를 들면, 교통통제를 담당하는 헌병과 그 도로의 교차점을 통과하는 장군과의 사이에는 아무런 지휘관계도 없는 것이다. 그러나 그 장군은 교통지휘의 신호를 준수해야 한다는 것이다.

이상 열거한 각종 지휘관계는 군제에 명확히 삽입하여 각급 지휘계층이나, 전시와 평시를 막론하고 항시 행동책임의 근거로 삼을 수 있도록 해야 한다. 그리고 실제 상황의 요구에 부합하도록 언제든지 수정 및 개정되어야 한다. 앞에서 설명한 각종 지휘관계가 갖는 책임한계는 〈표 9〉와 같다.

〈표 9〉 각종 지휘관계가 갖는 책임한계

<table>
<tr><td colspan="6">건 제 및 파 견</td><td></td></tr>
<tr><td colspan="2">G-1</td><td>G-2</td><td colspan="2">G-3</td><td>G-4</td><td rowspan="2">재정</td></tr>
<tr><td>인사이동 및 진급</td><td>인사</td><td>정보</td><td>작전(행동)</td><td>훈련</td><td>군수</td></tr>
<tr><td></td><td colspan="5">배속</td><td></td></tr>
<tr><td></td><td></td><td colspan="2">작전(행동) 통제</td><td></td><td></td><td></td></tr>
</table>

7. 지휘자와 피지휘자의 기본 책임

지휘자와 피지휘자의 기본 책임은 각각 두 가지가 있다.

1) 지휘자

① 임무분담 : 상황연구, 결심 전달, 소속부대의 임무 할당량을 내포한다.

② 피지휘자에 대한 지원 : 소속부대가 임무를 수행할 수 있도록 적당한 지원을 제공하며, 아울러 목적을 달성할 수 있도록 감독한다.

2) 피지휘자

① 실제 상황에 적시적절하게 대응하며, 필요한 건의를 한다.

② 명령을 접수하며, 제반 수단을 활용하여 임무를 달성시킨다.

군대의 지휘는 예술이고, 작전지도는 규율 가운데 융통성을 가지며, 융통성 가운데서도 규율을 지킴으로써 고도의 예술성과 수양을 쌓아야 한다. 앞에서 각종 지휘관계에 따르는 책임범위를 설명한 바와 같이 편성이나 지휘관계상의 운용 문제에 대해서는 지휘관이 당시의 상황을 판단하여 적시적절하고 융통성 있게 처리해야 한다.

과거에 통용되었던 '아무개가 아무개의 지시를 받는다.' 하는 식의 모호한 지시를 하거나, 어떤 부대가 누구의 명령을 받아야 할지 모르는 상태에서 임무를 부여하는 행위는 모두 지휘의 혼란과 무능을 노출시킬 뿐만 아니라 오합지졸 가운데 지휘자가 없든가, 아니면 직책이 분명하지 못하여 필요한 상황에 부딪혔을 때 요구하는 자는 있어도 지원을 제공하는 자가 없어 하급부대는 상신할 길도 없고, 스스로 해결할 길도 없는 결과를 초래한다. 평시에 SOP를 마련해 놓지 않으면, 사태에 임박해서 상신하려 해도 시간적 여유가 없게 될 것이다. 이렇게 하여 전기轉機를 놓치고 나면, 위험한 결과가 초래되어 만회할 수도 없고, 책임을 추궁하려 해도 책임자를 가릴 수 없게 되어 어느 것부터 수습해야 할지 막연하게 된다. 이 같은 현상은 평시에 권한만을 노리고 책임제도를 확립해 놓지 않음으로써 초래되는 것이다.

XV. 군제설정의 기본 원칙

어떤 제도를 설정하든지 허무맹랑한 것이어서는 안 된다. 앞에서 이미 행동법칙(목적·근거·절차)과 절차의 세 가지 요소(이론·사실·정책)를 설명한 바 있다. 목적은 반드시 정책에 부합되어야 하며, 또한 정책은 이론과 사실에 근거해야 한다. 어떠한 제도일지라도 어느 특정한 부문이나, 특정한 개인이나, 특정한 사건이나, 특정한 부대나, 혹은 특정한 조건 및 상황에만 국한된 조치를 전반적인 정책으로 삼아서는 안된다. 그리고 임시적이거나, 또는 잠정적인 정책을 고정적인 제도로 삼아서도 안된다.

군제를 설정하는 데는 몇 가지 원칙이 있다. 이 원칙에 위배되는 제도는 죽은 제도이며, 결코 성과를 거둘 수 없을 뿐만 아니라 실시할 수도 없을 뿐더러 좋지 못한 결과를 초래하게 된다. 국부적이거나 임시적인 어떤 사건, 또는 개인에게 미치는 악영향보다 더욱 경계해야 할 중대한 악영향은 바로 중화민국 국민혁명군의 기본정신인 황포정신(단결·책임·희생)을 동요시키는 것으로써, 실로 중대한 문제가 되는 것이다. 군제설정의 기본 원칙은 다음과 같다.

1. 전력의 발휘

군대는 전투를 위주로 하고, 전투는 승리를 요구한다. 그러므로 군제를 설정하는데 있어 첫째 원칙은 자신의 전투역량을 유지하고 증강시켜 적의 유생전력을 소멸시킬 수 있도록 해야 한다. 건군의 유지는 반드시 전투와 전력발휘에 적응할 수 있어야 한다는 점에 착안해야 한다. 스스로 단결하고, 종합전력을 발휘하고, 낭비를 절제하여 전의와 전력을 고취하되, 불필요할 때에는 발동하지 않고, 필요한 시기에는 가용병력이 준비되어 있어야 한다. 일체의 인원·물자·시간 및 공간의 배합은 적을 유효하게 섬멸하기 위한 것으로서, 이것이 가장 중요한 요결이다. 그러므로 부대를 직접 전투에 참가시키고자 계획할 때에는 전력의 특성을 발휘할 수 있도록 편성해야 한다.

한편, 군사교육 및 훈련기구는 전투요원을 배양하기 위해 있는 것이며, 군수보급기구는 전투력을 유지 및 증강하기 위해 존재하고, 군수공장 및 창고는 전쟁물자를 제조하고 보관하기 위해 있는 것이다. 이들 기구는 비록 직접 전투에 참가하지는 않지만, 기구 자체의 사명은 전투임무를 달성하기 위한 전체의 일부를 담당하기 때문에 편제 및 운용상 반드시 전력의 발휘와 적군의 섬멸이라는 요구에 적합하도록 갖추어져야 한다. 인원과 물자의 준비에 있어서는 그들의 성질, 수량의 결정, 동원의 시기 및 위치의 선정 등 일체가 장차의 전투에서 승리를 획득할 수 있도록 착안해야 한다.

요컨대, 어떠한 제도를 설정하더라도 충분한 전투성을 갖추고 작전요구에 적합할 수 있어야 한다. 비록 직접적인 전투성(전술성)을 포함하지 않더라도 간접적인 전투성(전략성)은 반드시 갖추어야 한다. 전투성이 결핍되고 전력(정신 및 물자)을 발휘하지 못하는 일체의 조치는 국력과 시간의 낭비를 초래할 뿐이다.

2. 적군과 아군의 비교

만일 편제 및 장비, 교육 및 훈련 등에 관한 제도를 설정 또는 수정하려면, 먼저 객관적인 태도로 관찰하고 적군과 아군의 우열점을 분석하여 아군의 장점을 발전·운용함으로써 적군의 단점을 제압하는 한편, 각종 장애요소를 극복해야 적으로부터 승리를 강요할 수 있다. 또한 이렇게 함으로써, 시대와 상황에 보조를 맞추면서 전승을 기할 수 있다. 더욱이 세상만사는 이해관계로 얽힌 것이고, 심지어는 서로 모순되는 것이 대부분이다. 손자는 "총명한 자는 이로운 면과 해로운 면의 양쪽을 모두 고려해야 한다. 이로운 것을 처리할 때에는 신빙성을 기해야 하고, 해로운 것을 처리할 때에는 그에 대한 해결방법을 찾아내야 한다."고 말했다. 이롭고 해로운 것 가운데 취사선택하는 것은 고도의 지혜를 필요로 하는 행위이다.

그러므로 어떤 제도를 제정할 때에는 대국적인 면을 고려하고 장단점을 통찰하여 전적으로 우리의 전투역량을 증강하고, 단결시킬 수 있도록 하며, 적을 타도함을 목적으로 삼아야 한다. 적군과 아군을 비교함에 있어서 적정을 분석하고, 정세를 판단하며, 신중한 검토를 한 다음 최선의 결론을 찾아내야 한다. 그러므로 모든 행동은 먼저 정확한 상황판단에 기초했을 때에 비로소 결심과 작전구상을 염출해 낼 수 있다. 그렇기 때문에 '적군과 아군의 비교'를 제도의 제정 및 판별의 기준으로 삼는 한편, 전반적인 정세를 고려함으로써 작은 것을 위해 큰 것을 잃거나, 또는 어느 한편으로 편중하여 기울어지는 것을 예방할 수 있도록 주의해야 한다.

3. 경제와 효과

어떤 제도를 마련할 때에는 '경제'와 '효과'를 중시해야 한다. 양자는 서로 상반되면서도 서로 따라 다니는 것이다. 전자는 객관적으로 표현되는 능력

조건이며, 후자는 제도를 실시함에 있어서의 요구사항이다. 어떤 때는 효과를 올리기 위해 상당한 낭비를 하는 경우도 있고, 또 어떤 때는 경제를 위하여 부득이 효과의 감소를 면치 못하는 경우도 있다. 양자를 평형하게 조성하기 위해서는 국부적인 면에서 전반적인 면에 이르기까지 균형을 이루어야 한다. 행위의 기본 목적을 바탕으로 하여 손익을 참작하고 중점을 파악함으로써 요구에 부합할 수 있다.

그러나, 제도상으로 볼 때 건국과 건군의 근본은 장기적인 국가의 백년대계이므로 신중하게 다루어서 미래의 사태까지도 대처할 수 있도록 착안해야 명실상부한 이익을 거둘 수 있게 된다. 만일 눈 앞에 닥친 제한 요소를 붙들고 망설인다거나, 내용을 모른 채 겉핥기만 하거나, 심지어는 '목적을 수단에 강제로 맞추는' 방법을 택한다면 건전한 건국과 건군은 기대하기 어려운 것이다. 설령, 효과를 잠시 동안 수단에 조화시켜야 할 경우일지라도 단계적으로 융통성을 가지도록 해야 하며, 결코 그 본질 자체를 저하시키거나 무리를 가해서는 안된다. 이와 같은 행위가 오래 지속되면 돌이킬 수 없는 결과를 초래하기 때문이다.

4. 간결성

전투를 할 때에는 간단명료하고 치밀해야 성공할 수 있다. 각종 법령·법칙과 제식은 이와 같은 취지와 정신으로부터 제정된 것이다. 치밀하고 빈틈이 없을 때 나쁜 것이 끼어들 수 없고, 간단하고 복잡하지 않으며 실행 가능성이 높아 민활한 운용을 하기 쉽다. 만일 어떤 일이 간결하지 못하면, 실시자가 실마리를 잡을 수 없어 마침내 흐려지고 만다.

5. 일관성

어떠한 제도일지라도 단번에 제정되기는 어렵다. 또한 어느 한 가지 제도만이 유독 이상적일 수도 없다. 각종 제도 사이에는 서로 영향을 끼치며 상호 배합하는 작용이 있다. 세상만사는 그들 간에 연관성을 가지고 있기 때문에 현대의 추세는 전면화·전체화·일원화 되어 가는 경향이 있다. 이것은 어떤 사항일지라도 홀로 존재할 수 없고 단독으로 진행될 수도 없으며, 그 중에서도 제도는 더욱 그러하다는 것을 뜻한다.

예를 들면, 교육제도는 사실상 인사제도의 일환으로써, 각급 간부를 배양할 수 있도록 선발·훈련·용병 등의 일치된 목적을 달성할 수 있도록 해야 한다. 여기서 선발이나 훈련을 막론하고, 일체는 용병의 목적에 부합되어야 실질적인 성과를 거둘 수 있다. 병역 및 동원제도 가운데 징집·복무·전역·예비역 관리·소집 등에 관한 사항은 인사관리의 입영·훈련·용병·분리·예비역 등과 상부相符되어야 한다. 또한 입영과 훈련 및 예비역은 어디까지나 용병을 궁극적인 목적으로 삼아야 한다. 그렇지 않으면 혼란과 실패가 있을 뿐이다.

장교단과 같은 제도는 반드시 인사제도와 교육제도의 두 궤도를 달릴 수 있도록 마련되어야 순조롭게 실천될 수 있다. 그러므로 제도를 설정하기에 앞서 각종 제도간의 상호관계를 먼저 고려해야 한다. 상호 부합하는가, 또는 상호 저촉되는가의 여부를 세밀히 분석하여 피차간의 연관성에 주의해야 한다. 원칙과 준칙, 관리를 막론하고 협조된 통일성과 활력있는 유기체가 될 수 있도록 해야 한다. 이렇게 함으로써, 각종 제도는 서로 보완되고 능률을 높일 수 있다. 일관성 있는 상호 배합을 이루려면 먼저 사상과 행동을 통일해야 한다. 전자는 원칙과 준칙, 규정 및 교육에 의해서 달성되고, 후자는 계획과 조직, 협조에 의해서 달성될 수 있다. 통일성을 갖추어야 일관성 있는 연관작용이 생길 수 있고, 일원화함으로써 효과적인 일관성을 낳을 수 있다.

6. 지속성

건군은 국가의 대사이기 때문에 하루 아침에 이루어지는 것도 아니며, 더욱이 하루 아침만 써먹기 위한 것도 아니다. 건군작업이 부단히 계속되고 군대가 참신성을 유지하려면 지속성을 갖추어야 한다. 지속성은 어느 특정인의 의사에 의해 유지되어서는 안되며, 반드시 제도 가운데 명시하여 제도에 의해 부단히 지속시켜야 비로소 어느 특정인이 없더라도 정책이 지속될 수 있다. 제도 자체의 형성은 하루 아침에 이루어지는 것이 아닐 뿐만 아니라, 또한 제도의 발생과 소멸이 제멋대로 빚어져서도 안된다.

제도의 제정과 개정은 반드시 합리적이고 합법적인 절차를 통해 이루어져야 하며, 법에 의해 실시되고 또한 법에 의해 폐지되어야 한다. 어느 특정인이 임의대로 만들거나 폐지할 수 있는 기회를 주어서는 안되며, 그런 자가 있을 때에는 법으로 제재해야 한다. 만약 그렇지 못하면, 일체의 제도는 존엄성을 잃고 지속성도 유지될 수 없게 되어 마침내 제도는 붕괴되고 건군은 실패하게 된다.

7. 적응성

제도가 일단 제정된 다음에는 변경하기 어렵기 때문에 각종 환경에 최대한 적응함으로써 제도의 지속성을 유지하도록 해야 한다. 그러므로 제도를 마련할 때, 한편으로는 당시의 환경에 적응토록 하는 동시에, 또 한편으로는 시간과 공간의 변경에 따라 적응할 수 있도록 고려해야 한다. '시간·공간·인원·물자'의 처리는 적응성을 갖추어야 하며, 시간·공간·인원의 요소가 변경될 경우에는 적응성이 더욱 절실히 요구된다는 사실을 제도 제정시에 고려하여 설계해야 한다. 제도를 처음 제정하는 초기에는 우선 '오늘'과 '여기'를 고려해야 하며, 다음으로 한 발 더 나아가서 미래에 닥쳐올 새로운

'시간' 과 '장소'의 상황을 고려해야 한다.

역사상 겪어 온 숱한 교훈을 참고할 필요는 있으되, 시대의 배경이 다르므로 그 전부를 답습할 수는 없다. 또한 오늘날 군사 선진국의 법제를 참고하되, 건국정신과 객관적 환경이 우리의 그것과 서로 다르기 때문에 그대로 받아들여 적용할 수도 없는 것이다. 그러므로 지속성을 갖춘 제도를 마련하려면 장차의 전쟁에서 일어날 상황까지 가상하여 제정되었을 때 비로소 제도의 실시 가능성이 제고될 수 있다.

미국 육군의 여단장은 편제상 준장 계급으로 되어 있으나, 평시에는 대령 이상의 계급으로 보직한다는 단서를 붙이고 있다. 이것은 장차를 고려하면서도 현재의 권한으로 적당히 적응시키는 좋은 예이다. 그러나, 군대는 전투를 위주로 하고, 더욱이 오늘날의 전쟁형태가 대부분 선전포고도 없이 도발되거나, 선전포고를 하더라도 전격적인 전쟁방식이 적용되기 때문에, 전투와 직접 관계되는 군사제도를 설정할 때에는 반드시 전시를 위주로 하는 한편, 평시를 위한 보조규정을 마련함으로써 적응성을 유지하는 것이 타당할 것이다.

8. 융통성

제도는 한 번 제정되었다고 해서 다시 변경되지 않는 것이 결코 아니다. 환경에 적응하고 실제 상황에 적합할 수 있도록 예상되는 상황에 대처할 수 있는 조치를 취해야 한다. 그러나, 시효성을 갖추고 허다한 수속절차를 감소하기 위해서는 제도를 제정할 때에 적당한 융통성을 갖추도록 하는 것이 좋은 방법이다.

'적응성'과 '융통성'은 지속성을 유지하기 위한 좋은 방법이다. 제도의 지속성은 종적인 것으로 일관된 방침을 가리키며, 철저하게 견지되어야 하는 것이고, 제도의 적응성과 융통성은 횡적인 것으로, 시기에 적합하고 변화있게 운용되어야 하는 것이다. 융통성이야말로 정책과 이론의 범위 내에서, 그리고 공평하고 합리적인 조건하에서 운용되었을 때 정상궤도를 벗어나지 않고 악용과 곡해를 면할 수 있다. 만일 제도의 융통성이 권력에 의해서 농락되어 법령을 왜곡시키거나 무시하는 일이 생긴다면 크게 불행한 일이다.

9. 자율성

제도상의 자율이란 사물에 대한 관리와 처치 및 운용을 하는데 있어 상부의 정책적 지시나 하급기관의 상황에 따른 요구가 있을 때 발동하지 않으면 안되는 제도 자체가 지니고 있는 일종의 역량으로서 질서정연한 것이다. 기간요원은 제도에 의해서 부과된 책임에 따라 제각기 스스로 책임을 진다.

사실상 제도는 보이지 않는 가운데 기풍을 조성하며, 기풍은 사람으로 하여금 움직이지 않으면 안되게 만드는 힘을 가진다. 그 중에서 가장 중요한 것은 책임과 절차이다. 책임에 관한 명확한 규정이 있음으로써 사람마다 책임을 지지 않으면 안되도록 하며, 또한 어떤 책임을 어떤 근거에 의해 져야 하는가를 알려주게 된다. 그렇지 않으면 책임 이행을 모면하려거나 또는 임의대로 행동하는 결과를 초래할 수도 있다. 책임제도를 실시함으로써 스스로 일하는 기풍을 조성할 수 있으며, 제각기 맡은 일을 궤도에 따라 처리할 수 있도록 할 뿐만 아니라 올바르게 처리하지 않으면 안되도록 만든다. 이것이 바로 제도상의 자율성이다. 이를 과학관리학에서는 '자동화' 라고 일컫는다.

이와 같은 이상적인 상태에 도달하려면 강압적인 책임감의 압력 외에도 상하의 뜻이 일치되도록 하는 방도를 구비해야 한다. 제도상 소속된 단체가 개인에 대한 이익을 보장할 수 있도록 해야 개인의 이익이 단체의 이익과 결부될 수 있다. 단체가 개인을 돌봐주어 개인의 걱정이 없을 때 사람마다 기꺼이 일에 참여하여 책임을 지려고 한다. 애국심은 타고 나는 것이기도 하지만, 나라를 사랑하는 마음이 생기도록 고취해야 한다. 국가가 개인의 가정을 보장해 주어야 소아小我를 버리고 대아大我를 위해 희생할 수 있고, 집단이나 국가를 위해 험난한 모험에 뛰어들 수 있게 된다.

자율성이란 제도가 발휘하는 힘을 가리키는 것이며, 인간 스스로의 자율을 말하는 것이 아니다. 제도의 강제성이 사람으로 하여금 움직이지 않으면 안되도록 만드는 것이다. 인간의 본성에는 직책이나 절차, 격려 등의 제약 외에도 보다 더 강한 외부로부터의 충동이 있어야 움직이는 경향이 있기 때문에 어떤 조직체든지 규율을 엄격히 하여 다스리고 있다. 그 중에서도 용병은 군기로 묶어서 움직이지 않으면 안되도록 만든다.

그러나, 자율성은 제도 가운데 명문화 해 놓아야 '인정人情'의 구속을 탈피할 수 있다. 예를 들면, 민간사회에서는 환자가 의사를 찾아가서 진찰을 받지만, 군대에서는 군의관이 능동적으로 환자를 찾아가서 치료해 주도록 되어 있다. 더욱이 군기로써 치료를 통제하므로 목표와 계획, 통제성이 있는 강제적인 치료방법으로 일정한 기간 내에 치료함으로써 군대로 하여금 고도의 전력을 확보할 수 있도록 한다. 또한 군대의 모든 구성원은 장비나 기재와 마찬가지로 정기적으로 검사와 진료를 받도록 규정하고 있다.

여기서 군의관이 능동적으로 환자를 찾아내야 한다는 규정은 제도상 하지 않으면 안되는 자율성의 일부인 것이다. 이에 부가하여 적극적으로 책임지는 기풍을 조성해야 한다. 그리고 이 원칙은 여러 방면에서 적용되어야 한다. 각종 지휘 및 참모책임과 같이 비교적 크고 분명한 경우는 제외하고, 보기에 하찮은 것 같고 사람의 눈에 잘 띄지 않으면서도 제도 가운데 삽입되어야 하는 경우의 예를 들어보기로 한다. 군대의 어떤 구성원이 전사 또는 공사公死를 했을 때, 누가 그 가족에게 통지를 해야 하나? 또는 어느 병사가 치명적이거나 위독하다는 진단을 받았을 때, 본인 또는 그의 가족에게 알려야 하는가? 만일 알려야 한다면 누가 그 업무를 해야 하는가? 이와 같은 절차 문제는 반드시 제도화 해 놓아야 인정에 이끌려 움직이는 영향을 받지 않게 된다.

요컨대, 적극적으로 책임지는 정신을 앙양하려면, 사람마다 스스로 할 일을 찾아서 해야 한다. 반대로 업무량이 발생할 때마다 상관의 지시, 하급부대의 건의 또는 우군의 신청, 또는 회의의 결과를 기다리는 습성을 없애야 한다. 자율성을 발동과 비유한다면, 일단 발동(상황의 자극)이 걸리기만 하면 그치지 않고 돌아간다는데 공통점이 있다. 그렇지만 그 가운데 발동작용, 통제작용, 윤활작용(격려 및 명예심 등), 제동작용, 분합작용, 조종작용, 속도조절작용(독려 및 징계) 등이 제도 가운데 포함되어야 완전한 자동화를 기할 수 있다. 그렇지 못하면 하나 더하기 하나는 둘이 되는 식이 되어 버린다. 그러므로 '자율성' 또는 '자동성'이라는 의미에는 '계통화'가 포함되어야 한다.

자율성 가운데 또 한 가지의 중요한 요소가 있다. 이를 기계에 비유한다면 자동반응장치로 된 지시미터나 검사장치, 고장배제 장치처럼 현대 조직체는 잘못된 점을 조속히 발견하고 배제하여 작업이 중단되는 시간을 최소한으로 줄이거나, 혹은 다른 것으로 즉시 대체할 수 있는 능력을 갖추어야 한다. 그러기 위해서는 제도를 마련할 때 먼저 계통화 여부와 절차, 직책의 착안에 유의해야 한다.

10. 인 성(Human nature)

인성은 군제를 제정할 때 특히 강조되어야 할 원칙이다. 한漢나라 시대의 병역제도와 근대 공업화의 형세를 예로 들어 설명하기로 한다. 한나라의 병역제도는 국민개병주의로서, 남자가 23세에 달하면 병역의무를 시작하게 되어 있었다. 이 규정은 그럴만한 상당한 근거와 이유가 있었다. 농업경제사회로 말하면, 대량생산을 할 수 없으므로 절약하는 방법밖에 없었다. 즉, '세 가마니를 수확하면 그 중 한 가마니를 비축하는 것'이었다. 남자는 20세가 되면 논밭을 분배받아 독립하여 농사를 짓게 되어 있었으며, 그가 국가를 위해 병역복무를 할 때에는 그의 가정을 돌보고 책임져야 하는 까닭에, 23세부터 병역복무를 시작할 때면 이미 1년 농사로 지은 수확을 거둔 다음이어서 이 문제가 해결될 수 있었다.

이러한 제도는 경제 면을 고려했을 뿐만 아니라 도덕적인 면을 중시한 제도였으며, 더욱이 '인성'에 부합되는 병역제도였다. 이런 예를 드는 것은 결코 지금에 와서 모방하거나 채택하려는 것이 아니라, 병역에 복무하는 사람의 가계를 국가가 돌봐 주어야 한다는 사실을 일깨워 주고자 함이다.

근대공업으로 말하면, 제2차 산업혁명 이래 '산업 가운데의 인간관계'(Human Relation in Industry)라는 새로운 구호가 생겨났다. 이 구호의 취지와 목적은 작업에 대한 흥미와 열성을 증진시키는데 있다. 테일러(Fredrick Winslow Taylor)는 산업의 '과학적 관리'(Scientific Management)를 주장했고, 엘톤 마고(Elton Mago)는 '산업의 인간화'(Humanizing Industry)를 연구했다. 이들 두 사람은 세계적인 산업성공의 비결을 가르쳐 준 셈이며, 산업의 효율성에 관한 새로운 법칙을 세워 놓았다.

앞서 설명한 두 가지의 새로운 이론에 관해 미국의 생산제조협회 회장을 역임한 바 있는 프랜시스(Clarence Francis)가 가장 명석한 해석을 해 주었다. 그는 "노동자의 시간은 살 수도 있고 통제할 수도 있으나, 그들의 열성은 살 수가 없다. 노동자의 자발적인 창의력과 열성적인 협조정신은 산업에 필요불가결한 것이다."고 말했다. 인간의 소망이 사업발전의 원동력이고, 사업의 밑거름이 되는 것이다. 사람과 물자가 배합되어 생기는 것을 일이라고 한다. 일을 유효하게 발전시키는 것은 곧 작업능률을 증진하는 것이며, 최소를 투자해서 최대의 것을 생산한다는 것이다.

현대 관리과학도 역시 노동자의 인성을 파악하여 그들의 잠재능력을 발휘시킬 수 있어야 실제적인 효과를 거둘 수 있다. 그러나, 인간의 욕망은 결코 물질에 대한 욕심에만 국한되는 것이 아니며, 정신적인 면에 대한 욕망이 오히려 강하다. 중국문화의 전통과 윤리관념으로 '사람'을 관리하고 과학적인 관념으로 '물질'을 관리하며, 나아가 민주관념으로 '일'을 관리한다면, 이야말로 가장 훌륭한 기초를 닦는 것이라 하겠다. 이러한 관념이야말로 반드시 확립해야 할 전통정신이다.

이상 열거한 두 가지 예에서 인성의 중요성이 충분히 이해되었을 것으로 믿는다. 어떠한 제도를 마련하더라도 제도의 실시는 전체 대중을 상대로 하는 것이다. 그러므로 인성의 중요성이 법제 가운데 충분히 참작되어야만 비로소 그 제도가 통용될 수 있다. 제도로서 인성을 발휘하도록 해야 인성 요소가 번거롭게 되지 않는다.

인성의 관점에서 볼 때, 인간은 ① 심리적인 의지, ② 안전의 추구, ③ 사회적 지위, ④ 부단히 새로운 지식을 습득할 수 있는 기회를 추구하는 네 가지 기본 욕구를 가지고 있다. 이른바 기본 욕구란 인간의 생활 면에 결핍될 수 없는 것으로서, 다른 무엇과도 대치하거나 병합할 수 없을 뿐만 아니라, 그 중 어느 한 가지가 결핍되어도 인간은 정신 면 또는 정서 면에서 영향을 받게 된다.

요컨대, 훌륭한 제도란 반드시 인간 본연의 정리情理와 천성에 순응하는 것이라야 한다. 그러므로 반드시 제도에 의해 인간의 네 가지 기본 욕구를 충족시킴으로써, 작업의 열성도와 책임감을 동시에 증진시키도록 해야 한다. 이 네 가지의 기본 욕구에 관한 사항을 제도 가운데 포함시켜야만 모든 국민의 충성심을 국가에 집중시킬 수 있다.

만일 제도가 이러한 기본 욕구를 충족시켜주지 못하면, 사람마다 각기 나름대로 인성의 약점을 악용함으로써 마침내 국가 전체가 피해를 입는 것을 면할 수 없게 된다. 그러므로 작업능률과 규율에 이로운 인성은 최대한으로 고취하여 발휘시키는 반면, 해로운 것은 억제하여 예방해야 한다. 인성을 착안하여 형세에 따라 올바르게 이끌어 나가야 하는 것이 제도 확립의 기본 정신이다. 인성에 위배되는 제도는 비록 준엄할지라도 오래 지탱하기 어려운 것이다.

XVI. 군제와 연구발전

1. 연구발전의 필요성

군제의 설정에 있어서 특별히 강조하고자 하는 것이 있다면, 그것은 곧 어떠한 제도일지라도 장점과 단점을 가지고 있으므로 제도의 존폐와 개정은 시대의 요구에 따라 결정되어야 한다는 것이다. 전목錢穆은 그의 저서 『중국 역대 정치의 득실』에서 "동서고금을 통해 영구불변적인 제도란 일찍이 없었다. 만일 그러한 제도가 있었다면, 역사와 문화는 진보 없는 침체와 정돈상태를 면하지 못했을 것이다."라고 말했다.

그러므로 한 국가의 군사제도가 시대의 요구와 세계의 군사발전 추세에 보조를 맞출 수 있는 유일한 방법으로는 연구발전 밖에 없다. 연구발전이야 말로 국가와 전 인류사회의 번영을 촉진시키는 유일한 방법이다. 한 걸음 더 나아가 연구·검토해야 할 것은 어떠한 제도일지라도 처음 제정된 초기에는 내용이 충실하고 완전한 것 같지만, 오래 지나다 보면 점차적으로 부족한 점이 발생하여 때에 따라서는 수정해야 할 경우가 있기 마련인데 그 원인은 네 가지로 분류할 수 있다. 즉,

① 제도 자체의 악순환

② 인사문제의 타성적인 고질

③ 객관적인 환경의 장애 및 변화

④ 시대의 진보와 정책의 변동

이상 네 가지 원인에 기인하여 군사제도에 관계되는 연구는 촌각의 지체 없이 부단히 계속되어야 하며, 결코 낡은 것을 고수하기 위해 진취성을 잃고 뒤떨어져서는 안된다. 장개석은 "연구하지 않으면 진보가 없고, 발전하지 못하면 곧 낙오한다."고 말했다. 여기서 우리는 경각심을 가져야 한다. 즉, 국가란 방대하고 복잡한 기계와 같아서 항시 정상적인 상태에서 운전되고 있는가를 검사해야 한다. 만일 낡았거나 침체된 현상이 발견되면 즉각 조정 및 수리하거나, 교환함으로써 국가라는 기계로 하여금 영구히 민활하게 움직이면서 고도의 효율을 발휘할 수 있도록 해야 한다.

2. 연구발전의 절차

군제에 관한 연구발전은 연속성과 일관성을 가진 것으로서, 소홀히 시작하거나 중단해서는 안될 중요한 작업이며, 단숨에 이상적인 결과를 거둘 수도 없는 것이다. 항상 검토하고 부단히 실천하는 한편, 작업 및 통제의 책임과 방법을 상세히 규정함으로써 책임 이행과 확실한 효과를 보장해야 연구의 성과를 거둘 수 있다. 예를 들면, 육·해·공군에 관계되는 법령의 수정은 반드시 학교교육·부대훈련·군수장비의 개선 문제 등과 배합될 수 있는 하나의 유기적인 종합된 작업이라야 한다. 이는 곧 '연구발전', '법령의 개정', '교육훈련'의 3자가 상호 배합되어야 한다는 말이며, 이들은 책임있는 기구의 통제하에서 진행되어야 건군과 전쟁준비에 공헌할 수 있고, 그렇지 못하면 아무런 성과를 거두지 못한다. 어떠한 군제의 연구발전이라도 이론상 목적과 근거, 절차를 갖춘 논리적인 과정을 거쳐 부단한 노력을 기울여야 구체적인 성과를 거둘 수 있다. 각 군의 법령에 관한 연구발전 절차는

〈표 10〉과 같다.

〈표 10〉 군 법령에 관한 연구발전 절차

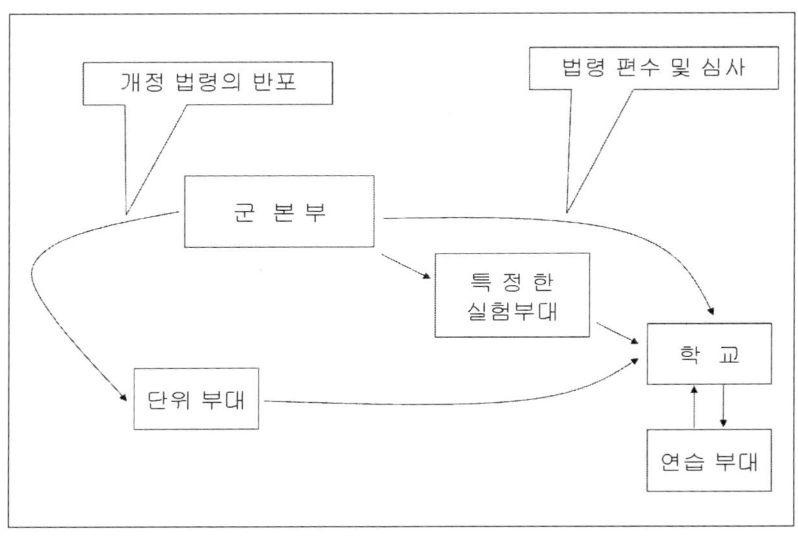

- 문제발생 시기 : 수시
- 문제발생 원천 : 장교단(부사관단) 활동 중, 학교교육 중, 부대훈련 중, 근무 또는 작전 중
- 문제의 순환 노선
  ① 병과 자체 내의 문제 → 병과학교로
  ② 두 개 이상의 병과에 관련된 문제 → 해당 군의 대학으로
  ③ 두 개 이상의 군에 관련된 문제 → 합동군사대학으로
  ④ 군사 이외의 문제 → 국방대학으로
  ⑤ 과학기술에 관련된 문제 → 관계되는 각 군 대학, 민간대학으로
  ⑥ 모든 문제는 군 본부 또는 국방부에 보고되어야 함
  ⑦ 군 본부는 단일기구에 의한 통제를 해야 함(연구발전, 법령 개정, 교육훈련)

⑧ 각 문제는 전략·전술·기술·전투별로 통일된 절차에 의해 발전되어야 함

3. 연구발전의 효능

1) 적극적인 심리의 확립

연구발전과 건군 및 전쟁준비와의 관계에서, 만일 '현재 가진 역량으로 현재 닥친 전쟁을 치른다면' 건군과 전쟁준비는 성과를 거두지 못한 채 침체와 낙오를 면치 못하게 된다. '전쟁형태에 맞추어 필요한 역량과 방법으로 싸운다'고 하는 것은, 결코 '역량이 없으면 싸우지 않는다.'는 유물적 관념을 뜻하는 것이 아니다. 만일 물질 면에서 결함이 생기면 전쟁수행방법에 있어서 변화의 묘를 찾아야 한다.

현재의 역량이란 사실상 과거가 남겨 놓은 결과를 일컫는 것이며, 현재의 전쟁이란 미래에 발생될 수 있는 것이다. 만약 과거의 역량으로 미래의 전쟁을 치르려고 한다면 이는 위험하기 짝이 없는 것이며, 이것이야말로 일종의 패배주의적인 소극적 방법이다. 그래서 연구발전은 군으로 하여금 늘 새로운 향상을 추구하게 하고, '새로운 전쟁형태에 맞추어 새로운 전쟁준비를 한다'는 적극적인 심리를 조성하게 하여 정신적인 전법이든, 물질적인 전법이든 관계없이 나날이 새롭고 구체적인 성과와 힘을 거둘 수 있게 해준다.

건군과 전쟁준비에 관한 연구발전만을 적극적으로 할 것이 아니라, 전쟁에 임해서도 이러한 관념과 자세를 갖추어야 싸움터에 적응하는 한편, 후방이 전방의 요구에 따라 보조를 맞추어 따라 오도록 자극할 수 있게 된다. 그러므로 단기 계획 뿐만 아니라, 장기 판단의 정책 및 계획 역시 사태에 맞추어 응변할 수 있어야 건군과 전쟁준비가 뒤떨어지지 않고, 나아가 미래에 대비할 수 있게 된다.

2) 군대의 시대성 및 참신성

현대 과학은 부단히 진보하고, 무기와 장비는 나날이 새로워지며 전술사상은 날로 발전하고 있다. 군대는 시대적인 요구에 대응하여 언제나 적을 제압할 수 있는 전법과 전쟁도구를 갖추는 한편, 조직을 조정하고 훈련을 혁신해 나가야만 비로소 행정능률을 높이고 전투기능을 확보할 수 있게 된다.

3) 적을 제압할 수 있는 요결의 파악 및 미래 전쟁에의 적응

건군의 목적은 자신의 역량을 증강시켜 적을 제압하는데 있다. 군사전략의 사명은 이러한 목적을 어떻게 달성할 수 있을 것인가를 찾아내는데 있으므로, '적과 아군 및 우군'의 군사적 동태와 기타 발전·변화되고 있는 상황을 주시하면서 기술상의 연구와 용병 및 전법상의 발전을 부단히 도모해야 한다. 그런 다음에 아군의 장점으로서 적군의 약점을 찌르는 것이다. 항상 적을 제압할 수 있는 요결을 파악하고 있어야 미래의 전쟁에서 적으로부터 승리를 획득할 수 있게 된다.

4) 교육훈련과 연구발전, 법령 개정의 세 가지가 삼위일체로

교육훈련과 연구발전, 법령 개정이 삼위일체가 되어야 한다는 것은 이미 강조한 바 있다. 이 세 가지에 관한 지도와 통제의 책임은 상급부대(기관)의 장이 져야 한다. 동시에 교육훈련 및 연구발전은 각급 지휘관의 직책과 부합하도록 통제되어야 일관성을 잃지 않고 낭비를 방지할 수 있다. 그리고 대전략과 국가전략의 운용을 비롯하여 전투 및 기술문제에 이르기까지 제도상으로 엄밀히 규제함으로써 모든 역량과 지혜를 공동목표에 지향시켜 통일된 전력을 발휘하는데 이바지 할 수 있다.

XVII. 결　론

건국을 하려면 먼저 건군을 해야 하고, 건군을 하려면 제도가 앞서야 한다는 것은 국군의 현대화와 사명의 달성을 위해 반드시 거쳐야 하는 과정이다. 우리가 오늘날 군사제도 문제를 연구하는 것은 결코 국군이 군사제도를 갖추지 않았기 때문이 아니다. 중요한 목적은 우리의 제도가 반드시 목적과 근거와 계통, 절차와 유효한 통제를 갖춤으로써 각각의 제도가 서로 부합하면서 민활하고 유기적인 작용을 하도록 해야 한다는 것을 강조하는 데 있다.

더욱이 부단히 연구·발전을 하면서 낡은 것을 버리고 새로운 것을 취득하여 '새로운 전쟁형태에는 새로운 역량으로 싸운다'는 적극적인 심리와 '제도 제일'의 관념을 배양하고자 하는 것이다. '사람·일·물자'에 관한 일체의 관리와 처치 및 운용은 질서정연하고 조리에 맞게 정상적인 궤도에 따라 진행되어야 한다. 개인의 재질才質은 제도의 범위 내에서 창조 및 발휘되어야 하며, 집단의 의지와 역량이 집중되어야 건군·전쟁준비·군대의 유지·용병 등이 순리적으로 목적을 달성할 수 있다.

제도를 제정한다는 것은 대단히 복잡하고 어려운 작업이며, 그 장단점과 그로 인한 이해득실은 상당한 기간이 지난 다음에 알아낼 수 있는 것이다.

만일 제도를 끈기있게 오래도록 지탱시키지 못한다면, 어떠한 제도일지라도 결코 발전하지 못할 것이다.

제도를 설정하는 데는 두 가지 기본 조건을 착안해야 한다. 구체적으로 첫째, 제도가 지닌 역사적 정신을 지속시켜야 하며, 둘째, 과학시대의 요구에 적합해야 한다. 이것은 정신적 요소와 철학적 기초가 결핍되어서는 안된다는 것을 의미한다. 이 밖에도 면밀하게 고려되어야 할 사항과 준수해야 할 원칙 등을 소홀히 해서는 안된다. 요컨대, 우리는 멀리 앞을 내다 보면서 적극적인 정신자세로 우리나라의 실정과 시대, 지역의 조건에 맞는 완전한 군사제도를 창조하여 건국과 건군의 목적을 달성해야 한다.

모든 일이 인간에 의해서 이루어진다는 것은 이미 잘 알려진 사실이다. 그러므로 인간 요소를 무시할 수는 없지만, 건군을 하는데 있어서 충성스러운 군사 천재를 찾으려고 해서는 안된다. 천재란 우연히 나타나는 것이며, 결코 억지로 구할 수 있는 것이 아니다. 더욱이 오늘날의 군사학술과 정치의 양상이 과거보다 몇 천, 몇 만 배나 복잡해졌으므로, 우수한 군사가軍事家 또는 용맹스러운 장병이 저절로 나타나기를 기대한다는 것은 불가능한 것이다. 그러므로 인간이 비록 절대적인 요소이기는 하지만 인간의 획득은 제도에 의해 이루어지고, 제도 가운데 인재를 배양하는 한편, 질과 양을 동시에 고려하여 우수한 장수를 배출하도록 해야 한다.

국가의 운명을 보장하고 민족의 지위를 향상시키기 위해서는 군사제도부터 바로 세우지 않으면 안된다. 건전하고 유효한 군사제도란 반드시 국가와 민족, 그리고 군대를 위한 것이어야 하며, 또한 현재를 바탕으로 하여 신진대사를 거듭하면서 끊임없는 발전을 기해야 한다. 그러므로 제도는 반드시 기본 원리에 근거하여 제정되어야 한다.

제2편 한국의 병역제도

Ⅰ. 서 론

군사학(Military Art and Science)의 사전적 정의는 "군대, 군비 등 전쟁에 관한 모든 부분을 연구하는 학문", 또는 "군사발전을 위한 과제를 연구하는 학문으로 군대, 군비, 전쟁, 무기 등에 관한 이론을 연구하며, 넓은 의미로는 군대나 전쟁 따위에 관련된 모든 이공계열 학문과 사회과학 분야를 통틀어 이르는 말"로 정의된다.[1)]

군사학의 학문적 정의는 다양하게 제기되고 있다. 육군의 『군사용어사전』에서는 군사학을 "국가안보 문제의 군사적 차원에 속하는 하나의 학문체계로, 전·평시에 있어서 군사력의 역할, 발전, 운용 및 지원문제와 국가목표 달성을 위한 군사력 사용에 직접적으로 영향을 미치는 정치, 경제, 사회, 심리, 지리 등 국가요소 간의 상호작용 관계를 이론적, 체계적으로 연구하는 학문"으로 정의하고 있다.[2)]

또한 장위국(蔣緯國)은 "군사학은 철학, 과학 및 전쟁학을 하나로 묶어놓은 것, 다시 말하면 문무가 하나로 합친 학문이며, 군인만의 독점물이 아닐 뿐만 아니라 군인 이외의 박식한 사람들까지도 참여시켜 공동으로 연구해

1) 국립국어연구원, 『표준 국어대사전』(서울 : 두산동아, 1999), pp.715~716.
2) 육군본부, 야전교범 3-0-1『군사용어사전』(대전 : 육군인쇄창, 2006), p.114.

야 할 성질의 것이다."라고 주장하였다.[3)]

한편, 이종학(李鍾學)은 "군사학이란 군사이론을 발전시켜 학문적으로 지식을 체계화 한 것으로써, 전쟁을 연구대상으로 하여 그것의 본질과 성격을 연구하고, 전·평시를 통하여 전쟁에 대비한 군사력 건설과 후방지원 방법을 연구하며, 전쟁목적을 달성하기 위한 무력전의 형태와 수행방법 및 억제에 관한 통일된 지식의 체계"라고 피력하였다.[4)]

군사학이 해결해야 할 과제는 전쟁의 본질과 성격을 구명究明하고 무력전 수행의 객관적 원칙의 해명과 연구, 객관적 원칙에 바탕을 두고 전쟁목적을 달성하기 위한 무력전의 형태 및 방법의 연구, 전쟁에 대비한 군의 준비, 경제적·정신적인 면과 다른 면에서 전쟁의 전면적 지원에 관한 제반 문제의 연구와 준비·지원방법의 연구, 전쟁의 요구에 따른 군대의 조직, 교육 및 훈련에 대한 연구, 군사학 전체 및 각 분야의 연구방법의 확립 등이다.[5)]

군사학의 과제를 해결하기 위한 연구대상과 연구범위는 무엇인가? 이에 대해 이종학은 "군사학이 전쟁의 연구 및 이의 대비책을 강구하기 때문에 사회과학 분야에 속하고, 또한 군사학의 타당성 여부는 전쟁의 결과에 의해 실증되므로 경험과학에 속하며, 군사학이 타 학문분야와 근본적으로 서로 다른 것은 국민의 피로써 실증될 뿐만 아니라 그 결과가 국가의 존망과도 직결"됨을 강조하였다. 그는 군사학의 연구범위를 ① 전쟁철학, ② 전쟁학(군제학, 용병술 : 군사전략, 작전술, 전술), ③ 군사사학, ④ 군사기술, ⑤ 군사교육학, ⑥ 군사지리학(해양학, 기상학 포함), ⑦ 군사 보조학문(국방경제, 군법, 위생 등), ⑧ 군사학 각 분야의 연구방법의 확립으로 설정하고, 연구방법으로는 양적인 연구방법과 질적인 연구방법을 제시하였다.[6)]

군사학 연구자는 궁극적으로는 평화를 추구하면서도 전문분야는 어디까

---

3) 蔣緯國, 『軍事論叢』 第一集(臺北 : 三軍大學, 1973), p.410.

4) 이종학·길병옥 편저, 『군사학개론』(대전 : 충남대학교출판부, 2009), p.13.

5) 이종학, 『軍事理論과 軍事敎育의 硏究』(경북 경주 : 서라벌군사연구소, 1997), p.292.

6) 이종학, 『나의 학문과 인생』(대전 : 충남대학교출판부, 2009), p.35.

지나 전쟁이어야 한다. 군사학도는 전쟁을 포함한 제반 군사문제에 관한 전문가가 되어야 하며, 나아가 이와 연관된 정치·경제·사회·문화 등 제 분야에 대한 폭넓은 지식을 함양함은 물론 전략적 사고를 구비하여 대관소찰을 통해 전체적인 관점에서 부분을 관조할 수 있어야 한다. 군사학을 전공하는 박사과정의 연구자들은 군사문제와 관련된 연구에 집중하여야 하며, 학문적 성과를 평가받는 논문의 주제는 당연히 군사학의 연구범위에 충실해야 한다.

앞에서 살펴본 군사학의 정의와 해결과제, 군사학의 연구범위를 고려해 볼 때 군사제도를 연구하는 것은 군사학을 연구한다는 의미와 동일하며, 병역제도를 심층적으로 고찰하여 발전방안과 대안을 제시하는 것은 군사학이 해결해야 할 과제를 해결함과 동시에 군사학의 연구범위를 충족할 수 있다는 측면에서 그 의미가 매우 크다고 할 수 있다.

또한 손무(孫武)가 『손자병법孫子兵法』에서 주장한 5사7계五事七計 중에서 법령과 제도의 정비, 군주의 바른 정치와 백성의 통합 여부, 법령의 공정한 시행 여부, 군대의 사기와 장교 및 병사의 훈련 정도, 상벌의 공정한 시행 여부와 클라우제비츠(Carl Von Clausewitz)의 주장은 모두 군사제도, 특히 병역제도의 중요성을 강조하고 있어 논문작성을 위한 필요충분조건을 모두 내포하고 있다고 할 수 있다.

특정 국가의 병역제도는 해당 국가의 지정학적인 여건, 당면한 안보상의 위협, 가상 적국의 동향, 정치·경제·사회·문화적 여건, 국민의 의식수준 등을 고려하여 결정되기 때문에 각기 다르게 나타난다.

대한민국 헌법 제39조에서는 ① 모든 국민은 법률이 정하는 바에 의하여 국방의 의무를 진다. ② 누구든지 병역의무의 이행으로 인하여 불이익한 처우를 받지 아니함을 명시하고 있다.

법률 제9955호 『병역법』 제3조에서는 ① 대한민국 국민인 남자는 헌법과 이 법에서 정하는 바에 따라 병역의무를 성실히 수행하여야 하며, 여자는 지원에 의하여 현역으로만 복무할 수 있다. ② 이 법에 따르지 아니하고는 병역의무에 대한 특례를 규정할 수 없다. ③ 제1항에 따른 병역의무 및 지원은 인종, 피부색 등을 이유로 차별하여서는 안된다고 규정하고 있다.

국민개병제를 채택하고 있는 한국의 병역제도는 남북 분단의 특수한 상황과 정치·사회적 요구에 의해 지속적으로 발전되어 왔다. 그럼에도 불구하고, 병역의무 이행과 관련한 각종 비리는 창군 이래 끊임없이 발생하여 병역제도에 대한 개선요구가 계속되고 있다. 또한 형평성을 이유로 군 복무 가산점제도는 1999년 12월 23일 헌법재판소의 위헌 결정으로 폐지된 이후 부활되지 못하고 있다. 국방부에서는 군 복무기간에 대한 논의를 통해 육군을 기준으로 병 복무기간을 21개월로 조정하여 2011년 2월 27일 입대자부터 적용하고 있지만, 남북이 대치하고 있는 현재의 안보상황에서 가장 최선의 방안인가? 국민개병제를 채택하는 국가 또는 모병제를 채택하고 있는 국가들과 비교하여 한국의 병역제도는 제도화되고 정착되어 있는가에 대해서는 이견이 상존하고 있는 실정이다.

특히, 병역제도와 관련하여 국민개병제는 정의로운 병역제도인가?, 현재의 병역제도 하에서 개인은 자유의지로 복무하고 있는가? 병역의 정의와 사회정의는 실현되고 있는가? 남북한 대치의 현실에서 병역의무에 대한 평가는? 병역제도는 국가의 생존에 긴요한 제도인가? 자발적 병역의무 이행과 함께 적절한 강제가 요구되는 이유는? 등에 대한 문제제기가 활발하게 이루어지고 있다. 이와 같은 의문에 대한 해법을 모색하는 것 또한 병역제도를 발전시키는데 크게 기여할 것으로 판단된다.

국민개병제는 정의로운 병역제도인가? 정의의 원리는 공정함을 추구하여 어느 한 쪽에 부당하게 치우치지 않고, 타인에 대한 배려는 물론 법과 규칙을 준수하되, 무조건적인 복종이 아니라 부당한 경우에 저항하는 것을 의미한다. 일반적으로 정의는 공동체적 정의, 분배적 정의, 절차적 정의 등으로 구분되지만, 병역의무에서의 정의는 공정의 의미를 지닌 정의로 인식되어야 한다. 정의의 원리는 기본적으로 공정함을 추구하되, '같은 것은 같게, 다른 것은 다르게' 취급되어야 한다. 공정성을 제고하기 위해서는 잘못된 것은 올바른 것으로, 불공정한 것은 공정한 것으로 고치려는 적극적이고 능동적인 자세가 요구된다. 병역에서의 정의는 병역을 이행한 사람이 조직과 사회로부터 존경을 받아 자긍심과 보람을 가질 수 있도록 사회적인 분위기를 조성해 주는 것이다. 묵묵히 국방의 의무를 성실하게 수행한데 대한 존경과 감사의 표시와 함께 국가를 위한 희생과 헌신에 대한 배려라는 인식에 기초한 예우를 다하는 것이 병역에서의 정의가 되어야 한다.

현재의 병역제도하에서 개인은 자유의지로 복무하고 있는가? 현재의 병역제도가 가장 합리적이고 바람직한 제도라고 할지라도 냉정하게 공과를 평가하여 변혁을 추구하여야 한다. 그 이유는 병역의무야말로 세대와 계층의 차별이 있어서는 안되며, 특히 빈부의 차이에 의해 병역의 부담이 다르게 적용된다면 자유민주주의의 기본질서가 흔들리기 때문이다.

병역의 정의와 사회정의는 실현되고 있는가? 병역제도에 대해서는 심도 있는 검토와 논의를 거쳐 국민개병제를 유지할 것인가? 모병제로 전환할 것인가? 혼합형 제도를 유지하되, 기술적인 부분에 대해서는 중점적으로 보완하여 병역제도의 선진화를 추구할 것인가? 등에 대한 진지한 논의가 필요하다. 특히, 군 복무 가산점제도의 재도입에 관한 문제는 사회 구성원 모두가 수용할 수 있는 대안을 마련하여야 한다. 의무복무를 필한 개인에 대한 보상은 지금보다 훨씬 강화하되, 특정 정치지도자의 선심성 공약에 의한다거나, 단기간으로 한정하여 적용하는 연례행사적 성격이 아닌 사회적인 합의를 기초로 제도화해야 한다.

남북한 대치의 현실에서 병역의무에 대한 평가는? 병역의무 이행에 대한 가치를 평가할 때 남북으로 분단된 현실이 우선적으로 고려되어야 한다. 자유민주의를 옹호하고 인류의 항구적 평화에 기여하는 대한민국의 입장에서 북한정권은 포용의 대상이자 교류협력을 강화하여 공동번영을 추구해야 하는 동일 민족임은 분명하지만, 현실적으로는 남북이 군사적으로 첨예하게 대립하고 있으며, 긴장이 계속되고 있음을 직시하여야 한다. 특히, 천안함 피격사건과 연평도 포격도발 사건에서 드러난 북한의 의도는 언제든지 유사한 도발을 자행할 수 있음을 올바로 인식하여야 한다. 또한 북한이 의도적으로 한반도의 긴장을 조성하여 미국과의 평화협상을 유도하고, 부족한 식량지원과 경제적 보상을 노리는 상황에서 현실적으로 한반도의 안정적인 평화를 기대하기는 어렵다는 사실을 확실하게 인지하여야 한다.

병역제도는 국가의 생존에 긴요한 제도인가? 대한민국에서 군 복무를 한다는 사실 자체는 개인에게 부과된 병역의 의무를 이행한다는 의미를 넘어 국가를 방위하고 국민의 생명과 재산을 보호하는 숭고한 사명을 수행한다는 차원으로 이해되어야 한다. 따라서 병역의무를 이행하기 위해 현재 복무 중에 있거나, 장차 군 복무를 해야 할 병역의무 이행 대상자들이 무한한 자부심을 가질 수 있도록 국가 차원에서 혜택을 부여해야 하며, 이는 당연한 국가의 책무임을 인식해야 한다. 특히, 학생들에게 올바른 국가관과 안보의식을 함양시키기 위한 다각적인 노력도 병행해야 한다.

자발적 병역의무 이행과 함께 적절한 강제가 요구되는 이유는? 대한민국은 산업화를 통해 경제성장을 이루고 민주화를 통해 정치적으로 발전했지만, 글로벌시대의 지도국이 되기 위해서는 인간 본성의 회복이 필수적이다. 특히, 병역의무와 관련하여 당당하고 성실한 병역이행은 개인에게 부여된 책임과 의무를 다하는 것이고, 타인을 위해 희생과 봉사를 하는 시간이며, 사회적 책임을 다하는 공정한 병역이행의 표상이자 공정사회 구현을 위한 역할모델이 된다는 사실을 인식하여야 한다. 병역의무는 회피하고자 하면 할수록 자신을 조여 오는 족쇄가 된다는 사실을 분명하게 각인시킬 수 있도록 법적·제도적 강제조항이 보완되어야 하며, 국가가 적극적으로 국민의 안전을 책임지기 위해서는 병역을 기피하는 현상을 올바르게 진단하여 기준에 따라 의법 조치하되, 군 복무를 성실히 마친 개인에게는 상응한 보상이 제공되어야 한다.

오늘날 군사력 건설과 유지에 있어서 세계적인 추세는 정보화·과학화 시대의 군사력 운용에 적합한 소규모의 병력을 유지하면서 고도의 첨단무기체계를 구비하는 군사혁신의 가속화에 집중되고 있다. 우리 군도 선진 군사 역량을 구축하고 국방인력의 양성 및 교육훈련체계를 개선하여 투자 대 효과 면의 효율성을 기하는 한편 군 복무기간을 이용한 자기개발을 유도하고, 이를 적극 지원하는 등 생산적인 군 복무가 될 수 있도록 여건을 조성하고 있다.

한국사회는 근대화와 산업화, 민주화의 과정을 거치면서 빠르게 성장하고 변화하였다. 이와 같은 발전과 변화는 직접 또는 간접적으로 우리 군의 병역제도에 연결되거나 영향을 미쳐 왔다. 최근에는 저출산·고령화 시대의 도래에 따른 징집자원의 양적인 감소 추세를 고려하여 우수한 역량과 자질을 갖춘 인력을 충원하고, 이들을 효율적으로 활용하기 위한 병역제도로의 개선이 강하게 요구되고 있다. 최근 우리 사회의 양식 있는 지도자들이 병역의무 이행의 중요성을 강조하거나 병역 면제자에 대한 불이익을 부여하는 방안, 군 복무를 필한 젊은이에게 상응한 혜택을 부여하는 방안 등을 주장하면서 외국의 사례를 제시하고 있다.

이스라엘은 18세 이상의 남여가 정신질환 등이 아니면 모두 병역의무를 이행해야 하고, 스위스는 병역의무를 면제받을 경우 복무기간에 상응하는 기간 동안 소득의 3%에 해당하는 배상세를 부과하며, 싱가포르는 병역면제 제도 자체를 두지 않고 징병검사를 통해 임무적합(A등급)으로부터 행정임무 적합(E등급)까지 5개 등급으로 판정하여 다양한 형태의 병역을 부과하고 있다. 이에 비해 한국은 징병제가 실시되고는 있지만 각종 면제사유가 다양하다. 특히, 질병으로 인한 병역면제의 폭이 너무 넓어 각종 병역 면탈범죄가 발생하고 있으므로 이를 해결하기 위해 병역면제 제도를 폐지하되, 질병이나 신체적인 결함이 있는 자에 대해서는 선진국의 사례를 참고하여 대체복무 프로그램을 다양화 해야 한다.

병무청에서는 2011년을 기준으로 지난 5년간 병역면탈 범죄자 533명 중에서 운동선수와 연예인, 유학생 등 사회적 관심대상자가 266명(49.8%)이나 되는 현실을 직시하여 지방병무청 심의위원회와 병무청에서 이들의 병역사항을 중복 확인하여 중점 관리하고 있으며, 병역면탈행위 의심자에 대해서는 사법경찰권을 행사하고 있다. 본 연구는 이처럼 법적·제도적 기반이 구축되어 있음에도 불구하고 계속되고 있는 병역관계의 문제점은 무엇인지를 도출하고, 이를 분석하여 해결방안을 제시함으로써 한국의 병역제도 발전과 한국군의 전투력 증강에 기여하는데 주안을 두고 다음과 같은 것을 분석하기로 한다. 이를 위해,

첫째, 한국의 병역제도는 역대 행정부별로 어떻게 변화하였으며, 변화에 영향을 준 요인은 무엇인가?

둘째, 한국과 유사한 경험과 위협을 안고 있는 국가 중에서 스위스와 이스라엘 병역제도와의 비교평가를 통해 도출된 시사점에 대한 일반화는 가능한가?

셋째, 한국의 병역제도는 어떠한 방법과 내용으로 개선되어야 하며, 개선 후의 기대효과는 무엇인가?

등의 물음에 대한 답을 모색하는데 중점을 두어 병역제도 개선의 필요성과 당위성을 강조하고자 한다.

본 연구는 21세기 한국의 병역제도 발전방안을 제시하기 위해 연구의 대상을 각 행정부별로 시행된 병역제도에 두었다. 연구의 범위는 대한민국 정부수립 이후로부터 현재까지로 하되, 병역제도의 변화를 고찰하기 위한 시기별 구분은 3단계로 구분하였다.

제1단계는, 정부수립 이후 건군과 6·25전쟁, 전후정비 과정에서의 혼란으로 병역제도가 정착되지 못하였던 제1·2공화국(1948년~61년)시대로,

제2단계는, 국방체제가 정립되기는 하였지만 권위주의시대로 불리워진 제3·4·5공화국(1963~79년)시대로,

제3단계는 자주국방의 기반이 조성되고 강화되었던 제6공화국으로부터 현재까지로(1988년~2011년) 설정하였다.

이렇게 함으로써, 각 행정부별 병역제도의 변화과정을 살펴보고 병역법의 개정을 통한 병역의무의 엄정한 집행과 함께 병역의무 불이행에 따른 제재가 강화된 시기를 구분할 수 있으며, 민주화와 사회발전에 따른 병역제도의 개선 요구 증가로 인해 야기된 변화를 도출할 수 있을 뿐만 아니라 안보환경의 변화, 정부의 정책, 경제적 요인, 사회적 요인에 따라 변화된 병역제도의 비교평가를 통한 미래지향적인 발전방안의 제시가 가능할 것으로 판단된다.

세부적인 연구범위는 병역의무 이행 면에서의 선병제도는 자원관리, 징병검사, 병역처분을 포함하였다. 복무제도는 지금까지 병역이행과 관련한 비리가 계속되어 왔음을 고려하여 현역복무를 중심으로 하되, 대체복무제도와 공익근무제도(사회복무제도)의 논의가 활발히 진행되고 있는 점을 고려하여 부분적으로 포함하였다. 또한 예비군제도는 실행 가능성에 주안을 두고 조직편성과 훈련을 중심으로 분석하였다. 아울러, 한국과 유사한 경험과 여건하에서 병역제도 운용의 효율성을 제고하고 있는 외국 병역제도와의 비교·분석 및 평가를 위해 이스라엘과 스위스의 병역제도를 포함하였으며, 기타 국가의 사례를 부분적으로 포함하였다.

Ⅱ. 군사제도 및 병역제도 이론

1. 군사제도 이론

가. 군사이론의 개념

군사이론이란 무엇인가? 군사이론에 대한 논리적이고 체계적인 정의는 군사학의 정의를 통해 알 수 있다. 군사학은 "여러 학문분야의 혼합체가 아니라 통일되고 선후 주종관계에 바탕을 둔 통일된 지식의 체계"로서, 전쟁학의 이론이 지배적 의의를 가지며 다른 분야는 핵심분야인 전쟁학 이론에 대해 봉사하거나 지원하는 상호 유기적인 의존관계를 지니고 있다.[7)]

이와 같은 군사학의 정의를 바탕으로 군사이론의 개념을 정립할 수 있으며, 설정된 군사사의 연구범위를 기초로 군사이론에 대한 접근이 가능하다. 환언하면, 궁극적으로 역사는 현재 및 미래의 인간생활 향상을 위하여 과거의 인간생활을 이해하는데 목적이 있으므로 정치·경제·문화사의 어느 한 면에만 치우쳐서는 안 되며, 보다 폭 넓은 안목으로 과거를 관찰하되, 전쟁을 포함한 제반 군사분야는 인간생활과 매우 긴밀한 관계를 갖고 지속적으로 발전되었음을 고려하여 군사사를 중시해야 한다. 군사사의 연구범위는 광범위하지만 전쟁사, 제도사·기술사, 국방사·군대사, 군사적 사료편

---

7) 이종학, 「軍事學 理論體系의 定立」, 『軍事評論』 제244호(1984), p.47.

찬은 필수적인 연구대상이 되어야 한다. 특히, 전쟁사는 군사사의 중추적인 지위를 차지하지만 군사사의 한 분야에 포함되며, 전쟁사의 연구대상으로는 군사이론적 요인과 군사교리적 요인이 포함된다.

1) 미국과 러시아의 군사이론과 특징

고대에는 군사문제 연구의 초점이 「전쟁이란 무엇이며, 어떻게 이길 것인가?」로 귀결되었다. 전자는 '전쟁철학'으로, 후자는 '전략'으로 지칭되고 있는데, 전략은 전투수행의 이론과 실제 및 군사작전에 있어서 군대의 운용을 의미하였다. 이는 과거에는 전쟁이론을 군사이론의 전부로 인식하여 군대는 전쟁에 필요한 도구로만 간주되었음을 의미한다. 그러나, 현대 국가에서는 군대의 사회적 역할과 비중이 증가되고, 군사과학기술 발전의 영향으로 적대敵對하는 군대간의 충돌만이 아닌 사회의 제 분야가 전쟁과 군사작전에 영향을 미치게 되므로 "군사적 수단의 분석에 있어서 군대의 전통적인 개념을 넘어서 군사적 잠재력에 관한 개념도 포함할 것"을 요구하고 있다.[8]

군사이론은 군사연구의 법칙성을 개발하여 무력전에서 승리를 보장하기 위한 군사행동의 가장 유효한 방법 및 형태를 구명하는데 있으며, 군사이론을 연구하여 정립하려는 목적은 군사현상을 올바르게 이해하고, 미래를 예측하여 이에 대한 대책을 세우는데 있다.[9]

미국과 러시아의 군사이론을 살펴보면, 미국은 군사이론의 개념을 "전·평시에 있어서 군사력의 발전, 유지 및 지원과 국가목표 달성을 위한 군사력의 운용, 이에 관계되는 정치·경제·사회·심리·기술 등 국력요소의 상호작용에 관한 사항들을 통일적이고 법칙적으로 이해할 수 있도록 과학적 기초 위에 논리적으로 체계화 한 것"으로 정의하고 있다.[10] 러시아의 군사이론 개

8) 국방대학원, 『軍事理論』(서울 : 국방대학원 출판부, 1985), pp.7~9.
9) 이종학, 『軍事論文選』(경북 경주 : 서라벌군사연구소, 1991), p.27.

념은 "군사학의 주요 구성부분으로, 다양한 규모 및 형태의 지상·해상·공중 작전이나 전투의 성격, 합법칙성, 원칙, 작전 또는 전투의 준비 및 실시 형식과 방법을 규명하고 인식하는 것"으로 정의하고, 군사이론에 영향을 미치는 요소는 정치·경제·정신·군사·지리적 요소임을 강조하고 있다.[11]

환언하면, 군사이론이란 "무력투쟁의 본질, 기본 및 내용, 그리고 군사력의 수단과 지원에 의하여 이루어지는 군사작전의 수행방식, 인력 및 시설에 관한 지식체계이며, 무력투쟁을 지배하는 객관적인 법칙, 용병술, 군사력의 조직, 훈련, 보급 및 전사 등에 관한 사항들을 통일적이고 법칙적으로 파악하여 과학적 기초 위에 논리적으로 체계화 한 것"으로,[12] 러시아는 무력분쟁을 군사과학의 주제로 삼아 포괄적 의미의 전쟁이 아닌 전장에서 전투와 직접 관련되는 무력을 주 대상으로 취급하고 있음을 알 수 있다.

2) 저명한 이론가의 군사이론과 국내의 군사이론

고대 중국의 군사이론가 손무는 『손자병법』 제1편에서 "전쟁은 나라의 중대한 일이다. 국민의 생사와 국가의 존망이 기로에 서게 되는 것이니 신중하게 살피지 않으면 안된다."고 주장하였다.[13]

프로이센의 군사이론가 클라우제비츠는 전쟁이란 "자국의 의지를 구현하기 위해 적을 강요하는 폭력행위"라고 정의하였다.[14] 그는 전쟁의 목적을 '나의 의지를 상대에게 강요하는 것'으로, 전쟁의 목표를 '적을 쓰러뜨리거나 무장을 해제하는 것'으로, 전쟁의 수단을 '폭력행위'로 제시하였으며,[15] "전쟁이란 정치적 목적을 달성하기 위한 정책의 한 수단에 지나지 않는다."고

---

10) 육군본부, 『軍事理論 大國化 推進方向』(대전 : 육군인쇄공창, 1983), p.21.
11) 정보사령부, 『러시아 지상군 전술』(대전 : 육군인쇄창, 2009), pp.24~25.
12) 육군교육사령부, 『軍事理論 硏究』(대전 : 육군인쇄공창, 1987), p.57.
13) 이종학, 『孫子兵法』(서울 : 박영사, 1984), p.18.
14) 육군본부, 『클라우제비츠의 전쟁론과 군사사상』(대전 : 육군인쇄공창, 1995), p.14.
15) Carl Von Clausewitz, *On War*, 김만수 역, 『전쟁론 제1권』(서울 : 도서출판 갈무리, 2006), p.46.

하여 전쟁을 정치로부터 파생되는 지엽적인 요소로 간주하였다.[16]

또한 리델 하트(Liddell Hart)는 국가전략의 개념이라고 할 수 있는 '대전략'과 관련하여 그의 저서 『전략론』(*strategy*)에서 대전략이란 "전쟁의 정치적 목적을 달성하기 위하여 국가가 보유한 모든 자원을 협조시키고 관리하는 것으로서, 엄밀하게는 각 군종을 지원하기 위하여 국가의 경제자원 및 인적자원을 개발하며, 경제적·외교적 압력에 의해 적의 의지를 약화시킨다는 대단히 중요한 '도덕상의 힘' 등을 염두에 두고 적용시키지 않으면 안 될 국가의 전쟁방책"이라고 정의하였다.[17]

군사이론에 대해 합참에서는 "군사력 형성 및 운용에 필요한 제반 지식체제로서 전쟁에서 적용되는 객관적이고도 합리적인 원리이며, 그 핵심은 군사사상으로부터 비롯된다."고 정의하고 있다.[18]

육군본부에서는 "군사이론은 전쟁의 원인과 결과를 통일적으로 파악하여 그 사이에 가로 놓인 특정의 법칙성을 도출해 낸 이론적 지식체계로서, 국가목표 달성을 위한 군사력의 역할, 운용, 발전, 유지 및 지원과 이와 관련된 국방요소 간의 상호관계를 규명하고, 용병과 양병문제를 주요 대상으로 하며, 통상 군사문제에 관한 주장, 개념, 사고의 영역으로서의 군사사상을 논리적으로 규명하고 학문적으로 체계화하여 지식의 단계로까지 구체화 한 것"으로 정의하고 있다.[19]

또한 "군사이론이란 국가안보 문제의 군사적 차원에 관한 하나의 지식체계로서 전·평시에 있어서 군사력의 역할, 발전, 유지 및 지원 문제와 국가목표 달성을 위한 군사력의 운용문제, 여기에 직·간접적으로 영향을 미치는 정치, 경제, 지리, 사회심리 등 다양한 국력요소 간의 상호작용에 관한

---

16) 이종학, 『클라우제비츠와 전쟁론』(서울 : 도서출판 주류성, 2004), p.280.

17) B. H. Liddell Hart, *Strategy,* 신상초 역, 『戰略論』(서울 : 양우당, 1982), pp.14~15.

18) 합동참모본부, 합동참고교범 10-2 『합동·연합작전 군사용어사전』(대전 : 국군인쇄창, 2010), p.57.

19) 육군본부, 『韓國軍事思想』(대전 : 육군인쇄공창, 1992), p.25.

것을 과학적 기초 위에 통일적, 법칙적으로 논리체계화 한 것"으로 정의하여 미국의 군사이론을 발전적으로 수용하고 있다.[20)]

육군의 『군사용어사전』에서는 "전쟁을 효율적으로 수행하기 위해서 평시에 어떻게 군사력을 건설하고, 건설된 군사력을 전시에 어떻게 운용할 것인가를 통일적으로 파악하여 귀납적으로 법칙을 이끌어 내는 논리적 지식체계를 말하며, 그 핵심은 군사사상에서 비롯된다."고 정의하고 있다.[21)] 또한 육군교육사령부에서는 군사이론의 개념을 "국가안보 문제의 군사적 차원에 관한 지식체계로서, 국가목표 달성을 위한 전·평시 군사력의 건설, 관리, 지원 및 운용문제와 이에 관련된 정치, 경제, 사회, 심리, 과학 등 다양한 국력요소의 상호작용에 관한 사항들을 과학적 기초 위에 체계화 한 것"으로 정의하고 있다.[22)]

한편, 이종학은 "군사이론은 군사문제에 관한 연구와 개념, 범주, 명제, 법칙, 일반이론을 포함한다. 군사이론이라 하자면 적어도 ① 전쟁이란 무엇인가? ② 어떻게 싸워서 승리할 것인가? ③ 어떻게 전쟁준비를 할 것인가? ④ 어떻게 전쟁을 억지할 것인가? 등의 네 가지 기본적인 질문에 해답을 제시해야 한다."고 주장하였다.[23)]

3) 군사이론과 군사사상, 군사교리와의 관계

군사이론과 군사사상, 군사교리는 모두 '군사' 현상을 본질로 하지만 이론적 측면, 사상적 측면, 교리적 측면에 따라 달리 이해되거나 다른 개념으로 사용되고 있다. 군사이론이란 군사문제를 통일적으로 파악하여 그 사이에 가로놓인 특정의 법칙성을 도출해 낸 논리적인 지식체계로서, 평시에 어떻게 군사력을 건설하고, 건설된 군사력을 전시에 어떻게 운용할 것인가

---

20) 육군본부, 『軍事理論의 體系와 役割』(대전 : 육군인쇄공창, 1983), pp.7~8.
21) 육군본부(2006), 전게서, p.111.
22) 육군교육사령부(1987), 전게서, p.61.
23) 이종학·길병옥(2009), 전게서, pp.12~13.

를 파악하여 이와 관련된 상호관계를 이끌어 내는 지식체계로서 용병과 양병문제를 그 대상으로 하고 있다.[24]

군사사상이란 "군사와 사상의 개념이 복합된 뜻으로, 국가목표를 달성하기 위하여 장차 당면하게 될 전쟁에 대한 올바른 인식을 토대로 어떻게 전쟁을 준비하고 수행할 것인가에 관한 사고체계"[25] 또는 "장차 전쟁에 대한 올바른 인식을 토대로 전쟁을 어떻게 준비하고 지도, 수행할 것인가에 해당되는 의지적 측면으로서의 전쟁지도 및 수행 신념과 이를 바탕으로 한 군사력 건설 및 운용에 관한 개념적 사고체계"로 정의된다.[26]

이종학은 군사사상에 대하여 "전쟁목적을 달성하기 위해 전쟁관의 인식과 무력전의 준비 및 수행에 대해 판단·추리를 거쳐 생긴 사고 및 의식체계를 뜻하며, ① 국가의 지정학적 위치와 환경, ② 군사제도, ③ 무기체계의 변천, ④ 용병술이 군사사상의 형성에 영향을 미치는 요인"임을 피력하였다.[27]

이상의 정의에서 공통적으로 포함하고 있는 분야는,

첫째, 전쟁이란 무엇인가? 즉, 전쟁에 대한 인식 면

둘째, 전쟁의 승리를 위하여 어떻게 준비해야 할 것인가? 즉, 군사력 건설 면

셋째, 전쟁에서 승리하기 위해 어떻게 군사력을 운용해야 할 것인가? 즉, 군사력 운용 면으로 대별된다.

이렇게 볼 때 군사사상은 전쟁의 목적과 승리요인을 파악하여 전쟁에 대한 올바른 인식을 도출하는 개념수립 과정과 인식을 바탕으로 "어떻게 군사력을 건설하고 운용하여 최종적인 승리를 획득할 것인가?"라는 실천과정을 포함하고 있음을 알 수 있다. 특히, 군사사상의 정립을 통한 군사관과 군사정책의 변화를 연구하는 움직임은 활발하게 진행되고 있으나, 역사학계에서는 아직까지 군사사상사를 체계적, 통사적으로 정리하려는 움직임

24) 이종학, 『전략이론이란 무엇인가』(대전 : 충남대학교출판부, 2005), p.68.
25) 육군교육사령부, 『韓國 軍事思想 硏究』(대전 : 육군인쇄공창, 1986), pp.14~15.
26) 육군본부(1992), 전게서, p.24.
27) 이종학·길병옥(2009), 전게서, p.25.

이 나타나지 않고 있는 실정이다.

군사교리의 개념에 대해 『합동참고 교범』에서는 "군부대와 그 구성원에게 국가목표를 달성하기 위해 공식적으로 승인된 군사행동의 기본 원칙과 지침이며, 이는 권위적인 것이지만 적용시에는 판단이 요구된다."고 정의하고 있으며,[28] 『합동교범』에서는 "군사력 운용에 적용되어야 할 국가이익, 국가목표, 적의 위협, 군사정책, 군사이론, 역사적 경험, 군사능력 등을 체계화 한 것으로서, 국가의 특정 여건과 환경, 그리고 군사력 운용이 예상되는 모든 상황에 적합해야 하고 보편성과 타당성이 있어야 하며, 승리에 대한 신념을 반영하여야 한다."고 정의하고 있다.[29]

육군 교육사령부에서는 "국가목표를 달성하기 위해 국가적 여건을 고려하여 공식적인 군사행동의 지침으로 승인된 군사행동 체계"로 정의하였고,[30] 이종학은 "미래전의 성격에 대한 군사력의 건설과 발전방향, 전쟁목적과 국가의 사회적·경제적·기술적·군사적 능력에서 생겨나는 무력전의 방법과 형태 및 수행에 대한 공식적인 기본 원칙과 지침으로 이해되어 왔으며, 이는 정세와 능력의 변화에 따라 언제나 발전·변화되어야 하고, 경제적·기술적·군사적 요인과 그 때의 군사학을 기반으로 작성되어야 한다."고 주장하였다.[31]

4) 분석 및 평가

미국과 러시아의 공인된 군사이론, 저명한 군사이론가와 국내의 군사이론을 살펴 본 결과, 미국은 주로 군사력을 중심으로 군사력의 유지, 발전에 관한 전쟁준비(군사력 건설)와 전쟁수행(군사력 운용)에 초점을 두고 있으며,[32]

---

28) 합동참모본부(2010), 전게서, p.56.
29) 합동참모본부, 합동교범 1 『합동기본교리』(서울 : 대한기획인쇄, 2009), p.22.
30) 육군교육사령부(1987), 전게서, p.22.
31) 이종학·길병옥(2009), 전게서, p.31.
32) 육군교육사령부(1987), 전게서, p.53.

이에 따른 용병체계는 1981년 이전까지는 주로 전략과 전술로 분류하였으나, 1982년 이후부터 전략, 작전술, 전술로 구분하고 있다. 즉, 전략적 수준에서는 전쟁을, 작전적 수준에서는 전역과 주요 작전을, 전술적 수준에서는 전투와 교전, 소부대 전투기술 및 행동을 취급하고 있다.[33] 러시아는 군사이론체계를 일반이론, 군사사, 용병술, 교육, 조직, 군사지리, 군사공학으로 대별하고 있는 점과, 용병술 분야에서는 군사전략이 전쟁과 전역을 취급하고, 작전술은 작전과 회전을, 전술은 전투를 취급하는 점이 미국과 상이하다.[34]

고대의 군사이론에 관해 손무는 유교사상에 입각한 인본주의를 전쟁의 기본이념으로 하고 있지만, 전쟁은 언제든지 발생 가능한 정치적인 현상이기 때문에 신중을 기해야 하며, 싸우지 않고 자국의 의지와 목표, 전쟁목적을 달성하는 '부전승 전략不戰勝 戰略'에 주안을 두고 있다.[35]

반면, 클라우제비츠는 『전쟁론』을 통해 절대전쟁과 현실전쟁 뿐만 아니라 전쟁의 목적을 달성하고자 하는 다양한 전쟁의 모습을 제시하였다. 전쟁에서 승리하기 위해서는 폭력을 무제한으로 사용해야 하고, 폭력이 상호작용으로 나타나 전쟁이 극한으로 치닫게 된다고 피력하였지만, "절대전쟁과 달리 현실전쟁은 여러 요인으로 인해 제한될 수밖에 없다"고 부연함으로써, 모든 전쟁이 불변의 논리에 의해 지배되는 것이 아니라 개별 전쟁의 성격에 따른 다양한 요소들에 의해 지배된다."고 주장하였는데,[36] 이는 손무의 군사이론과는 차이가 있음을 알 수 있다.

반면, 리델 하트는 전쟁의 목적을 최소한의 인적·경제적 손실로 최단기간 내에 적의 저항의지를 말살하는데 있다고 보고 "최소 예상선과 최소 저

---

33) Headquarters Department of the Army, *OPERATIONS* (February 2008) 육군대학 역, 미 FM 3-0 『작전』(대전 : 육군인쇄창, 2008), p.177.

34) 이영우, 「軍事理論과 用兵體系 定立에 대한 小考」, 『軍事評論』 제239호(1984), p.7.

35) 육군대학, 『동양의 군사사상』(대전 : 육군인쇄창, 2009), p.96.

36) Bart Schuurman, *Clausewitz and the New Wars Scholars* (US War College : Parameter 2010 Spring), 전덕종 역 「클라우제비츠와 신전쟁 이론」, 『軍事評論』 제408호(2010), p.441.

항선을 통해 적 후방을 지향하는 기동 등의 다양한 방법으로 간접접근을 함으로써 최소 전투를 통해 결정적 승리를 추구해야 한다."[37]고 주장하였지만, 클라우제비츠의 군사이론에는 필적하지 못하는 수준으로 평가된다.

국내의 『합동 참고교범』과 육군의 『군사용어사전』, 『군사이론 연구』, 『한국의 군사사상』에서는 공히 군사이론이 군사사상으로부터 비롯되었다고 명시하고 있다. 이는 군사이론 또는 군사사상의 개념 속에는 전쟁의 인식, 군사력 운용, 군사력 건설에 대한 이론과 사상이 포함되어 있다는 것을 의미한다. 특히, 이종학은 군사이론이 해답을 제시해야 할 네 가지의 기본적인 질문을 제기함으로써, 군사제도 이론과 병역제도 이론의 기초를 제공하였다. 이종학이 주장한 군사사의 연구범위를 정리하면 〈표 1〉과 같다.

〈표 1〉 군사사의 연구범위

전쟁사	제도사·기술사	국방사·군대사	군사적 사료편찬
·국가전략(전쟁지도) ·군사전략 ·작전술 ·전 술 ·지휘통솔 ·군수 등	·교 리 ·편 제 ·군사제도 ·동 원 ·교육훈련 ·장비개발 ·조사연구 ·군대위생 등	·국가전략(전쟁준비) ·군민관계 ·군비관리 ·평화시책 ·분쟁처리 등	-

출처 : 이종학, 『韓國軍事史 序說』(경북 경주 : 서라벌군사연구소, 1991), p.21.

군사이론과 군사사상, 군사교리와의 관계는 모두 군사현상을 어떻게 보고 어떤 수준을 포함할 것인가의 시각과 관점의 차이만 있을 뿐이다. 한 민족이나 국가가 전쟁이란 무엇이며, 어떻게 전쟁을 준비하고 수행하여 승리할 것인가에 대한 자기질문自己質問이 지각 또는 인식으로서의 사고체계인 군사사상을 태동케 하였으며, 군사사상을 모체로 군사이론이 구체화되고,

37) 노양규, 「리델 하트 전략론을 읽자」, 『軍事評論』 제342호(1999), p.189.

군사이론이 예상하고 있는 내용이 권위 있는 기관에 의해 군사교리로 채택됨으로써, 보다 현실성을 갖기 때문에 군사사상이 군사이론과 군사교리의 사상적 기조를 제공한다고 보는 것이 타당하다고 판단된다.

따라서 군사사상에서 전쟁의 인식을 도출할 수 있고, 군사이론에서 군사력 건설을 이끌어 낼 수 있으며, 군사교리에서 군사력 운용이 구체화되기 때문에 군사이론과 군사사상, 군사교리는 단독으로 기능을 발휘하는 것이 아니라 상호 보완적인 관계로서, 반드시 상하구조를 이루지 않고 때로는 역순으로 진행되거나 단계를 뛰어 넘는 가변성을 지니고 있음을 알 수 있다.

군사이론과 군사사상, 군사교리와의 관계를 정리하면, 군사사상은 전쟁에 관한 인식(사고 및 의식체계)으로서, 이를 지식으로 체계화하여 개념적 군사원리를 제시함으로써 군사력 건설을 뒷받침하고, 군사이론을 군사력 운용의 실천적 행동지침으로 공식화 한 것이 군사교리이다. 군사이론과 군사사상, 군사교리와의 관계는 〈표 2〉와 같다.

〈표 2〉 군사이론과 군사사상, 군사교리와의 관계

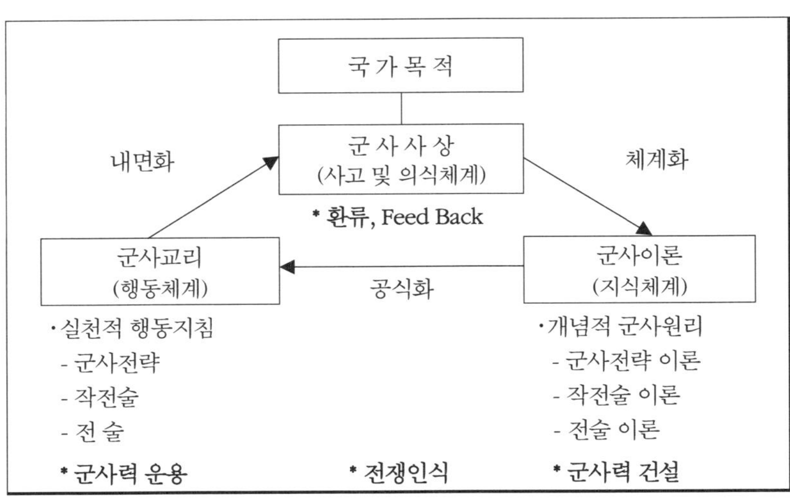

출처: 이종학 외, 『군사학개론』(대전 : 충남대학교출판부, 2009), p.32. 재구성.

나. 군사제도 이론

군대의 존재 목적이 외부세력의 직접 또는 간접침략을 미연에 방지하며, 외래적인 위협과 침입이 있을 때에는 군사력을 발휘하여 이를 배제하고, 국가의 독립과 권위 그리고 안전을 유지하는데 있음은 주지의 사실이다.[38] 군사력은 여러 요소에 의해 구성되고 발휘되지만, 군대의 힘을 효과적으로 운용하고 발휘토록 하는 군사제도는 군사전력의 기본이라고 할 만큼 매우 중요하다. 군사제도의 적절성 여부는 군사력에 중대한 영향을 미치며, 군사제도의 우열이 한 민족의 흥망성쇠와 국가의 존망을 좌우하게 된다.[39]

우리 민족이 수많은 외침을 극복하고 독립된 국가를 유지하면서 고유의 문화를 꽃피울 수 있었던 데에는 우리의 역사 속에 면면히 이어온 군사적 전통이 있었기 때문이었다. 고조선은 고대 중국과 경쟁관계를 유지하였으며, 고구려는 수隋·당唐과 동북아시아의 패권을 놓고 자웅을 겨루었다. 고려는 거란, 여진, 몽고 등 북방민족의 침입에도 끝까지 국가의 독립을 유지하였으며, 조선은 일본, 청淸과 국가의 명운을 걸고 전쟁을 치르면서도 당시의 사회적·경제적 여건을 기반으로 독자적인 군사제도를 발전시켰으며, 국가적 위기상황에서 군과 민이 혼연일체가 되어 이를 극복하였다. 이를 통해서도 군사제도와 군사력이 전투력의 기반이 되는 매우 중요한 요소임을 알 수 있다.

군사제도에 관한 연원은 2,500여년 전에 저술된 손자병법으로 거슬러 올라간다. 손무는 손자병법의 시계始計편에서 5사와 7계를 전쟁의 승패에 영향을 미치는 구성요소로 제시하고, 이를 비교 평가하여 전쟁에서 승패의 가능성을 미리 예견할 수 있다고 주장하였다. 즉, 5사는 전쟁의 승패를 결정하는 열쇠이고, 7계란 적과 아군의 전력을 비교하여 우열을 평가하는 요

---

38) 이영택, 「軍事制度에 關한 硏究」, 『國防硏究』 제16권 제2호(1973), p.121.

39) 이동희, 『韓國軍事制度論』(서울 : 일조각, 1982), p.176.

소로서, 평시에 갖추어야 할 가장 중요한 군비이기 때문에 이를 알고 실천하는 자는 승리하고, 그렇지 못한 자는 승리하지 못한다고 강조하였다.[40] 여기에서 군사제도와 관련된 요소로는 5사 중에서 올바른 정치, 법령과 제도가 해당되고, 7계에서는 법령과 제도는 어느 편에서 더 공정하게 실행하고 있는가?, 상벌은 어느 편이 더 분명하게 행해지고 있는가의 요소가 포함되는데, 이를 현대적 의미로 재해석하면 군사제도의 적절성이라고 할 수 있다.

군사제도의 개념에 대한 주장을 살펴보면 보면 다음과 같다.

• 장위국(蔣緯國)은 군사와 관련된 각종 법과 제도가 군사제도임을 주장하였다. 그는 "군제는 군사제도 혹은 군사체제의 약칭이며, 그 뜻은 국가의 군대를 건립하고 유효하게 활용될 수 있게 유지하여, 국가가 지니고 있는 실제 및 잠재적인 군사 역량을 어떻게 발전·지원·통제할 것인가의 방법을 제시해 주는 제반 규정을 의미한다. 구체적으로, 국가가 전쟁수행을 위하여 준비하는 제반 설비를 군비라 하고, 군비에 관해 상세히 규정하는 제반 제도를 군사제도, 또는 약칭으로 군제라고 한다. 군제는 과거에 시행된 바 있었거나 또는 현재 시안試案으로 연구발전 중에 있는 각종 제도를 일컫는 것이다."라고 주장하였다. 아울러, 군사제도는 "군대에서 실시되고 있는 군사업무와 관련된 모든 제도이며, 군사제도학은 이들 제도를 어떻게 협조시키고 배합시킬 것인가의 원리와 절차, 그리고 제도가 필요하게 된 동기 등을 설명해 주는 것이며, 무엇보다 중요한 것은 기본철학과 정신요소가 결핍되어서는 안된다."[41]는 점을 강조하여 군사제도와 군사제도학의 관계를 설명하고 있다.

---

[40] 5사와 7계는 손자병법의 근본이다. 5사가 지기知己에 관한 것이라고 한다면 7계는 지피知彼에 관한 내용이다. 이종학, 「古典的 戰爭理論의 現代的 照明」(II), 『공군평론』 제97호(1996), p.44.

[41] 蔣緯國 著, 鄭濯 譯, 『軍制基本原理』(서울 : 국군홍보관리소, 1984), pp.15~16.

• 국방대학원에서는 군사제도를 "과거 또는 현재 적용·개정 및 시안 중에 있는 군사체제를 체계화 시키고, 군사제도를 규정화하는 것으로, 한 국가의 군대를 건립 및 발전시키는데 있어서 이를 조직·편성·유지시키는 유효한 활동의 일체를 체계화하고 현존 및 잠재적 군사 역량을 어떻게 관리·운용 및 통제할 것인가의 제 방법을 규정한다"고 정의하고 있다.[42]

• 김홍은 "동양에서 논의되었던 군사제도는 군대의 조직을 가리키는 군사조직, 훈련, 편성, 유지, 관리 등을 위한 각종 법제적 체계를 말하며, 지휘 및 편제에 대한 군사조직을 골간으로 하여 이를 유지하기 위한 병역관리, 동원, 작전, 교육, 훈련, 법령, 장비 등의 운용 측면까지를 포괄한다."고 주장하였다. 그는 "오늘날의 군사제도는 국가의 군대가 창설되어 유효하게 활용될 수 있도록 유지하여 국가가 지니고 있는 실제 및 잠재적인 군사 역량을 어떻게 발전·지원·통제할 것인가의 방법을 제시해 주는 제반 규정을 말하며, 국가가 전쟁수행을 위해 준비하는 제반 설비를 군비라 하고 군비에 관해 상세히 규정하는 제반 제도가 군사제도이다."[43]고 함으로써 군사제도의 이해를 통해 군사조직의 형성과정을 이해해야 한다고 주장하였다.

• 한용원은 군사제도란 "국가의 군사적 안전보장을 주 임무로 하는 일종의 사회제도로서 사회와는 유기적인 관련성을 가지며, 합법적인 권위가 군정권과 군령권을 가지고 군인을 조직 및 편성, 충원 및 은퇴, 교육 및 훈련, 작전 및 관리하는 법도이다."라고 정의하여,[44] 군사제도를 사회제도의 일종으로 보고 군사제도의 유형적인 면과 무형적인 면을 강조하였다.

• 송요태는 군사제도란 한 나라의 안전보장을 위해 국가의 합법적인 권위로 만들어진 사회제도의 하나로서 군의 조직, 편성, 유지, 관리, 운용과 관련된 전반적인 내용, 즉, "군을 어떠한 내용과 규모로 조직하고 편성할 것인

42) 국방대학원, 『안전보장이론』(II)(서울 : 국방대학원, 1985), p.459.
43) 김홍, 『韓國의 軍制史』(서울 : 학연문화사, 2001), pp.13~14.
44) 한용원, 『軍事發展論』(서울 : 박영사, 1987), p.17.

가? 어떠한 수단과 방법으로 유지하며, 누가 어떻게 운용할 것인가에 해당하는 제 방법과 절차를 법제화 한 제도로 규정하고 군사제도를 어떻게 운용하느냐에 따라 국가의 안위와 존망에 중요한 영향을 미친다."고 주장하였다.[45] 또한 그는 군사제도가 한 국가의 군사에 관한 제도의 총칭이며, 각국의 군제는 그 나라의 정치체제, 법률제도, 경제발전 단계 등의 국내사정을 바탕으로 정해지는 것이므로 나라에 따라 상당한 차이가 있으며, 국제정세의 변화를 미묘하게 반영하고 있다고 해석하였다.

•이종학은 군사제도의 개념을 "국가의 군대가 창설되어 유효하게 활용할 수 있도록 유지하여 국가가 지니고 있는 실제 및 잠재적인 군사 역량을 어떻게 발전·지원·통제할 것인가의 방법을 제시해 주는 제반 규정을 말한다. 구체적으로, 국가가 전쟁수행을 위하여 준비하는 제반 설비를 군비라 하고 군비에 관해서 상세히 규정하는 제반 제도를 군사제도라고 한다. 군사제도는 군사를 다루는 일체의 제도를 말하며, 군사는 정치를 하는데 필요한 네 가지 요소(정치·경제·심리·군사) 중의 하나이다. 그 중에서 군사는 대단히 중요한 위치를 차지하며, 군사제도의 근원은 첫째, 국가의 헌법. 둘째, 국가전략. 셋째, 군사정책과 군사전략에서 비롯되는 것"임을 강조하였다.[46]

앞서 제시된 군사제도에 관한 개념의 정의를 종합해 보면, 군사력 건설을 보장해 주는 법과 제도적인 장치를 군사제도의 개념으로 설명하고 있음을 알 수 있다. 군사제도는 국가 차원에서 수립된 제반 제도와 상호 유기적으로 연계되어 있고, 국력의 핵심 요소인 군사력을 구비하는 기본적인 요소로 작용하고 있음을 알 수 있다.

---

45) 송요태 외, 『군사제도사』(경기 고양 : 선코퍼레이션, 2005), p.13.
46) 이종학(1991), 전게서, p.206.

2. 병역제도 이론

가. 병역제도의 개념

병역이란 국가의 군사력을 구성하는데 필요한 병원을 획득·유지하기 위한 인적 부담으로서, 이는 모든 국민이 국가에 충성을 다하고 몸과 마음을 바쳐 국토방위의 의무를 충실히 수행하는 것을 말한다.[47] 일반적으로 병역은 현역 복무와 예비역 복무로 구분되지만, 구체적으로는 광의의 개념과 협의의 개념으로 구분된다. 광의의 개념은 병역을 "국가의 국방력 구성을 위한 국민의 인적 부담"으로 보는 견해이며,[48] 협의의 개념은 "국가의 복무명령이 있는 경우에 국민은 군의 구성원으로 군에 복무할 의무"로 보는 견해이다.[49] 한편, 국가안보 차원에서 병역을 볼 경우 "비군사 분야에서 국가와 사회발전을 위한 봉사활동도 병역으로 간주해야 한다."는 견해는 병역에 대한 가장 폭넓은 의미의 개념이다.[50]

병역제도는 자위自衛에서 출발하여 의무로 확대되는 과정을 거쳐 발전하였다. 고대 씨족사회에서는 다른 씨족의 침략이 있을 경우 생존을 위해 자발적으로 창칼을 들고 나아가 외부의 침략에 대항하는 과정에서 전사戰士를 조직화 할 필요성이 대두되어 초보단계의 군사조직이 구성되었다. 이후 전제국가에 이르러서는 병역의무가 군주나 제왕 등 통치권자의 안전과 이들의 영토확장 야욕을 충족시키기 위한 강요된 충성의 수단으로 활용되기도 하였다. 현대국가에서는 영토와 주권을 수호하기 위한 군사력의 건설 및 유지가 필수적으로 요구되어 이를 조직화하기 위해 자국의 실정에 적합한 병역제도를 발전시키고 있다. 국가적 차원에서 병역을 포함한 군사문제는 이민족의 침입에 대비하기 위한 도구 또는 통치자의 권력욕을 뒷받침하거나, 자

---

47) 민진 외, 『국방행정』(서울 : 대명출판사, 2005), p.554.
48) 김용탁·송재천 편저, 『兵役制度와 實務』(서울 : 계명사, 1977), p.31.
49) 유지태, 『행정법신론』(서울 : 신영사, 1997), p.1011.
50) 김두성, 『韓國兵役制度論』(대전 : 제일사, 2003), p.14.

국의 세력을 확장하기 위한 수단으로서 가장 중요한 지위를 차지하게 되었다. 이렇게 볼 때 병역제도는 자위에서 출발하여 병역의무로 확대되고, 병역의무가 병역제도로 발전하여 군사제도로 정립되었음을 알 수 있다.

병역제도란 병역을 위해 '여러 가지 방법에 의하여 군사력을 구성하는데 필요한 병력을 충원하기 위한 제도'를 의미한다. 병역제도의 목표는 군이 필요로 하는 병력을 적시에 충원함으로써 전투력을 극대화 하는데 있다. 병역제도는 병력의 획득뿐만 아니라, 사회 전반을 유지하는 제반 제도와 직접 또는 간접적으로 연계되어 있기 때문에 비단 국방과 군사분야에만 국한되지 않는 전 국가적 관심사항이 되고 있다. 요컨대, 병역은 국가목표 달성을 위하여 국민에게 정해진 기간 동안 군에 복무토록 하는 것이며, 이를 제도로 정립시킨 것이 병역제도이다. 병역제도는 동원제도와 예비군 복무제도의 기초가 되며, 제도 시행의 결과에 따라 동원과 예비군 복무제도에 미치는 영향이 달라짐은 물론 국방제도와 국가 경쟁력에 파급되는 효과가 지대하다고 할 수 있다.

나. 병역제도의 특성과 유형

병역은 인적부담의 범주에 속하지만, 충성심을 바탕으로 한다는 점에서 징용이나 노무동원과는 다른 특성을 갖는다. 징용이나 노무는 단순히 노동력만을 제공하고 그 반대급부로 보수를 받는데 비해, 병역의무는 자신의 생활기반이자 삶의 공동체인 국가에 대한 충성을 바탕으로 개인이 지닌 모든 정신적·육체적 능력을 발휘하여 국가에 헌신한다는 숭고한 이념을 실현하는 것을 그 사명으로 하고 있다.[51] 병역이 갖는 특성은 일신一身 전속성專屬性, 일반성, 윤리성으로 대별된다. 이를 구체적으로 살펴보면 다음과 같다.

첫째, 일신 전속성이다. 병역의무는 개인에게 주어진 의무이기 때문에 다

51) 박찬석, 『전투력 강화를 위한 병역제도 개선방안』(서울 : 국회 박찬석 의원실, 2006), p.17.

른 사람에게 양도하거나 이전할 수 없으며, 타인이 대신하여 입영 또는 복무하거나 병역의무 자체를 경제적 부담으로 대체할 수 없는 특성을 갖는다.

둘째, 일반성이다. 병역의무로서의 인적부담은 국방력을 구성하는데 필요한 병역자원을 획득하기 위한 것으로서, 일정한 연령에 달하고 법령상 제한을 받지 않는 한 모든 국민에게 부과되는 의무라는 일반성의 특성을 갖는다.

셋째, 윤리성이다. 병역은 헌법과 법률, 명령 등에 의해 개인에게 부과되는 의무로서, 현실적으로 개인의 자유를 제한하지만 고도의 윤리성이 요구되는 특성을 지니고 있다. 즉, 국가에 의해 제한되는 개인 의사의 크기보다 국가를 위한 공헌의 비중이 더 크다는 고도의 윤리성이 요구되는 특성을 가지고 있다.[52)]

이 밖에도 병역이 갖는 특성은 민주성과 존엄성을 들 수 있다. 민주성이란 병역의무는 국가와 민족을 위한 희생이기도 하지만 궁극적으로는 개인을 위한 책임과 의무이며, 이는 주인의식에 기초한 민주적 주체의식의 표현이기 때문에 국가 또한 개인이 병역의무 이행에 대한 보람을 느낄 수 있도록 상대적인 이익의 부여가 요구되고 있다. 존엄성이란 기본적으로 병역은 국민의 특권적인 의무로 존중하고, 각종 법령을 위반한 범죄자에 대해서는 병역의무에 참여시키지 않을 정도로 신성하게 취급한다는 의미를 내포하고 있다.[53)]

국가별 병역제도는 그 나라가 처한 지정학적인 여건과 가상 적국의 동향 및 정치·경제·사회·문화적 여건, 병역의무를 부과해야 할 가용자원, 병역의무 대상자의 병역에 대한 인식의 차이와 참여도, 국민의 의식수준 등 제반 요인을 고려하여 가장 합리적인 제도가 채택되고 적용되어 왔다. 그렇기 때문에 어떠한 유형이나 형태의 병역제도를 채택하느냐의 여부는 해당

---

52) 김문성, 『병무행정론』(서울 : 법문사, 1989), pp.32~33.

53) 오동열, 『주요 각국의 병역제도 비교연구』(서울 : 고려문화사, 1990), p.18.

국가의 안보위협과 정치체제를 포함한 각종 상황과 여건에 따라 개별 국가마다 다르게 나타난다.

병역제도의 유형은 학자마다 설정한 분류기준의 차이점에 따라 상이하게 구분하고 있는 실정이므로 여기서는 현재 통용되고 있는 병역제도의 유형을 중심으로 살펴보기로 한다. 일반적으로 병역제도는 병력을 충원하는 수단을 사용할 때에 법적인 강제가 수반되는 정도에 따라 의무병 제도와 지원병 제도, 그리고 혼합형 제도로 대별된다. 의무병 제도란 국가의 구성원인 국민 모두가 국가를 방위해야 한다는 개념하에 국가가 개인의 의사와 상관없이 국민에게 병역에 복무할 의무를 부과하는 제도이며, 지원병 제도는 개인의 자유의사에 따라 국가와의 계약에 의해 병역에 복무하게 하는 제도이다. 혼합형 제도란 의무병 제도와 지원병 제도를 적절한 비율로 혼합하여 적용하는 제도를 말한다.[54] 병역제도의 유형을 정리하면 〈표 3〉과 같다.

〈표 3〉 병역제도의 유형

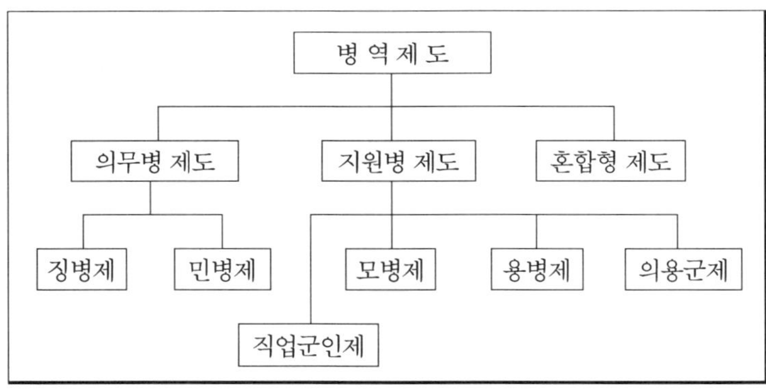

의무병 제도는 징병제와 민병제로 구분된다. 징병제란 모든 국민이 국방의 의무를 이행해야 한다는 국민개병주의에 입각하여 평시에 국토방위에

54) 정주성 외, 『21세기 병무행정 비전 및 정책방향』(서울 : 한국국방연구원, 2000), p.21.

필요한 자원을 징집하여 교육훈련 및 전투기술을 습득시켜 법률이 정한 일정한 기간을 현역으로 복무하게 한 다음, 전역 이후에는 예비역으로 확보하여 전쟁 또는 국가비상사태를 포함한 유사시에 소집하여 충원하는 제도로서, 한국을 비롯한 독일, 이스라엘, 베트남, 브라질 등의 국가에서 채택하고 있는 제도이다.

민병제는 국민개병주의에 기초한 것은 동일하지만 지휘관(자) 임무를 수행하는 간부는 지원자로 편성한 상태에서, 모든 국민이 단기간의 군사훈련을 통해 기본적인 전술전기를 체득한 후에, 평상시에는 군부대에서 복무하지 않고 생업에 종사하면서 매년 정해진 기간의 군사교육을 통해 전투기량을 숙달하여 수준을 유지시키다가 유사시에 동원 소집되어 전시체제로 편성되는 제도로서, 스위스와 스웨덴 등의 국가에서 채택하고 있다. 징병제와 민병제로 대별되는 의무병 제도의 장단점을 살펴보면 〈표 4〉와 같다.

〈표 4〉 징병제와 민병제의 장단점

구분	장 점	단 점
징병제	·평등한 병역의무 이행 ·군의 병력소요에 신속 대응 ·전력화 가능한 예비병력 보유 ·적령기 장정의 전원 병역복무 ·융통성 발휘로 국가재력 활용	·국민의 병역의무에 대한 부담 ·개인의 학업과 생업에 영향 ·징병에 따른 사회적 생산 영향 ·군 복무 기피현상 발생 가능 ·국민의 신뢰성 확보 곤란
민병제	·단기간 내 다수의 병력 양성 ·소수 상비군 유지로 비용 절약 ·사회적 생산 활동 제약 없음 ·병역복무의 형평성 유지 ·전 국민의 조기 전력화 용이	·단기간 훈련으로 전투숙련도 저하 ·소수의 상비군으로 즉각조치 제한 ·고도의 훈련에 필요한 시간부족

징병제와 민병제의 장점과 단점은 언제나 동일한 변수로 적용되거나 취급되지 않는다. 왜냐하면 한 국가의 병역제도는 해당 국가의 국방체제의 특성과 효과적인 국방임무의 수행에 초점을 맞춰 선택되어지므로 경우에

따라 징병제의 단점을 알면서도 징병제를 채택하는데 따른 부담과 대체비용을 감수해야 할 만한 이유가 분명할 때에는 징병제를 채택하거나, 어느 경우에는 징병제가 갖는 다양한 장점을 포기하고 상대적으로 단점이 적게 나타나는 용병제를 선택하는 국가가 있을 수 있기 때문이다.

지원병 제도는 직업군인제와 모병제, 용병제, 의용군제로 구분된다.

직업군인제란 군 간부로서의 역할을 희망하는 일반국민을 대상으로 스스로 지원하여 복무할 수 있도록 국가에서 선발에 따른 균등한 기회를 보장하고, 선발된 개인에 대해 전문직업군인의 신분보장을 위한 보수를 지급하여 보람있는 직업으로 인식할 수 있는 제도적 근거를 마련하여 시행하는 제도로서, 대부분의 국가에서 직업군인제를 시행하고 있다.

모병제는 개인의 자유로운 의사에 기초한 희망에 따라 육·해·공군과 해병대에 지원하여 복무하는 제도로서, 일반사회의 직종이 다양화되고 대학에서 전공교육의 폭이 넓어지고 있는 현실, 군에서 소요되는 인력이 고도의 전문지식과 숙련된 기술을 요구하는 추세가 상승작용을 초래하여 선호도가 증가하고 있으며, 앞으로도 점진적으로 증가될 것으로 예상된다. 따라서, 지금까지 병력을 충원하는데 있어 훨씬 높은 비중을 차지했던 징병제 보다 모병제에 의한 군 복무 희망의 비율은 더욱 높아질 것으로 전망된다.

용병제란 계약관계에 의해 군인을 고용하는 제도로서, 국가가 개인에게 일정한 기간의 복무를 요구하면서 그 반대급부로 보수와 후생 등을 제공할 것을 제시하면, 개인은 군 복무에 따른 경제적 이익과 타산을 고려하여 계약을 통해 군 복무를 이행하는 제도이다. 현대국가에서 자국의 안보와 국방을 용병에 의존하는 국가는 없지만, 고대 로마제국과 미국의 독립전쟁 시기에 용병이 운용되었고, 지금도 프랑스에서는 소규모 외인부대가 운용되고 있으며, 최근의 사례로는 리비아가 반정부 시위대를 진압할 목적으로 아프리카 출신 용병을 운용한 경우를 들 수 있다.

의용군제는 전쟁이나 사변 등으로 인하여 국가가 비상사태에 처했을 때

나라를 위한 충성심과 적개심에 기초하여 개인이 자유의사에 의해 자발적으로 군에 복무하는 것으로서, 지원하는 동기와 목적에서 차이가 있기 때문에 정상적인 병역제도가 아닌 국민의 봉기 또는 의거 항쟁義擧 抗爭의 의미로 이해되어야 한다.

앞에서 살펴본 바와 같이 지원병 제도는 개인의 자유의사에 따라 4개의 방법으로 대별할 수 있고, 각 방법마다 장단점을 내포하고 있지만, 현대국가에서는 지원 또는 자원에 의한 모병제가 대표적인 제도로 인식되고 있다. 따라서, 실제로 상비군을 유지하기 위해 가장 광범위하게 활용되는 제도는 징병제와 모병제이다.

징병제는 전 국민의 공평한 병역의무 이행에 따른 존엄성이 확보되어 신성한 병역의무로 인식됨은 물론, '내 나라를 내가 지킨다'는 주인의식과 민주시민으로서의 당연한 의무의 실천과 함께 위화감이 없는 상태에서 군의 단결 유지가 용이하고, 대량의 병역자원 확보에 따른 예비군 확보 및 동원태세 유지가 쉽다는 장점이 있는 반면, 제도를 악용할 경우 불신이 증가되고 개인차가 고려되지 않음으로써 병역에 대한 부담 증대, 숙달된 기능병의 확보 제한, 징집인원의 과다에 따른 수급 불균형 등의 단점이 있다.

또한 모병제는 국민의 부담이 경감되고, 군에서 필요한 특정 분야의 숙련병을 적기에 확보할 수 있으며, 개인의 자유의사에 따라 병역을 선택하는 데서 오는 동기유발과 함께 민주시민으로서 누구나 선택권을 가져야 한다는 자유민주주의 원리에 부합하는 장점이 있지만, 유사시에 대비한 적정규모의 예비전력 확보가 곤란하고, 병역의무에 대한 사명감이 저하되며, 국가예산의 소요 과다, 군의 사회적 대표성이 결여된다는 단점을 안고 있다. 징병제와 모병제의 장단점은 〈표 5〉와 같다.

〈표 5〉 징병제와 모병제의 장단점

구분	장 점	단 점
징병제	·병역의 존엄성, 숭고성 확보 ·주인의식과 민주의식의 실천 ·군의 단결, 지휘통솔 용이 ·우수 병역자원의 확보 ·예비군 정예화, 동원태세 유지	·다수 국민의 신뢰성 확보 제한 ·병역의무에 대한 국민부담 과중 ·특수분야의 숙련병 획득 제한 ·상시 전력유지 제한(수급 불균형) ·병역의무의 형평성 보장 곤란
모병제	·병역의무에 대한 국민부담 경감 ·특수분야의 숙련병 확보 용이 ·개인의 선택에 따른 동기유발 ·자유민주주의 원리에 부합	·유사시 예비전력 확보 곤란 ·병역의 존엄성과 사명감 저하 ·국가재정 및 예산의 과다 소요 ·군의 사회적 대표성 결여

혼합형 제도는 의무병 제도와 지원병 제도를 자국의 실정에 적합하게 일정한 비율로 혼합하여 적용하는 제도이다. 징병제와 모병제가 갖는 장단점을 해당 국가의 상황에 맞게 적절히 융합하여 운용하는 혼합형 제도를 채택하는 것이 일반적인 추세이며, 가장 많은 국가에서 채택·적용하고 있다. 한국의 현행 병역제도는 국민개병주의에 입각한 의무병제(징병제)를 채택하고 있지만, 여기에 지원병제(모병제)를 병행함으로써, 엄밀한 의미에서는 징병제를 위주로 한 혼합형 병역제도를 적용하고 있다고 할 수 있다. 따라서, 혼합형 제도는 최소의 예산으로 소요 인력을 충원할 수 있고, 전 국민에게 국방의 의무를 공평하게 부과하며, 별도의 계층을 구분하지 않고 군 인력(軍 人力)으로 흡수함으로써 유사시 동원 가능한 예비전력의 확보에 용이한 의무병제의 장점과 개인에게 병역의무에 관한 선택의 자유를 보장하여 인력관리의 효율성을 도모할 수 있다는 지원병제의 장점만을 수용한 제도임을 알 수 있다.

Ⅲ. 한국의 병역제도 분석

1. 대내외적 안보환경의 변화와 병역제도의 발전 모색

가. 동북아시아 안보환경의 변화

한국은 지정학적 특성으로 인하여 주변국의 정세변화에 크게 영향을 받아왔다. 이러한 한반도 안보상의 취약점은 미국이 동북아시아의 역내질서를 주도하던 냉전시대에는 현저하게 감소되어 안정적인 국면 속에서 경제개발을 통한 근대화와 산업화에 전념할 수 있었지만, 강대국의 이해관계에 따라 불안정한 안보상황이 장기간 지속될 때에는 긴장과 갈등이 계속되기도 하였다.

탈냉전 이후 한반도 문제는 남북한 사이의 관계개선 만으로는 해결할 수 없을 정도로 주변국과 국제사회의 관심이 집중되어 있다. 특히, 중국의 부상과 이에 따른 세력전이에 대응하는 과정에서 주변국들은 전형적인 근대적 세력균형체제의 갈등 및 경쟁을 반복하고 있어, 동북아지역의 현상과 미래는 어느 때 보다 불확실한 상태에서 한반도는 새로운 도전과 기회를 동시에 맞이하고 있다.

안보환경의 변화에 따라 대규모 전쟁 가능성은 줄어든 반면 소규모 지역

분쟁의 가능성이 증대되고 있고, 단일지역에 국한된 위협은 감소되고 있으나, 동시다발적 위협의 가능성은 오히려 커지고 있다. 또한 국제사회에서 국가 간 대결 가능성은 줄어든 대신 테러단체 등 비국가적행위자의 위협은 가중되고 있다. 한편, 과학기술의 발전에 따른 전쟁양상의 변화는 불확실성의 증가를 초래하여 사후대응 보다는 사전예방을 위해 병력 위주의 양적인 군대에서 전투효율성이 강화되고 정예화된 질적인 군대로의 전환을 요구하고 있다.[55]

한반도 문제가 미국·일본·중국·러시아의 역학관계에 의해 전개되는 것이 현실이라고 할 때, 한국은 동북아 안보환경의 변화에 능동적으로 대처하면서 국내 안보환경의 변화도 극복해야 하는 이중의 과제를 안고 있는 셈이다. 한반도 안보환경은 한반도를 둘러싼 강대국 역학관계의 불안정성이 증대될 가능성, 북한의 극단적인 경제난과 국제적 고립의 심화에 따른 도발의 가능성, 전시작전통제권(전작권) 전환에 따른 한미 연합방위태세의 변화로 진단할 수 있다.[56] 그러나, 국내 안보환경의 변화는 특정 요인으로 단정할 수 없기 때문에 전작권의 전환과 관련된 제반 요인과 저출산·고령화 사회로 진입하는 과정에서 불가피하게 발생하는 병역자원의 감소에 따른 대비 소홀로 인해 야기될 수 있는 요인을 중심으로 살펴보기로 한다.

1) 미국의 영향력 쇠퇴

미국과 소련에 의해 유지되던 양극체제가 붕괴된 이후 국제질서는 미국의 주도하에 미국이 원하는 방향으로 관리되면서 초강대국을 넘어선 미국의 지위는 상당기간 지속될 것으로 전망되었다.

냉전종식 이후 미국이 동북아에서 추구했던 기본 목표는 지역패권의 등

---

55) 합동참모본부, 『세계의 군 현대화 추진동향』(서울 : 대한기획인쇄, 2007), p.6.

56) 박휘락, 「미래 한반도 전략환경 변화와 육군전략」, 『2009 육군 전투발전세미나 발표자료집』(서울 : 한국전략문제연구소, 2009), pp.25~26.

장 억제, 안정유지, 지역질서 변화의 관리였다. 미국은 압도적인 군사력을 보유하고 있지만, 군사력에 의존하여 독자적으로 동북아 질서와 안정을 유지하는 데는 한계가 있다고 판단하여 경쟁관계에 있는 어떤 국가의 추종도 불허하고, 지역적 차원을 탈피한 모든 전장에서 우월성을 확보하는 것을 주요 내용으로 하는 미군의 '재배치 정책방향'을 채택하였다.[57] 이와 같은 미국의 주한미군 재배치계획에 따라 한국의 안보에 미칠 영향에 대한 논의가 이루어지게 되었다.

미국은 9·11테러와 대對 이라크전, 대 아프간전 등 테러와의 전쟁에서 군사작전의 성공을 전략적·정치적 성공으로 연결하는데 실패함으로써 국제사회에서 신뢰가 추락하고, 패권국가로서의 위상이 크게 저하되었다.[58] 여기에 2008년 하반기부터 본격화된 경제위기로 그동안 타 국가가 넘볼 수 없었던 미국의 패권적 지위가 약화되고, 중국의 반패권적 지위가 상대적으로 강화되었다.[59]

미국의 정책변화는 미 국방부가 대략 4년을 주기로 방위전략을 의회에 보고하는 「국방검토보고서」(Quadrennial Defense Review Report)에 잘 나타나 있다. QDR은 향후 4년간 미군의 전력소요와 형태 및 국방예산을 결정하는 기본지침이 되는 문서로서, 2010 QDR에 포함된 주요 내용은 〈표 6〉과 같다.

---

57) 권태영·노훈, 『21세기 전장환경에 대한 재검토 및 군사혁신에 관한 연구』(서울 : 한국전략문제연구소, 2009), p.42.

58) Headquarters Department of the Army FM3-07, *Stability Operations* (Washing-ton DC, 6 October, 2008), Chapter Ⅰ, pp.13~15.

59) 한국전략문제연구소, 『2009 동북아 전략균형』(서울 : 도서출판 전광, 2009), p.65.

〈표 6〉 2010 미 국방부 4년주기 국방검토 보고서(QDR)의 주요 내용

구 분	안보환경평가	국방목표	군사전략	전력구조
2010 QDR	·복잡하고 불확실한 안보환경 - 힘의 분산 - 비국가적 행위자의 영향력 확대 - 대량살상무기(WMD)의 확산 * 중국, 인도 부상	·승리(Prevail) ·억제 및 예방(Deter & Prevent) ·대비(Prepare) ·보존 및 향상(Preserve & Enhance)	·다양한 위협에 대비 *중국, 러시아의 위협과 재래전, 대테러전 대비	·4대 국방목표 고려 전력구상 필요 ·현재의 전쟁과 대테러전 위주 전력구조 재조정

출처 : 국방부, 『미 국방부 2010 국방검토보고서 분석』(서울 : 국방부, 2010), p.20의 내용을 토대로 재구성.

2010 QDR은 불확실한 안보환경에서 오는 광범위한 위협에 대비한다는 전략을 내세운 것이 특징이다. 미국은 2001년과 2006년 QDR에서 불확실성이 국제안보환경의 특징이라는데 초점을 맞추었는 바,[60] 2010 QDR 또한 이와 동일한 맥락을 유지하고 있다. 이 같은 사실은 미국이 과거처럼 분쟁에 직접 개입하기 보다는 동맹국의 안보능력을 강화하는데 주력할 것임을 공식적으로 천명한 것으로서, 동북아 안보환경의 변화는 물론 한국의 안보정책 변화에 크게 영향을 미칠 것으로 판단된다. 미국은 그동안 유지해 왔던 동북아에서의 패권적 지위를 더욱 강화하기 위해 적극적으로 개입하고자 할 것이다. 왜냐하면 동북아지역은 미국의 안보에 핵심적인 이익이 되고, 경제회복과 지속적인 성장에 필요한 수출시장이며, 자원 및 시장의 확보에 긴요하기 때문이다.[61]

---

60) Stephen J. Flanagan, "U.S. Military Transformation : Implications for Northeast Asia and Korea", *Strategic Studies,* Vol. 43. No. 31.(Korea Research Institute for Strategy, July 2008), p.8

61) 정경영, 「미중분쟁 가능성과 한국의 안보전략」, 『군사논단』 제64호(2010), p.104.

2) 중국의 부상

21세기 들어 중국이 경제적으로 부강해지면서 국제사회에서 차지하는 위상 또한 급격하게 제고되고 있다. 등소평(鄧小平)이 개혁·개방정책을 추진한지 30년이 지난 현재의 중국은 미국과 함께 G2로 불릴 만큼 초강대국으로 부상하였다. 중국은 대외적으로는 화평발전론을 표방하고 화해사회를 주장하고 있지만, 고도의 경제성장과 국제사회에서의 영향력 확대를 바탕으로 동북아지역의 역내질서를 주도하는 역할을 자임하면서 미국과 더불어 세계를 경영하는 중심축으로 떠오르고 있다. 중국은 미국과 경쟁하는 양대 세력으로서 초강대국의 지위를 넘보고 있으며, 국제사회에서의 영향력 확대를 통한 일방통행식 태도를 우려하는 중국 위협론 마저 제기되고 있는 실정이다.[62)]

중국은 공산당 창당 100주년이 되는 2021년에는 미국과 대등한 관계로 발전하고, 건국 100주년이 되는 2049년에는 세계 최고의 국가로 우뚝 선다는 국가전략을 수립하고 있는데, 이는 2050년경에는 이상적인 사회형태인 대동사회의 실현이 가능할 것이라는 전망과도 일치되고 있다.[63)]

중국은 경제성장으로 축적한 부를 군사력 강화에 투입하여 군사대국화를 추진하고 있다. 중국은 지난 10여 년 동안 인민해방군의 전문화, 육·해·공군의 합동훈련, 새로운 무기체계의 구비 등을 포함한 군사력 강화 정책에 대한 의지를 지속적으로 표명하고 이를 실천해 왔다.[64)] 중국의 군사력 강화는 해외 원자재 수급에 기여할 수 있는 능력이 확보되고, 외교적 혜택을 취하거나 분쟁해결을 위한 군사력 사용에 있어 선택의 폭이 넓어져, 상대국을 제압할 수 있을 때까지 계속될 것으로 전망된다.

---

62) 김재철, 「중국위협론의 한국적 의미」, 『국방학술연구 논총』 제11집(1997), pp.55~56.

63) 곽덕환, 「중국 특색 사회주의의 개념 변화」, 『중국연구』 제46권 (서울 : 한국외국어대학교 중국연구소, 2009), pp.250~252.

64) US Department of Defense, *Military Power People's Republic of China* (U.S Department of Defense, 24. May 2006), p.44.

오늘날 세계는 중국의 부상을 우려하고 있다. 반면 중국은 강화된 위상에 대한 서구 제국과 역내 국가들의 비우호적인 시선과 우려를 불식시키는 한편 세계평화와 발전에 기여하기 위해서는 미국 주도의 국제질서를 부정하고 국제 및 지역 협력에서 중국이 중심 역할을 해야 함을 강조하고 있다. 그러나, 동북아의 안보상황은 다자간 안보체제에 의한 지역안보 및 세력균형이 담보되지 않는 한 앞으로도 상당 기간 미국에 의한 경제적, 전략적 균형이 유지될 것으로 평가되지만,[65] 부상하고 있는 중국에 의해 미국의 일방적인 독주에 대한 견제가 가능할 것으로 전망된다.

한국은 중국과 지리적으로 근접하고 있을 뿐만 아니라 경제적으로도 상호의존의 정도가 더욱 심화되고 있다. 그럼에도 불구하고, 중국은 주변국이 중국이 주도하는 흐름에 당연히 편입되거나 순응해야 하며, 이를 통해 동북아지역에서 더욱 더 확고한 지위를 구축해야 한다는 입장을 견지하고 있다. 앞으로도 중국은 한반도 문제를 중국식으로 해결해 나가고자 할 것으로 전망된다. 중국은 북중관계를 중국이 원하는 동양적인 질서에 기여하는 관계로, 한미관계는 중국이 요망하는 질서에 역행하는 관계로 인식하고 있다.[66] 따라서, 향후 중국과의 관계 발전 여하에 따라 한반도의 평화와 안정이 계속되거나, 안보상황이 크게 변화될 수 있음을 올바로 인식해야 한다.

한국은 한반도 안보상황의 급격한 변화를 사전에 예방하기 위해 중국과의 관계를 개선·발전시키는 노력을 배가해야 하며, 그 방법은 경제분야에서 찾아야 한다. 한국은 낙후된 중국의 내륙지역과 서부지역 개발에 적극 참여하여 우호적인 여건을 조성하고, 이를 기초로 정치·군사분야의 관계 개선을 강화하는 전략을 추구해야 한다. 또한 장기적인 안목에 따라 국가안보 역량을 지속적으로 강화하여 자주국방태세를 완비하는 한편, 상대적

---

65) 허태회, 「최근 한반도 정세 및 한미군사동맹관계 변화」, 『북한연구학회보』 제7권 제2호, 2003, p.350.

66) 송대성, 「중국의 대한반도 정책분석 및 대응전략」, 『合參』 제47호(2011), p.23.

으로 돈독한 북중관계가 안보상황 변화에 따라 언제든지 부담으로 작용할 수 있음을 고려하여 한미동맹 관계를 더욱 공고히 발전시켜 나가야 한다.

3) 일본과 러시아의 영향력 제고

일본은 1946년에 제정된 「평화헌법」에 따라 전수방위專守防衛, 비핵 3원칙, 비군사대국화를 방위정책의 기조로 유지하여 왔다. 제2차 세계대전의 패전국에서 경제대국으로 부활한 일본은 경제적 영향력을 정치·안보적 영향력으로 확대하여 국제사회에서 위상을 제고하기 위한 노력을 집요하게 추진하고 있다. 최근 들어 일본은 국력에 상응한 외교·안보적 위상을 제고하기 위해 중국의 영향력이 확대되는 것을 견제하고자 미일동맹과 국제적 협력을 강화하고 있다. 일본이 미일동맹을 강화하고자 하는 이유는 냉전시대에 주일 미군이 구 소련의 위협을 막는데 활용되었고, 주한 미군은 대륙으로부터의 위협을 한반도에서 막아주는 역할을 해왔기 때문이기도 하다.[67]

일본의 미일동맹 강화 방침은 역내질서를 주도하고자 하는 중국과 갈등을 빚고 있다. 실제로 중국은 지난 2002년에 발간한 『국방백서(中國的 國防)』에서 "일부 국가는 아시아·태평양 지역에서 군사배치와 군사동맹을 지속적으로 강화하고 있고, 어떤 국가는 군사력의 임무와 활동범위를 끊임없이 확대하고 있다"고 밝힌 바 있다.[68] 이와 같은 우려는 다양한 사태에 적응할 수 있는 탄력적 방위력 구축을 위해 북방지역에 집중 배치되어 있던 자위대를 전 지역에 균등하게 배치하는 것을 골자로 하는 「신방위계획 대강」을 채택한 1995년부터 예견되었다. 그 이유는 일본의 방위계획 전환은 러시아의 위협에 대비하는 기존의 '북방중시 방어태세'에서 탈피하여 중국과 한반도 사태에 대비하는 '서방경제 강화'로 전환될 것임을 내재하고 있었기 때문이었다.[69]

---

67) 강진석, 『한국의 안보전략과 국방개혁』(서울 : 평단문화사, 2005), p.351.
68) 국방정보본부, 『2002년 중국 국방백서』(서울 : 군인공제회 제1문화사업소, 2003), p.7.

2010년 12월 17일 일본 정부가 발표한 「신 방위계획 대강」에서는 중국의 군사력 현대화와 해상활동의 확대에 대해 군사 및 안보문제에 관한 불투명성이 역내는 물론 국제사회의 우려가 되고 있음을 지적하고, 핵실험과 장거리미사일 시험발사를 자행한 북한에 대해서는 '긴요하고 중대한 불안요소'로 지목하였다. 또한 미일동맹을 강화하고, 한국·호주·인도와의 협력강화를 명시함으로써 향후 일본과 중국과의 긴장이 확대될 가능성을 내포하고 있다.

요컨대, 동북아지역은 냉전종식 이후 미국이 강대국의 지위를 독점적으로 행사하였으나, 미일동맹의 강화, 중·러의 전략적동반자 관계의 구축이라는 새로운 양자관계가 형성되어 냉전적 갈등과 달리 경쟁 속에서 제한된 협력이 모색되기도 하였지만,[70] 여전히 정치·안보·군사적으로 불확실성이 높고 불안정한 지역으로 평가되고 있다. 앞으로도 일본의 역내 주도권 장악과 영향력 확대를 위한 기본 인식과 전략은 변하지 않을 것으로 전망된다.

러시아는 구 소련의 붕괴로 공산진영의 종주국 역할을 상실한 이후 강한 군사력이 뒷받침 되지 않으면 이전의 영광을 재현할 수 없다는 인식하에 국방개혁을 적극적으로 추진하여 대규모 병력 감축과 함께 상부 지휘구조를 개편하고 하부구조를 개선하였다. 러시아는 실익 위주의 대외 노선을 추구하여 중국·인도와 협조체제를 구축하였다. 특히, 중국과 전략적 동반자 관계를 구축하여 국제사회에서 미국의 일방주의를 견제하고 있다.

2008년 2월 푸틴(Vladimir Vladinirovich Putin)은 러시아가 1990년대의 위기상황에서 탈출하여 '강한 국가'로 국제사회에 복귀했다고 평가하였다. 또한, 동년 5월 메드베데프(Dmitry Anatoiyevich Medvedev) 대통령은 2001년 6월 발족된 상하이 협력기구(SCO : Shanghai Cooperation Organization)에 대해 군사동맹체가 아님을 일관되게 주장하였지만, 미국은 SCO의 견제 범위가 대만

---

69) 한국전략문제연구소, 『2002 동북아 전략균형』(서울 : 한국양서원, 2002), p.122.

70) 김계동 외, 『동북아 신질서, 경제협력과 지역안보』(서울 : 백산서당, 2004), pp.81~82.

과 한반도까지 포함되고 있음을 우려하여 미·러 간에 갈등을 빚기도 하였다.[71] 러시아는 국제사회에서 사안별로 협력과 견제를 병행하는 정책기조를 유지하면서 동북아 정치·경제상황의 급격한 변화를 새로운 위기와 기회로 인식하고 있는 것이다.

나. 북한의 위협 변화

북한의 한국에 대한 기본적인 인식은 "미국의 조종을 받고 있는 하수인이기 때문에 구원과 해방의 대상이고, 한국을 미국의 식민지에서 벗어나도록 하기 위해서는 항미 무장투쟁을 전개해야 하며, 한국정부와 통치권자의 권위 및 존재를 인정하지 않고 오직 타도해야 할 대상"으로만 규정하여,[72] 북한이 설정한 방식에 의한 강경정책과 온건정책을 통해 대한민국 정부를 길들이는데 주력하여 왔다.

1960년대에 북한은 한반도에서의 '배합작전'과 '제2전선작전'을 추구하였다. 그러나 1990년대 이후에는 북한의 전쟁수행능력으로 두 개의 작전을 성공적으로 수행하기에는 크게 제한된다는 사실을 인식하고, 이를 해결하기 위한 방법으로 대량살상무기와 특수작전부대 등의 비대칭전력을 활용한 도발을 자행하거나, 국가 정보통신망의 해킹, 또는 사이버공격을 자행하여 심각한 피해를 가하는 비군사적 도발을 감행하여 왔다.

이러한 북한의 의도는 대남정책에서 대결 국면을 유지 또는 강화하여 남북관계에서 주도권을 확보하면서 한국사회 내부의 이념 논쟁을 증폭시켜 정부의 대북정책 변화를 유도하고, 대미관계에서는 한반도의 정치·군사적 긴장을 조성하여 미국과의 직접 대화를 유도하며, 대내적으로는 경제난을 극복하면서 주민통제를 강화하여 김정은 세습체제의 결속을 다지기 위한

---

71) 김재관, 「미중 양국의 패권경쟁 심화와 상호 대응전략의 비교」, 『국제정치 논총』 제46집 제3호(2006), p.154.

72) 최진욱, 『북한의 대남 비방공세의 의도와 전망』(서울 : 통일연구원, 2009), pp.26~27.

것으로 해석할 수 있다.[73]

1) 북한의 핵 위협

대한민국의 안전을 위협하는 군사적 위협 중에서 가장 심각하고 당면한 위협이 북한의 핵 위협이다. 최근 남북관계를 급속하게 냉각시킨 천안함 피격사건, 연평도 포격도발 사건은 김정은 후계체제의 정통성을 확보하고, 한국으로부터 부족한 식량을 지원받고자 하는 북한의 의도가 담겨 있는 것으로 분석된다. 북한은 미국의 경고와 중국의 만류에도 불구하고 2차례에 걸쳐 핵실험을 강행하였다.

국제사회는 북한의 핵실험 강행 이후 비핵화로의 환원을 압박하기 위해 두 차례에 걸쳐 유엔 안전보장이사회의 결의안을 채택하여 제재를 가하였다. 그럼에도 북한의 핵 및 대량살상무기의 확산 위험은 북한의 경제난의 심화와 체제의 불안정성이 높아질수록 커지고 있으며, 향후 북한에서 불안정 상황이 발생할 경우 핵 확산 위험은 더욱 커질 것으로 전망된다.

북한의 핵 공격 능력 보유가 기정사실화 될 경우에는 북한이 협상의 지렛대를 갖게 될 뿐만 아니라 강력한 억제력을 보유하게 됨으로써, 한국은 대북관계에서 군사적인 수단보다는 정치적 협상에 의한 평화공존전략을 추구할 수밖에 없게 되어,[74] 수세적이고 피동적인 전략을 택하는 불리한 국면에 처하게 될 우려가 있다. 즉, 북한이 핵 폐기가 아닌 핵 군축을 주장하면서 미국과 국제사회가 핵 보유국으로 인정할 것을 요구하면, 이는 북핵 불용을 통한 한반도 비핵화를 전제로 벌여온 대북 협상전략의 근본적인 재검토를 요구한다는 점에서 중대한 변화를 초래하게 된다.[75]

북한의 핵 문제를 어떠한 방법으로 해결하는 것이 바람직할까? 북한은

---

73) 송영대, 『북한 대남협박의 의도와 우리의 대응』(서울 : 통일연구원, 2009), pp.2~3.
74) 권태영·노훈, 『한국군의 비대칭전략 개념과 접근방책』(서울 : 한국전략문제연구소, 2006), p.79.
75) 신성호, 「북한의 핵과 장거리미사일 개발이 동북아정세에 미치는 영향」, 『전략연구』 제48호 (2010), p.135.

미국을 향해 끊임없이 '북미 양자회담'을 통한 평화협정의 체결과 북한체제의 인정 및 인도적 차원의 경제지원을 요구하고 있지만, 미국은 미국이 인정하는 형태와 방식을 통한 핵 포기를 요구하고 있어 해결의 실마리를 찾기 어려운 국면이 계속되고 있다. 이를 해소하기 위해서는 지금까지의 북중관계를 고려하여 중국으로 하여금 북한을 설득하게 하는 방안을 생각해 볼 수 있다. 이는 제한적인 대북채널을 가진 한국의 입장에서 중국이 남북 간의 극단적인 대립을 해소하고 남북관계의 안정적 정착을 유도하는 역할을 할 수 있다는 측면에서 유용한 방안이기도 하다.[76)]

핵 개발을 체제유지를 위한 최고의 수단으로 간주하고 있는 북한이 기대하는 현실적인 목표는 국제적으로 핵 보유국으로 인정을 받는 것이며, 경제난 및 외교적 고립을 해소하고 북한식 사회주의와 강성대국을 건설하는 것이 최대의 목표라고 볼 때,[77)] 북한의 핵 문제에 관한 낙관은 금물이다. 한국은 북한이 핵무기를 체제 수호의 마지막 수단으로 간주하는 한 완전한 핵 포기가 쉽지 않다는 사실을 유의해야 한다. 핵 확산을 포기하겠다는 약속만으로도 위험을 해소할 수 있는 미국·일본과 달리 한국은 단 몇 개의 핵무기에 의해서도 인질이 될 수 있다는 점을 유의해야 할 이유가 바로 여기에 있다.[78)]

2) 비대칭 전력 위협

비대칭전은 정규전을 예상하고 있는 적에게는 비정규전으로 공격하거나, 재래식 전장에서 대량살상무기를 사용하겠다고 위협하는 것, 또는 실제로 사용함으로써 적대국과의 전력 균형을 파괴하는 전쟁수행방식을 의

---

76) 김강녕, 『한반도 평화안보론』(부산 : 신지서원, 2006), p.68.

77) 길병옥, 「북한의 핵 보유국 지위 획득 전략과 한국의 정책대응 방안」, 『한국동북아 논총』 제45집 (2007), p.8.

78) 김강녕, 「이명박정부의 대북정책 : 군사안보 분야」, 『통일전략』 제8권 제2호(2008), pp.242~243.

미한다. 비대칭 전력이란 핵무기, 생화학무기, 탄도미사일, 장사정포, 잠수함(정) 등 대량살상과 기습공격, 게릴라전이 가능한 무기로서 인명을 살상하는데 있어 재래식 무기보다 월등한 위력을 발휘하는 무기를 말한다. 북한은 2008년 신년 공동사설에서 2012년을 '강성대국 진입의 해'로 설정하고 이를 달성하기 위한 구체적인 방법으로 사상 강국, 군사 강국, 경제 강국 건설을 위한 총동원을 추진하였다. 또한 경보병부대의 증편과 야간 및 산악훈련 등 특수전 수행능력을 강화하고 있으며, 사이버전 능력 강화와 다양한 미사일의 개발, 잠수함 건조 등 비대칭 수단의 보강에 주력하면서, 비대칭 전력의 증강과 더불어 사상무장(의지)을 중심으로 수단(재래식 무기, 대량살상무기)과 방법(기습)의 비대칭 달성을 지속적으로 추구하여 왔다.

북한정권은 선군정치를 강조하면서 미국과 대등한 입장에서 협상을 하기 위해서는 군사력이 강해야 한다는 것을 최우선으로 여기고 있다. 이를 토대로 핵과 미사일 등 대량살상무기를 내세워 대외적인 협상력을 유지함으로써 대내적으로는 강성대국이 달성되어가고 있음을 선전하고 체제 결속을 다지는데 활용하고 있다. 이는 총체적인 위기상황에서도 군대를 우선적으로 구해야 할 뿐만 아니라 군대의 힘을 바탕으로 국가발전을 추구하겠다는 의도와 직결된다. 북한 정권은 대내외적인 여건이 극도로 악화된 상황에서 정권 유지에 군의 힘을 이용하기 위해 선군정치라는 슬로건을 내걸고 핵과 대량살상무기를 앞세운 비대칭 전략을 추구하였으며, 이는 김정일로부터 권력을 세습받은 김정은 체제에서도 지속될 것으로 전망된다.

한국에 있어 북한은 안보를 위협하는 존재이면서도 민족공동체를 형성해야 할 당사자이기도 하다. 남북관계는 동일한 민족이 남북으로 분단된 상태에서 전반적으로는 군사적 대치상태가 지속되는 가운데 부분적으로는 대화와 교류협력을 병행하여 왔다.[79] 한국은 6자회담을 통한 북핵문제의

79) 김강녕, 『한국의 안보와 남북관계』(부산 : 신지서원, 2004), p.213.

평화적 해결을 위한 노력을 지속하면서 동시에 한미동맹을 강화하여 대북핵 억제력을 구비하고, 영토와 주권을 수호하기 위한 국방력의 강화는 물론 국론의 결집을 통해 발생 가능한 다양한 상황에 대비해야 한다. 이를 위해 국방개혁, 즉 군정과 군령의 분리 또는 독립적인 행사를 포함한 군사제도의 개편과 더불어 강군육성을 위한 병역제도가 포함되어야 함은 재론의 여지가 없다고 하겠다.

다. 국내 안보환경의 변화와 병역제도의 발전 모색

1) 전시 작전통제권의 전환

작전통제권이란 작전계획이나 작전명령상에 명시된 특정한 임무나 과업을 수행하기 위하여 지휘관에게 위임된 권한으로서, 시·공간적 또는 기능적으로 제한된 특정 임무와 과업을 완수하기 위한 임무부여, 부대의 전개 및 재할당, 필요에 따라 직접 작전통제를 실시하거나 예하 지휘관에게 위임하는 권한을 말한다. 작전통제권 이양(Change of Operational Control)이란 부대 또는 단위부대의 작전통제에 대한 책임이 작전통제권자로부터 타 권한자로 이양되는 것으로서, 작전통제권이 변경되는 것을 의미한다.[80] 따라서, 전작권이란 작전통제권을 '전시'에 한정하여 행사하는 것으로 일반적인 작전통제권 보다 범위가 축소된 것이라고 할 수 있는데,[81] 그 예로는 전시에 한미 연합사령부가 각 구성군사령부를 작전통제하는 경우를 들 수 있다. 따라서 용어의 위계구조는 지휘권 → 작전지휘권 → 작전통제권의 순서가 된다.

한국군에 대한 작전통제 권한은 1950년 7월 14일 이승만(李承晩) 대통령이 당시 유엔군사령관 맥아더(Douglas MacArthur)에게 "현 적대상태가 계속되는 동안 한국의 육·해·공군에 대한 일체의 지휘권을 이양한다."는 공한을

---

80) 합동참모본부(2010), 전게서, p.275.

81) 국가발전미래교육협의회, 『전작권 전환과 대한민국의 안보』(서울 : 경성문화사, 2011), p.9.

발송하고, 이에 대해 맥아더가 무초(John J. Muccio) 주한 미 대사를 통해 "현적대행위가 계속되는 동안 한국 육·해·공군의 작전지휘권을 기꺼이 접수하겠다."는 답신을 보내 옴으로써 공식적으로 이양되었다.[82] 이후 1987년 대선 당시 노태우(盧泰愚) 후보가 작전통제권 전환을 선거공약으로 내세운 것을 계기로 한미 간의 협의를 통해 평시와 전시 작전통제권으로 구분하고, 그 중 평시 작전통제권은 1994년 12월 1일부로 한국군에 전환되었다.

전작권 전환 논의는 참여정부가 들어서면서 중요한 정책적 관심대상이 되었는데, 그 배경에는 한국과 미국의 각기 다른 요구와 필요성이 작용하였다. 한국은 6·15 남북 정상회담으로 진전된 남북 화해의 분위기와 외환위기의 극복에서 얻은 자신감을 바탕으로 안보분야에서의 지나친 대미 의존의 고착을 해소하고, 신장된 국가역량에 걸맞는 외교안보정책을 추진해야 한다는 인식에 따라 한미동맹의 역할 재조정 및 전시 작전통제권의 전환을 모색하게 되었다.

반면, 미국은 9.11테러 이후 주한 미군의 역할과 성격을 '주둔하는 군대'에서 자유롭게 '들고 나는 군대'로 변화를 추구함으로써 양국의 이해관계가 일치하여 미래 한미동맹정책구상(Future of the Alliance) 및 한미 안보정책구상(Secu-rity Policy Initiative) 등을 통해 전작권 전환을 협의한 다음, 고故 노무현(盧武鉉) 대통령이 2006년 광복절 경축사에서 "전작권 환수는 나라의 주권을 바로 세우는 일이며, 국군통수권에 관한 헌법정신에도 맞지 않는 비정상적인 상태를 바로잡는 일"임을 공표하면서 촉발되었다.

2007년 2월 23일 워싱턴에서 개최된 한미 국방장관 회담에서 2012년 4월 17일을 기해 전작권을 전환하기로 합의하였으나, 2009년 5월 25일 북한의 2차 핵실험으로 한반도 안보상황의 불안정성이 증대되고, 2009년 11월의 대청해전, 2010년 3월의 천안함 피격사건으로 인한 안보상황 악화, 그리

---

82) 한국국방안보포럼, 『전시작전통제권의 오해와 진실』(서울 : 플래닛미디어, 2006), pp.277~278.

고, 2012년의 한국·미국·러시아의 대선 및 중국의 지도부 교체 등 국내외 안보상황의 유동성 측면, 전작전 전환을 위한 필수전력인 C^4ISR(Command Control Communication Computer Intelligence Surveillance Reconnaissance) 체계와 조기경보기 도입, 대對화력전 능력 보강, 지상작전사령부 창설 등 한국군이 완전한 지휘구조를 구비하는 시기가 2015년이 된다는 측면, 전작권 전환의 연기를 희망하는 여론의 비등을 고려하여 2010년 6월 27일 한미정상회담을 통해 전작권의 전환 시기를 2015년 12월 1일로 재조정하였다.[83]

2) 저출산·고령화시대의 도래에 따른 병역자원의 감소

국내 안보환경 변화의 또 다른 요인은 한국이 저출산·고령화시대로 진입하는데서 오는 제반 문제점 중 병역자원의 감소가 불가피하다는 점이다. 한국의 출산율은 지속적으로 저하되고 있고, 평균 수명의 연장으로 인구의 고령화가 빠른 속도로 진행되고 있다. 일반적으로 전체인구 중에서 65세 이상 노인인구의 비율이 7%를 넘으면 '고령화 사회'라고 한다.

한국의 연평균 인구 증가율은 1960년부터 1965년까지는 2.95%로 높은 증가율을 보였으나, 1995년부터 2000년까지의 평균 증가율은 0.85%로 낮아졌으며, 2000년부터 2005년에는 0.48%를 기록하였다. 이러한 추세를 고려하면 2020년에는 0.02%, 2025년에는 -0.09%를 나타낼 것으로 예상되고 있다. 청소년 인구의 증가율은 1960년부터 1965년까지 2.92%로 평균 인구 증가율과 비슷한 수준이었으나, 1980년 1.75%, 1985년 -0.06%로 급격히 감소되었으며, 2015년에는 -1.68%, 2020년에는 -2.77%, 2030년에는 -1.78%가 될 것으로 전망되고 있다.[84] 이처럼 출생률이 감소하고 고령인구가 증가하게 되면 생산력의 감소와 사회비용 증가 등의 사회·경제적인 문제를 초래하며 특히, 군 인력관리의 관점에서 볼 때 저출산으로 인한 병역자원의 감

83) 국방부, 『2010 국방백서』(서울 : 국방부, 2010), pp.66~67.

84) 여성가족부, 『2010 청소년 백서』(서울 : 대한정보인쇄, 2010), pp.37~38.

소 또는 부족현상이 대두될 것으로 예상된다.

국가는 병역자원의 수요와 공급을 고려하여 병역제도를 채택하고 병사의 복무기간을 설정하게 된다. 그러나 병역제도를 바꾸는 것은 국민적 합의와 의사결정에 장기간이 소요되기 때문에 통상의 경우 복무기간의 증가 또는 축소의 방법을 적용하게 된다. 환언하면, 병역을 이행할 대상 자원이 적고 병력의 보유 규모가 클수록 군 복무기간이 길어지며, 병역자원이 적고 병력의 규모가 작아지면 군 복무기간도 줄어들게 된다.[85] 그런데, 문제가 되는 것은 국방개혁 2020에 의한 병력감축 계획이 현재도 유효하다는 사실이다. 국방개혁 2020에 반영된 병력감축 계획은 〈표 7〉과 같다.

〈표 7〉 국방개혁 2020에 의한 병력감축 계획

단위 : 만명

구 분	계	육 군	해 군	해병대	공 군
2005년	68.1	54.8	4.1	2.7	6.5
2009년	65.5	52.2	4.1	2.7	6.5
2020년	51.7	38.72	4.1	2.38	6.5
증 감	-16.4	-16.08	·	-0.32	·

출처 : 국방부, 『정예화된 선진강군 육성을 위한 국방개혁』(서울 : 국방부, 2009), p.14.

국방개혁에 의해 감축해야 할 병력의 규모는 정해져 있지만 북한의 군사적 위협이 상존하고 있고, 국방재정의 안정적인 확보가 불확실한 상황에서 계획된 첨단무기체계를 구비하는 것이 현실적으로 어렵다고 볼 때,[86] 병력감축에 관한 판단이 목표년도인 2020년에 맞추어져 있다는 점은 향후 국방개혁의 추진 과정에서 논란과 함께 병역자원의 심각한 부족 현상이 안보환경의 중대한 변수로 작용할 것으로 전망된다.

---

85) 전일국, 「국방개혁 2020 추진에 따른 병역제도 개선에 관한 연구」, 국방대학교 연구논문(2006), p.17.

86) 이상우, 「국방개혁에 대한 몇 가지 소감」, 『한국의 국방개혁 어떻게 구현할 것인가?』(서울 : 한국국방안보포럼, 2011), pp.2~3.

2. 행정부별 병역제도 분석

가. 제1공화국과 제2공화국의 병역제도

대한민국은 광복과 더불어 독립국가를 건설하여 영토와 주권을 수호할 수 있는 국가방위의 역량을 구비하는 것이 당면한 과제였다.[87] 그러나 대한민국 정부가 수립될 때까지 국가체제의 정비는 미 군정이 담당하였다. 그 이유는 우리 민족이 스스로의 힘으로 일제와 싸워 독립을 쟁취하지 못한 점과, 제2차 세계대전에서 연합국이 승리하였지만 영국과 프랑스의 국력은 쇠퇴한 반면, 미국이 강화된 위상을 바탕으로 서방진영의 지도국으로서 민주주의를 수호하고, 공산세력의 확장을 저지할 수 있는 유일한 대안으로 자리매김 되었기 때문이었다. 그 결과, 미국은 한국에 대해 미·영·중·소의 신탁통치를 거쳐 독립국가를 만들어 유엔의 회원국이 되게 한다는 목표를 설정하였다.[88]

미국은 미 군정청(United States Army Military Government in Korea)의 계획에 따라 국가의 기반을 구축하고, 치안질서를 유지하고자 했기 때문에 우리 국민은 정부가 수립될 때까지 국가의 주인으로서 대표자를 선출하여 해방 전후의 혼란하고 어수선한 정국을 수습하고, 다양한 정파의 이해관계를 조정하면서 사회적 합의와 국민적 의견수렴을 통해 독립국가로서의 면모를 갖추어 나가는데 있어 주도적인 역할을 하지 못하였다. 이에 따라 개화기와 일제 식민지시대에 근대문명을 학습하고 실천해 온 근대화 세력과 해방 이후 미국을 따라 들어온 자유민주주의 세력의 결합에 의해 성립된 대한민국의 제1공화국과 제2공화국 시대는 공산세력의 도전을 물리치면서 자유민주주의체제 국가의 기틀을 다졌던 시기이기도 하다.[89]

---

87) 국방부 군사편찬연구소, 『建軍史』(서울 : 정문사 문화주식회사, 2002), p.71.

88) Department of State, *Foreign Relations of the United States : The British Commonwealth and the Far East* (Washington, D.C : Government Printing Office, 1969), pp.1073~1074.

89) 교과서 포럼, 『한국 현대사』(서울 : 도서출판 기파랑, 2009), p.34.

한편, 이 시기는 사회 여러 분야의 시행착오가 여과 없이 드러나 정부의 정책과 제도가 효율적으로 정비되지 못한 시기이기도 했다. 이로 인해 국방조직의 편성에 의한 병역제도의 시행에서도 많은 문제점이 대두되었다. 제1공화국과 제2공화국의 병역제도에 영향을 미친 요인을 안보환경의 변화, 정부의 정책, 경제적 요인, 사회적 요인으로 살펴보면 다음과 같다.

1) 안보환경의 변화

가) 제1·2공화국의 안보환경

일본이 연합국에게 무조건 항복을 발표한 후 미국의 태평양지역 연합군 최고사령관 맥아더는 1945년 9월 2일 일본의 항복서명을 접수한 다음, "한반도에서 일본군의 항복은 38도선 이북지역에서는 소련이 접수하고, 38도선 이남지역에서는 미국이 접수한다."고 천명하였다.[90] 한반도의 분단과 관련하여 명시적인 국제적 합의가 없던 상황에서 미국의 '군사적 편의주의'에 따른 임시조치로 인해 대한민국은 남북으로 분단되었던 것이다.[91]

38도선을 경계로 하여 남쪽에서는 유엔총회의 결의에 따라 인구비례에 따른 남북한 총선거를 실시하여 새로운 정부를 세우고자 하였으나, 소련의 거부로 남한만의 총선거를 통해 대한민국 정부가 수립되었다. 한편, 38도선 이북지역에서는 스탈린(Joseph V. Stalin)의 지시에 따라 소련의 전폭적인 지원을 받은 김일성을 중심으로 독자적인 정부수립을 위해 중앙행정조직인 「북조선 임시인민위원회」를 결성하고 토지개혁과 주요 산업의 국유화 조치 등을 거쳐 「조선민주주의 인민공화국」을 수립하였다.[92]

따라서, 대한민국 정부수립 이전까지는 안보환경 면에서 전 국가적 역량을 경주해야 할 정도로 당면한 대외적인 위협은 없었지만, 제2차 세계대전

---

90) James F. Schnabel, "Policy and Direction"(Washington, D.C. : Office of the Chief of Military History United States Army, 1972), p.7.

91) 교과서 포럼(2009), 전게서, p.38.

92) 박효종 외, 『건국 60년 위대한 국민 새로운 꿈』(서울 : 문화체육관광부, 2008), pp.38~40.

종전 이후 세계질서의 재편 과정에서 세력 확장을 추구한 미국과 소련의 한반도 정책으로 인해 한국의 안보에 크게 영향을 미칠 요인들이 태동되던 시기였다.

정부수립 이후의 안보환경은 급격하게 변화되었다. 정부수립 이후에는 과거 일본군·중국군·만주군·광복군 출신의 군 경력자들이 만든 사설 군사단체와 각종 청년단체가 난립된 혼란한 사회기강을 바로잡고 국내의 치안 질서를 유지하는 것이 당면한 과제였지만, 주한 미군이 철수함에 따라 대한민국은 스탈린의 사주(使嗾)와 모택동(毛澤東)의 배후 조종을 받은 북한 공산집단의 한반도 공산화 기도에 대비해야 하는 위협에 직면하였다.[93]

설상가상으로 트루먼(Harry S. Truman) 미 대통령은 합동참모본부(Joint Chiefs of Staff)에서 행한 연설에서 "미국은 한국으로 인하여 전쟁에 개입하는 일이 없도록 한국 사태에 너무 깊이 개입하지 말라."[94]는 취지의 연설을 함으로써 한국에 대한 무관심 정책을 표명하고, 1950년 1월에는 미국의 극동 방위선(Acheson Line)에서 한국과 대만(자유중국)을 제외한다고 발표하였다. 이는 한국과 대만이 공산세력에 의해 공격을 받았을 때 안전보장을 할 수 없다는 사실을 분명히 한 것이었다.[95] 요컨대, 미국은 유럽지역에서 소련의 팽창정책을 저지하는데 주력하고, 동북아시아에서는 일본에 절대적인 관심을 경주함으로써 한국의 전략적 가치는 공산세력의 확장을 저지하면서 일본을 보호하기 위한 전초선 정도로 낮게 평가하였다. 또한 정부수립을 전후하여 정부를 전복할 목적으로 공산주의자들의 대남공작에 의해 발생한 제주도 폭동과 여수·순천반란사건, 대구반란, 제8연대 예하 2개 대대 병력의 월북사건, 38도선 상에서의 빈번한 도발행위 등으로 안보상의 취약점이 드러나기 시작하였다.[96] 북한은 한반도의 공산화를 목적으로 스탈린

93) 서동만, 『북조선 사회주의체제 성립사』(서울 : 선인출판사, 2005), pp.259~260.
94) 문창주, 『한국정치론』(서울 : 일조각, 1977), p.112.
95) 정명복, 『잊을 수 없는 생생 6·25전쟁사』(경기 파주 : 집문당, 2011), p.41.
96) 국방군사연구소, 『1945~1994 국방정책변천사』(서울 : 국방군사연구소, 1995), p.45.

과 모택동의 사전 승인을 받아 1950년 6월 25일 전 정면에서 기습적으로 남침을 개시하여, 1953년 7월 27일 휴전협정이 조인될 때까지 전쟁을 계속함으로써 엄청난 인적·물적 피해와 손실이 발생하였다.

1960년 4·19민주혁명으로 이승만이 하야한 이후 과도정부에서 개정한 헌법에 의해 출범한 제2공화국의 안보위협은 남한 내 급진세력의 '반외세 민족주의, 중립화 통일' 주장의 허구성과 정치적 혼란 상황을 이용한 북한의 남북 연방제 제안 등의 사례에서 볼 수 있듯이, 남북관계는 같은 민족이면서도 군사적으로는 직접 대치하고 있는 적이라는 이중적인 대상으로 더욱 고착화 되었다.[97]

광복 이후의 군사력 강화를 살펴보면, 미 군정청은 혼란한 사회기강을 바로잡고 질서를 유지하기 위해 군정법령 제28호를 공포하여 군정청 내에 국방사령부(Office of the Director of National Defense)를 설치하고 사설 군사단체를 해체하는 한편 정규군의 창설에 착수하였으나, 맥아더의 우려 표명과 미합참 및 국무부의 결정에 의해 시행되지 못하였다. 그 대신 정치적 시비에 휘말릴 여지가 없는 경찰예비대를 편성하여 각 도道 단위에 주둔시켜 경찰을 지원토록 하고, 비상시에 동원하여 국가방위에 활용한다는 뱀부계획(Bamboo Plan)이 승인되어, 1946년 1월 15일 국방경비대 제1연대가 창설된 것을 시초로 11월 16일까지 9개 연대가 창설되었다. 이로써, 국방경비대가 창설되어 공식적 단일조직인 국군으로 통합되었다.[98]

정부수립 이후에는 북한의 대남도발 등의 변화된 안보위협에 적극적으로 대처하면서 국민의 생명과 재산을 보호하기 위한 군대의 필요성이 대두되었다. 군에서는 초창기의 이념적인 혼돈상태를 극복함과 동시에 공산세력의 군내 침투를 차단하기 위해 4차에 걸쳐 대대적인 숙군肅軍을 실시하였다. 또한 미국과의 잠정 군사협정(1948. 8. 24)에 의해 남조선 국방경비대의

97) 김강녕(2004), 전게서, p.213.

98) 국방군사연구소 편, 『건군 50년사』(서울 : 국방군사연구소, 1998), p.29.

지휘권을 대한민국이 행사하게 되면서 부대를 확장하여 1949년 5월에는 총 8개 사단, 22개 연대와 95,000여 명의 병력을 보유한 군대로 성장하였다.

그러나, 이 같은 노력에도 불구하고 소련의 집중지원을 받았던 인민군에 비해 국군의 군사력은 열세한 상태였다. 1950년 6월 24일을 기준으로 국군의 총 병력은 103,827명이었던데 비해 인민군은 201,050명으로서 인민군이 2배 우세하였으며, 장비면에서도 국군은 미군으로부터 인수받은 노후 장비로 무장하고 있었으나, 인민군은 소련에서 도입한 전차와 자주포 등의 신형장비로 무장되어 있었다. 특히, 교육훈련과 전투경험 면에서 국군은 일부부대만 대대급 훈련을 실시하고 실전경험은 없었던데 반해, 인민군은 사단급 기동훈련까지 완료한 상태에서 대부대 전투지휘 경험을 가지고 있어 절대적으로 우세한 전력으로 기습적인 남침을 감행하였다. 6·25전쟁 직전 국군과 인민군의 군사력 비교는 〈표 8〉과 같다.

〈표 8〉 6·25전쟁 직전 국군과 인민군의 군사력 비교

구 분	국 군	인민군	비 고
병 력	103,827명	201,050명	1 : 2
전 차	없 음	242대	소련제
야 포	91문	728문	1 : 8
항공기	22대	211대	1 : 10
교 육 훈 련	대대급 훈련 완료 (16개 대대)	사단급 기동훈련 및 보·전·포 협동훈련 완료	
전 투 경 험	대부분 비정규전 경험 *공비토벌, 38선상 분쟁	·한인계 중공군 : 28,000명 ·한인계 소련군 : 5,000명	
	소수의 일본군 지휘관 → 소부대 전투지휘 경험	다수의 팔로군출신 지휘관 → 대부대 전투지휘 경험	

출처 : 정명복, 『잊을 수 없는 생생 6·25전쟁사』(경기 파주 : 집문당, 2011), p.44.

국군이 창설된 지 2년도 채 안된 시점에서 공산집단과 싸워야 했던 6·25 전쟁은 우리 민족의 의사와는 무관하게 맞이한 국토분단(1945년)과 정치적 분단(1948년)을 민족분단(1950년)으로 심화시켜 남북분단의 고착, 동족간의 불신감 증대, 적대감을 심화시키는 결정적인 요인으로 작용되었으며, 국제적으로는 한반도가 냉전체제 하에서 미국을 위시한 자유진영과 소련을 주축으로 한 공산진영의 세력 확산을 위한 전초기지가 되는 계기가 되었다는 점에서,[99] 건국 이후 국가발전에 전념하지 못한 요인이 된 민족의 불행이었다.

휴전협정 이후에는 공산세력의 안보위협에 적극적으로 대처하기 위해 미국과 상호방위조약(Mutual Defense Treaty)을 체결하고, 미국 정부도 조약의 목적이 외부의 침략으로부터 한미 양국을 보호하기 위한 결의를 취하는데 있음을 분명히 하였다.[100] 이후에도 정부는 국군의 군사력 증강을 지속적으로 추진하여 총 72만 명의 대규모 병력을 보유하였으나, 이를 유지하기 위한 국가재정의 부담이 과도한 측면과 막대한 군사원조가 제한되는 미국의 입장을 수용하여 육군 93,460명, 해병대 1,500명을 감축하고 해군 1,600명, 공군 3,360명을 증원하였다.[101]

나) 안보환경 변화가 병역제도의 변화에 미친 영향

제1공화국과 제2공화국의 안보환경 변화가 병역제도 정립과 발전에 미친 영향은 지대하였다. 광복 이후로부터 정부수립 이전까지의 시기에는 미군정에 의해 공포된 군정법령 제28호가 미국의 한반도정책에 의해 시행되지 못하였으며, 병역제도가 정립되지 않은 상태에서 뱀부계획에 따라 국방경비대를 창설하는 등 미국 정부와 군정 지휘관의 필요와 판단에 의해 타율

99) 김강녕, 「6·25전쟁과 남북한 관계」, 『통일전략』제10권 제1호(2010), p.81.

100) U.S. Senate Committee on Foreign Relations, "Hearing : Mutual Defense Treaty With Korea" (Washington, D.C : Government Printing Office, 1954), p.83.

101) 국방군사연구소 편(1998), 전게서, p.162.

적으로 결정되었다. 정부수립 이후에는 국방부의 직제 편성에 따라 각 군이 창설됨으로써, 병역제도의 정립이 요구되어 국민개병주의에 입각한 의무병제도를 골간으로 하는 최초의 병역법이 제정·공포되었다(법률 제41호, 1949. 8. 6).

최초로 제정된 병역법은 이후의 병역제도를 발전시키는 제도적인 틀이 되었다는 점에서 법령에 포함된 세부 내용이 무엇인가를 살펴보는 것은 매우 큰 의미가 있다. 병역법 제1조는 "대한민국의 국민된 남자는 병역에 복무하는 의무를 진다."고 명시하여 의무병 제도를 반영하고 있으며, 제2조는 여자와 병역에 복무하지 않는 남자에게 지원에 의한 복무를 허용하고 있다. 최초의 병역법에 명시된 역종役種과 군별 복무연한 및 취역就役 구분을 정리하면 〈표 9〉와 같다.

〈표 9〉 최초의 병역법에 명시된 역종, 군별 복무연한, 취역구분

구분	역종	복무연한		취역구분
		육군	해군	
제1항	현 역	2년	3년	현역병으로 징집된 자, 호국병으로 편입된 자가 복무. 현역병은 재영在營
제2항	예비병역	6년	5년	현역 또는 호국병역을 필한 자가 복무
제3항	후비병역	10년	10년	현역 병역을 필한 자가 복무
제4항	호국병역	2년	3년	실역에 적합한 자로서 호국병으로 징집된 자가 자택에서 기거 원칙으로 복무
제5항	제1 보충병역	14년	1년	실역에 적합한 자로서 2년 소요의 현역 및 호국병역의 병원수를 초과한 자 중 소요의 인원이 복무
제6항	제2 보충병역	14년	14년	실역에 적합한 자로서 현역, 호국병역, 제1보충병역에 징집되지 않은 자가 복무
제7항	제1 국민병역	·	·	후비병역을 필한 자와 제1·2보충병으로 해당 병역을 필한 자가 복무
제8항	제2 국민병역	·	·	상비·호국·후비·보충병역, 제1 국민병역이 아닌 17세~만 40세의 남자가 복무

앞의 〈표 9〉에서 보는 바와 같이 최초의 병역법에서는 병역을 상비병역, 호국병역, 후비역, 보충병역, 국민병역으로 구분하고, 상비병역은 다시 현역 및 예비역으로, 보충병역은 제1 보충병역과 제2 보충병역으로, 국민병역은 제1 국민병역과 제2 국민병역으로 구분하고 있다. 또한 현역병으로서 품행이 단정하고 학술 또는 근무성적이 우수한 자와 정원에 초과된 자는 재영기간在營期間을 단축할 수 있도록 하고(제13조), 본인이 아니면 가족의 생계를 유지할 수 없는 자는 확증이 있을 경우 현역을 면제하고(제19조), 징집의 연기사유를 구체화 하였으며(제38조~제45조), 병역 또는 소집을 면할 목적으로 도망을 가거나 고의로 신체를 훼손한 경우, 병역을 면제받게 할 목적으로 공직자 또는 의사가 허위로 증명서와 진단서를 발급할 경우의 벌칙을 명시하는 등 현대적인 법령체계를 구비하였다.

또한 병역법을 보충하기 위한 병역법시행령이 제정되었으나(대통령령 제281호, 1950. 2. 1.). 6·25전쟁이 발발함으로써 병역법에 의한 병력의 충원이 제대로 이루어지지 못하여 가두소집과 강제모병, 자원입대 등 다양한 경로로 병력을 충원하였으며, 이를 보완하기 위해 병역법을 개정하였다(법률 제203호, 1951. 5. 25.). 휴전 이후에는 안보환경의 변화에 대비하고 확장된 부대를 유지하기 위해 병역의무 대상자에 대한 균등한 병역부과와 자원관리의 효율성 제고, 병역 기피자 단속 등 병무행정의 쇄신이 요구되어 또 다시 병역법을 개정하였다(법률 제444호, 1957. 8. 15.).

앞서 살펴본 바와 같이 광복 이후 국군의 창설과정은 미 군정과 미국이 주도하였지만 정부수립 이후에는 대한민국이 주도하였다. 특히, 자체의 역량과 국민적 합의를 바탕으로 최초의 병역법을 제정하여 병역제도를 바로 세우고자 노력했던 점과, 신생독립국으로서 국가체제가 정비되기 전에 전쟁을 치러야 했던 당시의 상황을 감안한다면 제도 적용의 시행착오를 극복하고 자유민주주의를 수호하는데도 기여했다는 점에서 높이 평가되어야 한다.

2) 정부의 정책

가) 제1·2공화국의 정부정책

정책이란 바람직한 사회 상태를 이룩하려는 정책목표를 달성하기 위해 필요한 정책수단의 활용에 대해 정부기관이 공식적이고 의도적으로 선택하는 기본방침 또는 행동지침을 의미한다. 그러나, 광복 이후 대한민국은 정부가 주도적으로 정책을 수립하고 집행한 후에 그 성과를 평가하여 환류시키는 과정을 직접 담당하지 못하고, 일부 인사들이 미 군정에 간접적으로 참여하여 경험하는 수준에 그칠 수밖에 없었다. 그 이유는 국가체제가 정비되기 이전에 미군에 의해 군정이 실시됨으로써 각종 정책을 계획하고 주도할 기회 자체를 가질 수 없었던 정책 환경의 제약요소 때문이었다.[102]

정부수립 이후 대한민국은 유엔이 승인한 주권국가로서 외교와 국방을 포함한 모든 정책을 주도하였다. 일반적으로 정부의 정책 의지와 강도는 특정의 정책은 물론 전체 국가정책의 추진방향에 지대한 영향을 미치게 되며, 지배 엘리트의 선호와 가치의 표현이 공공정책이 되기도 한다. 환언하면, 공공정책이 국민의 요구와 기대를 반영하는 것은 당연한 사실이지만, 실제로는 능력이 탁월한 개인이나 소수집단의 의견이 정책의 모습으로 변화되어 우선적으로 추진되기도 하는데, 대통령이 특별한 관심을 가지는 정책 또는 사업의 집행은 다른 어떤 정책이나 사업보다 순조롭게 진행되기 마련이다.[103]

제1공화국은 남북통일과 산업재건을 2대 국가목표로 선정하고, 이 목표를 달성하기 위해 국방, 치안, 내무, 산업, 문교, 사회, 외교, 식량, 대일對日 배상요구 등의 9개 항목을 당면한 정책으로 발표하였다.[104] 당시 대통령의 특정 정책에 대한 지대한 관심 표명과 의지는 정부정책의 집행에서 우선순

102) 정정길, 『정책학 원론』(서울 : 대명출판사, 2002), p.112.

103) 유훈 외, 『정책학』(서울 : 법문사, 1982), p.115.

104) 조영갑, 「한국 국방정책의 역사적 변천과 특징 정립에 관한 연구」, 『軍史』 제64호(2007), p.268.

위를 차지하였으며, 그 대표적인 예가 바로 이승만정부의 안보정책과 국방정책이었다. 특히, 안보정책과 국방정책은 병역제도의 정립과 발전에 직접적으로 영향을 미친 요인으로서, 이를 세부적으로 살펴보면 다음과 같다.

제1공화국은 미국과 소련이 경쟁적으로 세력 확산을 추구하던 냉전시대의 국제질서를 극복하고 대한민국의 위상을 제고하기 위해 무력에 의한 '북진통일정책'을 안보정책으로 채택하였다. 그러나, 이는 목표를 실현할 수 있는 수단이 확보되지 않았던 6·25전쟁 전의 상황과, 전후 북진통일정책의 실행 가능성을 고려해 볼 때 구체성이 결여된 선언적인 의미를 지닌 정책이었고, 한편으로는 북한공산집단의 군사적 도발을 사전에 억제하고자 했던 전략적 의미가 내포된 정책이기도 하면서, 통일에 대한 염원이 강했던 당시의 국민정서를 반영하여 정책으로 추진하기 위해 미국으로부터 군사적 지원을 받아 무력에 의한 북진통일을 하고자 했던 의지의 표현으로도 볼 수 있다.

이승만이 주장한 북진통일정책은 대내적으로는 국민의 열망과 기대에 부응하고, 국군의 사기를 진작시킴과 동시에 대외적으로는 냉전시대 미·소간의 체제경쟁이 가속화되는 상황에서 약소국이었던 대한민국의 역량을 과시하고자 한 정치적 제스처(gesture) 측면으로도 해석할 수 있지만, 이후의 가시적인 조치가 실제로 진행되었던 사실에 비추어 본다면 단순한 의미의 선언, 또는 억제전략 목적의 구호성 정책이라기 보다는 정부 차원의 일관된 국가안보정책으로 설정하여 적극적으로 추진하고자 했음을 알 수 있다.[105]

또한 이승만정부는 '연합국방'과 '의존적 자주국방'을 국방정책으로 채택하였다. 연합국방의 개념은 모든 우방들의 호의와 도움 없이는 한반도 문제의 해결이 어렵다는 전제하에 미국과의 동맹체제 유지 및 강화가 대한민

---

105) 국방부 군사편찬연구소, 『한미 군사관계사 : 1871~2002』(서울 : 국방부, 2002), p.471.

국의 국가안보에 절대적으로 긴요하고, 공산세력의 위협에 대처하는 가장 확실한 수단이라는 인식에 기초한 판단이었다. 이승만정부의 의존적 자주국방 정책은 당시 미국의 동북아지역 군사전략이었던 평시의 '제재적 억제전략'과 전시의 '수세적 방위전략'에 기초한 한국군의 군사전략을 통해서도 알 수 있다.[106)]

제2공화국 정부정책의 핵심은 경제개발에 초점이 맞추어져 있었고, 국방정책은 감군을 통한 개혁과 정군에 집중되었다. 장면(張勉)정부가 이 같은 정책을 추진한 이유는 경제불황으로 인한 국민경제의 위축과 정부예산 중에서 국방예산이 차지하는 비중이 과다했기 때문이었다. 장면정부의 감군정책은 이승만정부와 비교된다. 이승만은 1957년 미국 정부로부터 군 병력의 규모를 72만 명에서 10만 명으로 감축하라는 통보를 받고 1958년에 9만여 명을 감축하였지만, 장면정부는 군 병력의 감축문제를 정책 의제화하고, 미국 정부와의 정책 조율을 통해 5만 명으로 조정한 후 최종적으로 3만 명을 감축하였다. 또한, 집권 초기에 군 개혁의 방편으로 의욕적으로 추진했던 정군작업의 강력한 시행에도 불구하고 군부의 반발과 안보상의 이유로 성과를 거두지 못하고 6개월 만에 종료함으로써 실패로 끝나고 말았다. 이렇게 볼 때 제2공화국은 정부가 정책을 수립하고, 이를 시행하여 그 성과를 평가할 수 있는 충분한 기회와 시간을 갖지 못했기 때문에 이렇다 할 가시적인 성과를 거두지 못한 것으로 평가할 수 있다.

나) 정부의 정책이 병역제도의 변화에 미친 영향

이승만의 군사력 건설 정책을 뒷받침하기 위해 정부에서는 국군조직법(법률 제9호, 1948. 11. 30.)과 국방부직제령(대통령령 제37호, 1948. 12. 7.)을 공포하여 법적·제도적 장치를 구축함으로써 통위부를 국방부로, 조선경비대와 조선해안경비대를 각각 대한민국 육군과 해군으로 편입하고, 육군의 사단

106) 차동길, 「북한의 군사전략과 한국의 군사전략 발전방향」, 국방대학교 연구논문(2010), p.21.

편성과 해군의 함대 조직 및 공군의 독립을 추진하였다.[107] 이와 함께 「국가보안법」을 제정 및 시행하고, 조선경비대 사관학교를 육군사관학교로 개칭하여 우익단체의 청년들을 입교시켜 자주와 독립, 반공과 민주이념 교육을 강화하는 한편, 미 군사고문단의 반대를 무릅쓰고 국방부 정훈국과 대북 첩보부대를 창설하였다.

또한 국군의 정신무장을 강화하기 위해 대통령령 제282호로 「국군 3대 선서문」과 「국군맹서」를 제정·공포하는 등 통일과업의 완수에 진력할 수 있는 기반을 튼튼히 하였으며, 육군의 각 병과학교를 창설하여 장교 양성 및 보수교육을 실시하였다. 아울러 여자고등학교와 여자대학교의 학도호국단 간부 학생들을 훈련시키기 위한 여자 청년호국대 지도자 훈련을 실시하고, 이 중 우수자를 재소집하여 장교로 임관시켰으며, 전문 간호인력의 필요에 따라 면허를 가진 간호사들을 간호장교로 임관시키는 등 여군이 국방의무를 담당하는 제도적 기반을 구축하였다.[108]

군사력 건설 측면에서는 국군조직법에 근거하여 기존의 여단을 사단으로 승격시키고, 추가로 1개의 보병사단과 수도경비사령부를 창설함으로써, 총 8개 사단 22개 연대로 보강되었다. 6·25전쟁 기간의 전력 증강은 미 국방성의 '한국군 증강계획'에 따라 전쟁수행을 위한 사단 및 군단급 부대의 편성이 꾸준히 진행되어 휴전이 성립될 당시에는 3개 군단과 20개 사단으로 증편되었다. 이후 미국의 본격적인 군사원조에 힘입어 72만명 수준의 증강된 군사력을 1958년까지 유지하였다.

이처럼 창군 초기의 혼란 상황과 대미對美 외교의 어려운 여건하에서 이승만정부는 연합국방을 지속적으로 추진하였지만, 이는 어디까지나 미국의 지원에 기댈 수밖에 없는 의존적 자주국방이라는 한계를 안고 있었다. 그럼에도 불구하고, 이승만을 비롯한 이범석·신성모 국방장관과 건군 초

107) 국방부 군사편찬연구소(2002), 전게서, p.413.
108) 민경자, 「여군의 창설과 발전」, 『軍史』 제68호(2008), pp.325~326.

기 국군의 지휘관들이 유비무환의 정신과 사상을 일관되게 견지한 상태에서 장차 다가올 국가적 위기상황에 대비하여 미리 준비하는 치밀함을 보인 것에서 자주국방과 군사력 증강을 얼마나 중요하게 생각하고 실천했는지를 유추해 볼 수 있다. 실제로 이승만은 휴전에 반대하고 한반도 통일의 달성을 주장하였으며, 휴전 이후에는 미국에 대해 전후 복구를 위한 대규모 경제지원을 요청하기도 하였다.

제1공화국의 정부정책은 병역제도의 변화에 크게 영향을 미쳤다. 정부의 정책을 뒷받침하기 위한 병역제도의 변화를 살펴보면, 「국군조직법」과 「국방부직제령」 등 국방관계 법령을 제정·공포하고 최초의 병역제도는 지원병제도를 채택하였다. 그러나, 국가체제가 정비되지 않은 상태에서 군사력의 질적 수준을 제고하기 어렵다는 문제점과 함께 군정을 위해 주둔한 미군이 장차 본국으로 철수할 것에 대비하고, 현실적으로 정규군 만으로는 안보위협에 대한 대비가 미흡한 것으로 평가되어 부족한 예비병력의 확보를 위해 호국군 병역에 관한 임시 조치령(대통령령 제52호, 1949. 1. 20.)에 근거하여 호국군이 편성되었다.[109)]

대통령 긴급명령으로 시행된 병역 임시 조치령은 병역을 현역과 호국병역으로 구분하고 복무 연한은 2년으로 설정한 한시적인 법령이었다. 이후 국회의 법률심의를 거쳐 병역법이 공포되어 의무병 제도를 기반으로 하는 병역제도로 전환되고 병역법시행령이 제정되었지만, 6·25전쟁의 발발로 인해 정상적으로 시행되지 못하고, 전시 상황에 부합된 병력 충원을 위해 병역법이 개정되었다. 이와 같이 병역관계 법령이 빈번하게 변경된 요인은 안보환경의 변화에 따른 능동적인 대처의 측면도 있지만, 정부의 정책을 뒷받침하기 위한 측면도 동일한 비중으로 작용되었기 때문이며, 군사전략과 작전운용 개념에 따른 병역제도의 변화가 없었다는 점은 아쉬운 대목이다.

---

109) 국방부 군사편찬연구소, 『한국전쟁사의 새로운 연구』 제1권(서울 : 국방부, 2001), pp.151~152.

제2공화국의 정부정책은 경제 제일주의를 추구하기 위한 군의 병력 감축으로 집약된다. 장면정부는 혁신적인 정책목표를 설정하고 정책의 결정 및 집행과정에서도 감군 원칙과 대상의 선정, 보상대책, 감군으로 인해 군을 떠나는 장교와 부사관에 대한 직업보도 대책의 강구 등 구체적인 감군계획을 수립하여 실천하고자 하였지만, 비정상적인 방법에 의해 9개월 여 만에 타율적으로 내각이 총사퇴함으로써 실질적인 병역제도의 변화를 가져오지는 못하였다.

제1·2공화국의 정부정책이 병역제도의 변화에 미친 영향요인을 살펴보면, 정부의 정책이 평화적인 통일이 불가능할 때에는 무력으로라도 북한에 대한 주권을 회복해야 하며, 이를 위해 국방 역량을 육성·강화해야 한다는 측면을 강조함으로써, 안보환경의 변화와 더불어 상승작용을 불러 일으켜 건국 초기에 병역제도를 정립하는 계기가 되었지만, 병역제도의 제정 및 적용에 따른 시행착오가 수반되었음을 알 수 있다.

3) 경제적 요인

가) 제1·2공화국의 경제상황

정부수립 이후에도 경제 면에서는 민족자본이 형성되지 못하고, 근대적인 생산시설과 경영능력을 갖추지 못한 낙후된 수준이었다. 이와 같은 후진적이고 기형적인 경제구조는 만성 인플레이션을 초래하는 요인이 되었으며, 여기에 일제가 건설했던 공업시설과 발전시설 등이 북한지역에 집중되어 있어 대한민국의 경제발전에 치명적인 타격이 되었다. 남북 분단은 남한의 농업 및 경공업과 북한의 중공업 간의 지역적 분업과 물자의 흐름을 위축시켰다. 남한은 주로 쌀농사를 짓는 농업지대였으며, 공업시설은 방직업 등의 경공업이 주류를 이루었다. 해방 직후 남한은 농산물의 70% 이상을 생산한 반면, 북한은 화학, 금속, 발전의 80% 이상을 차지하고 풍부한 지하자원을 보유하고 있어 경제의 불균형이 심각하였다. 광복 직후 남북한 경제의 불균형 현황을 정리하면 〈표 10〉과 같다.

〈표 10〉 광복 직후 남북한 경제의 불균형 현황

단위 : %

구 분		남한	북한
농산물	쌀	69	31
	보리	86	14
	면화	77	23
공업	화학	18	82
	금속	10	90
	기계	72	28
	가스전기	36	64
전력	출력	14	86
	발전	8	92
지하자원	금은광	27	73
	철광	0.1	99.9
	무연탄	2.3	99.7

출처 : 교과서 포럼, 『한국현대사』(서울 : 기파랑, 2009), p.39를 재구성.

국가발전의 원동력이 되는 주요 시설과 자원이 북한에 편중된 상태에서 출범한 제1공화국은 국가를 보위하기 위해 상비병력 10만여 명과 상비 병력의 2배에 달하는 예비병력을 육성한다는 원대한 계획을 수립하였지만, 당시의 경제적 여건을 감안해 볼 때 국가재정으로 충당할 경우 국민생활이 극도로 곤궁해질 것을 우려하여 애국공채의 발행을 통해 마련된 200억 환의 재원으로 이를 해소하였으며,[110] 여기에 미국의 막대한 경제원조가 더해져 건국 초기의 경제적 혼란을 극복하는데 활용되었다.

미국의 대한對韓 군사정책은 크게 미군의 주둔과 군사원조로 구분된다. 해방 이후 미국은 남한 경제를 안정시키기 위해 1948년까지 총 4억 달러를

---

110) 김두성(2003), 전게서, p.83.

지원하였다. 정부수립 직후인 1948년 8월 24일 한국 정부는 미국과 「잠정적 군사안전에 관한 행정협정」을 체결하여 5만여 명이 사용할 수 있는 장비와 6개월 분량의 예비부품을 이양 받았는데, 이를 금액으로 환산하면 약 5,700만 달러에 해당되는 액수였다. 또한 1949년 10월 공포된 「상호 방위원조법」에 의해 1,500만 달러 규모의 물자를 제공받아 경제안정과 경제건설 및 10만 명 규모였던 국군을 60만여 명으로 확장하는데 사용하였다.[111]

휴전 이후에도 미국의 군사원조는 1954년 11월 17일 체결된 「한국에 대한 군사 및 경제원조에 관한 합의 의사록」에 따라 계속 지원되었다. 그런데, 미국의 대한 경제원조 배경에는 중공군의 공격에 대해서는 핵무기로 대처하고, 북한군의 위협에 대해서는 한국에 대한 군사 및 경제 원조를 통해 한국군을 증강시킴으로써, 국방예산을 줄이면서 적에 대응한다는 미국의 대중 대량보복전략對中大量報復戰略에 기인한 것이었다. 즉, 북한의 남침위협에 대해서는 핵무기로 억제하고, 한국군은 북한군보다 한 단계 하위수준에 두되, 전반적인 세력균형은 미국이 조종한다는 논리가 적용되었던 것이다.[112]

나) 경제적 요인이 병역제도의 변화에 미친 영향

이종학은 병역제도의 선택은 그 나라의 국방상의 수요에 기초를 두고 고려하여야 하며, 또한 동원의 요구에 충족하도록 주안점을 두어 상호 밀접한 관계를 가지고 조정되어야 함을 강조하였다. 특히, 병역제도를 선택할 때에는 ① 국체國體, ② 역사, ③ 국민의 성격, ④ 국방정책, ⑤ 재정 및 산업에 미치는 영향이 고려되어야 한다고 주장하였다.[113] 이는 병역제도를 적용할 때에는 반드시 국가의 경제상황과 재정부담 능력이 반영되어야 한다는 것으로써, 용병과 양병에 소요되는 비용의 부담능력이 중요함을 알 수

---

111) 국방부, 『한미동맹과 주한 미군』(서울 : 신오성기획인쇄사, 2003), p.40.
112) 이기택, 「미국의 대한 군사정책 전개」, 『軍史』 제4호(1982), pp.204~205.
113) 이종학(1991), 전게서, p.217.

있다. 특히, 재정 및 산업에 미치는 영향과 민생의 수준, 즉, 경제적 요인은 병역제도의 선택에 있어서 매우 중요한 요인이라는 것은 재론의 여지가 없다 하겠다.

경제적 요인이 병역제도의 변화에 미친 영향은 제1공화국에서 최초로 제정된 국군조직법과 병역법의 심의 과정에 자세하게 나타나 있다. 구체적으로, 국방부장관 이범석은 국회에서 진행된 국군조직법안 설명 및 심의에서 경제적 요인이 우선적으로 반영되어야 함을 강조하였다. 그는 "국군의 규모를 7만 명에서 8만 명으로 고려하더라도 1년간의 군비가 180억 환에 이를 것으로 판단되며, 전 세계의 군용금을 통한 통계숫자를 고려하여 전쟁이 발발한다는 상황을 가정하면 평시 군비의 8배에 달하는 1,440억 환이라는 막대한 자금이 소요되기 때문에,"[114] 국방기구 편성에 있어서 옥상옥屋上屋이라고 할 수 있는 참모본부의 편성에 반대한다는 의견을 피력하였다. 이러한 주장은 군대는 국가의 존립에 필수불가결한 요소이고, 또 군제의 좋고 나쁨은 국가의 안위와 직결되는 문제로서 "군대 또는 군사라는 것은 외적을 방어하고 내란을 평정하기 위한 것으로, 천하의 국가에 진실로 없을 수 없는 것이고, 병제兵制의 득실에 따라 국가의 안위가 달려있다."는 사실을 우회적으로 강조한 것이라고 할 수 있다.[115] 또한 국방기구의 직제 설치 여부에 대한 이범석의 경제적 여건 판단은 조선후기 실학자들이 군사제도의 개혁을 주장한 내용과 유사하다고 할 수 있다.

경제적 요인은 병역법의 제정 및 개정 과정에서 병역제도에 반영되었다. 최초의 병역법을 제정할 당시 병사의 복무기간을 결정하는데 있어 국가의 경비와 국민의 생산활동 참여를 고려하여 육군을 기준으로 현역 병사의 재영 복무기간을 2년으로 설정한 점과 예비병역, 후비병역, 호국병역, 제1 보충병역, 제2 보충병역, 제1 국민병역, 제2 국민병역 등으로 역종을 구분하

114) 국방부 전사편찬위원회, 「국군조직법안 심의 국회속기록」, 『軍史』 제10호(1985), p.179.
115) 김종수, 「삼국시대의 군사제도」, 『軍史研究』 제131집(2011), p.84.

여 복무하도록 법령에 반영함으로써, 건국 초기의 경제적 어려움과 국민의 경제활동을 최대한 보장하기 위해 상비병력 보다는 예비병력의 확충을 고려하였다.[116]

이 밖에도 병역법 제37조와 제45조에 ① 범죄로 인한 사고자, ② 생계유지가 곤란한 자, ③ 대학교에 재학 중인 자, ④ 외국 재류자在留者, ⑤ 외국에 정기적으로 왕복하는 선원, ⑥ 국방부장관이 정하는 사범계출신 정교사, 교통부 요원, 체신부 통신요원, 경찰 통신요원, 조폐공창 요원은 징집을 연기할 수 있다고 규정한 점, 생계유지가 곤란한 자는 6개월간 복무한 후에 의가사 제대를 명시하고, 국방부장관이 연기 대상자의 범위를 지정한데서도 경제적 요인이 병역제도에 미친 영향이 지대하였음을 알 수 있다.

또한 1957년에 72만여 명 규모로 확장된 군 병력을 효과적으로 유지·관리하기 위해 병역법을 개정할 때에도 당시의 경제적 여건을 반영하여 군 병력의 보유 규모와 복무기간을 결정하였는바, 정부는 국군조직의 원활한 운영을 위해 병역법 개정안 제7조 제2항에 "재영 중 본인이 아니면 가족의 생계를 유지할 수 없는 자는 현역으로 6개월 복무 후에 의가사 제대를 시킨다"는 조항의 폐지를 주장하였으나, 찬반 논쟁 끝에 "본인이 아니면 가족의 생계를 돌볼 수 없는 자"의 복무단축이 유지되었다. 이는 국민개병주의의 원칙에 반하는 것이기도 하지만, 징병제 하에서 국가가 적령자를 징집할 경우 나머지 가족의 생계를 돌봐주어야 할 책임이 있다는 것을 인정한 것임과 동시에 그렇지 못할 경우 병역의무를 해제해 주어야 한다는 사회정의에 입각한 것으로써, 당시의 경제적 상황을 고려하여 병역제도가 택할 수 있는 차선의 방법이었다.

116) 국방관계 법령집 발행본부, 『국방관계 법령 및 예규집』(서울 : 보성사, 1950), p.281.

4) 사회적 요인

가) 제1·2공화국의 사회 상황

정부수립 이후 농지개혁을 통해 경제적으로 자유민주주의와 시장경제체제가 발전할 수 있는 토양을 마련하고, 민간기업이 시장경제의 주체로 자리잡게 하는 일련의 조치가 있었지만, 좌익세력이 끊임없이 체제를 위협하는 상황에서 내부의 단결과 반공태세의 확립을 우선으로 내세운 집권세력에게 사회적 혼란을 바로잡는 것은 치안유지 뿐만 아니라, 군의 이념적 통합을 위해서도 해결되어야 할 과제였다. 제주 4·3사건과 여수·순천 반란사건 등은 모두 군의 사상적 일체성이 의심되는 사건이었다.[117] 이 시기에 북한은 남한에서 발생한 무장투쟁에 호응한다는 명분을 내세워 10여 회에 걸쳐 2,400여 명의 유격부대를 남파시켰다. 즉, 1948년 11월부터 1950년 3월까지 오대산, 일월산, 보현산 등지로 유격부대를 침투시켜 양동작전과 함께 무력남침을 위한 전략적인 준비의 일환으로 38선 일대에서 산발적인 공격행위를 하는 등 사회적 혼란은 폭발 직전의 수준이었다.[118]

6·25전쟁 이후에는 사회적 혼란이 더욱 가중되었다. 전쟁에 참여한 수많은 국군과 유엔군의 사상과 실종, 무고한 민간인의 희생과 함께 명맥을 유지해 오던 사회기반시설마저 파괴된 상황에서 자유를 찾아 월남한 사람들과 생업을 위해 대도시 지역으로 이동하는 인구가 증가하면서 전통적인 가치와 질서가 파괴되었지만, 동시에 긍정적인 사조思潮가 나타나 국가재건에 희망적인 요인이 되었다.

특히, 교육에 대한 관심과 투자가 두드러지게 향상되었다. 교육에 대한 관심이 증대한 이유로는 전쟁기간중 대학생들에게 병역 연기 또는 면제의 혜택을 부여했던 점과, 전쟁으로 인해 사유재산의 보유가 무의미해진 상황에서 자식들에게 재산을 물려주는 것 보다 교육을 시켜주는 것이 낫다는 인

117) 백기인, 「한국 국방체제의 형성과 조정, 1945-1970」, 『軍史』 제68호(2008), p.180.
118) 이종학, 『6·25전쟁이란 무엇인가』(대전 : 충남대학교출판문화원, 2011), p.385.

식, 그리고 정부예산의 10%를 교육예산으로 할당하고, 6년제 의무교육을 시행한 정부의 정책과 국민개병주의에 입각하여 젊은이들에게 부과되었던 병역의무가 잔존해 있던 신분의식 대신 근대적인 국민의식의 형성과 통합에 직접적으로 기여했기 때문이었다.[119)]

한편, 제2공화국에서도 사회적 혼란은 가중되었다. 이승만의 하야와 자유당정권의 붕괴는 민생문제가 크게 향상될 것이라는 국민적 기대를 모았으나, 당시의 사회문제와 민생문제가 일시에 해결될 수는 없었다. 이 같은 결과는 4·19 이후의 혼돈 상황 속에서 국민들에게 회의를 갖게 하였으며, 이는 제2공화국이 출범한 이후에도 동일한 양태를 보임으로써 제반 사회적 여건이 악화되어 정치적 구호만으로는 민생문제를 해결하거나 향상시킬 수 없다는 것을 보여주는 한계로 작용되었다.[120)]

나) 사회적 요인이 병역제도의 변화에 미친 영향

제1·2공화국을 거치면서 한국사회는 괄목할 정도로 성장을 거듭하였다. 이 시기의 사회적 변화는 이전의 전통적 신분질서에서 탈피한 새로운 사조가 도입되어 개인의 노력 여하에 따라 역량을 펼칠 수 있는 기회가 열리게 되었다는 것이었다. 동시에 지도층의 부정부패와 함께 사회적 혼란에 따른 준법정신의 해이, 식자층이 솔선수범하지 않고 법과 제도를 악용하여 일신상의 영달을 도모하는 어두운 면도 드러나기 시작하였다.

일반적으로 민주시민이란 '자유와 권리에 따르는 책임과 의무를 다하는 사람'이라는 기준을 적용한다. 그런데, 자유와 권리, 책임과 의무는 필요에 따라 선택적으로 받아들여지는 것이 아니라 필수적인 항목으로서 일상생활을 포함한 모든 경우에 있어 통용되어야 함은 재론의 여지가 없다 하겠다. 그러나, 제1공화국과 제2공화국에서는 병역이행에 있어 국가 구성원으

119) 김영호, 「6·25전쟁의 국내 및 국제정치적 영향에 관한 연구」, 『軍史』 제79호(2011), pp. 161~163.

120) 고영복, 「혁명 後 사회동태의 의미」, 『思想界』 제93호(1961), pp.92~93.

로서 당연한 의무이자 민주시민의 책임을 방기放棄하는 병역기피 현상이 발생하였다. 특히, 일부 특권층 자제들이 외국유학, 또는 합법을 가장한 징집 및 소집의 연기 등의 방법으로 병역을 기피하였는바, 1950년대의 병역 기피자 비율을 종합하면 〈표 11〉과 같다.

〈표 11〉 1950년대 병역 기피자 비율(1951~1959년)

단위 : %

연도	1951	1952	1953	1954	1955	1956	1957	1958	1959
비율	14.5	17.2	21.4	15.1	16.8	15.3	19.7	26.8	15.9

출처 : 김두성, 『한국병역제도론』(대전 : 제일사, 2003), p.88.

위의 〈표 11〉에서 보는 바와 같이 병역을 기피하는 사례는 전쟁 중이던 1951년부터 1953년에 이르는 기간에도 점진적으로 증가하였고, 휴전 이후에도 거의 동일한 비율을 차지하거나 심화되어 사회문제가 될 정도로 심각한 수준에 이름으로써, 군 복무를 통해 나라를 지키고 전후 복구 및 국가재건에 자발적으로 나섰던 수많은 젊은이들과 기성세대들의 지탄과 비난은 물론 국민여론의 악화를 초래하였다.

모든 국민이 자신이 속한 조직과 국가 공동체를 수호하기 위해 참여하는 국방의 의무는 당연히 갖는 원천적인 의무이며, 국방에 대한 봉사는 국가의 존립을 스스로 책임진다는 의미에서 신성한 의무이다. 국방의무는 그 목적상 전인격적 충성이 전제되므로, 군인에게는 고도의 통제와 규율이 강요되어지게 마련이다. 이에 따라 병역의무 이행 기간 중에는 기본권이 제한되고 감수해야 할 불이익이 많은 것이 사실이다. 즉, 병역의무는 국가 존립의 기초가 되는 원천적이고 신성한 의무로서의 성격을 가진 반면 스스로의 의사와는 상관없이 이행해야 하고, 여기에는 상당한 불이익이 수반되며, 개인은 이를 당연한 것으로 받아들여야 하는 것이다.[121]

121) 권영해, 「병역의무 이행 형태의 형평문제」, 『軍事評論』 제260호(1988), p.23.

그럼에도 불구하고, 1957년의 경우 연간 10만 6천여 명을 대상으로 한 병무소집 결과 약 3만여 명의 병역 기피자가 발생하여,[122] 정부에서 병역기피 현상을 일소하기 위해 합동단속을 실시하고 병역 기피자에 대한 징집시기를 37세까지 연장하는 등 적극적인 조치를 취하였음에도 불구하고, 오히려 증가추세를 나타냄으로써 교육기회의 양적인 확대가 의식수준의 향상으로 연결되지 못하였다. 특히, 빈부의 격차에 의한 학력수준의 차이가 병역의무 이행의 수준으로 연결되어 고학력자일수록 병역의무 이행에 소극적 자세를 나타내었다. 병역을 기피하거나, 기피할 의도를 가진 대부분을 각급 학교의 증가에 따라 충원된 교사들과 대학생(유학생)이 차지했다는 사실은 병역의무에서의 부익부 빈익빈 현상을 실감케 하고, 국민의 분노와 불만을 고조시키는 요인이 되었다.

로마제국의 사례는 적극적인 병역 이행의 중요성을 말해주고 있다. 4개 군단을 유지했던 로마제국의 병역 해당자 중에서 현역과 예비역의 비율을 2 : 1로 계산할 경우 현역병은 대략 20만여 명으로 추산된다. 당시 로마와 동맹관계를 맺고 있던 동맹국의 현역병 규모는 60만여 명이었다. 그런데도 해마다 동원되는 병력의 규모는 로마와 동맹국이 거의 비슷한 수준이었다. 이는 산술적으로 로마 시민이 동맹국 국민에 비해 3배나 많은 병역의무를 부담했을 경우에만 가능하다. 로마군단의 총 지휘권을 언제나 로마인이 장악하고 있었던 이유는 로마가 패권자였기 때문이 아니라, 다른 동맹국가보다 훨씬 큰 희생을 감수했기 때문이었다는 사실에서,[123] 1950년대 한국의 병역기피 사례는 심각한 수준이었음을 유추할 수 있다.

김강녕은 높은 신분에 따른 도덕적 의무를 실천해야 할 주체는 "과거의 기준으로 본다면 당연히 귀족과 상류층 인사들이어야 하지만, 귀족사회가 없어진 현대사회에서는 국가와 사회를 이끌어 가는 지도적 위치에 있는 고

---

122) 김두성(2003), 전게서, p.89.

123) 시오노 나나미 저, 김석희 역, 『로마인이야기』 제2권(경기 파주 : 한길사, 2005), p.105.

위층 인사, 여론을 주도하는 위치에 있는 자들이 그 주체가 되어야 함"을 강조하였다. 그는 국가와 사회발전을 선도해 가는 정치가와 고위 공직자, 경제활동을 주도하고 있는 재벌가와 기업가, 학자와 교수, 판사와 검사, 변호사, 의사 등의 전문 직업인, 직접 국방을 담당하고 있는 장관급 장교와 군의 고급 지휘관 등 모든 분야에서 국가를 이끌어 가고 사회를 유지해 나가는데 주도적인 역할을 담당하는 계층과 인사들이어야 함을 피력한 것이다.[124] 이를 바꾸어 말하면, 군 복무는 다른 직장과는 달리 자기의 귀중한 생명을 기꺼이 바치겠다는 최고도의 충성심과 애국심을 필요로 하며, 희생정신과 고난을 참는 꾸준한 인내력이 요구되기 때문에,[125] 국가가 발전하기 위해서는 지도적 위치에 있는 인사들이 솔선수범, 자기절제, 희생정신 등의 기본 덕목을 갖추고 앞장서서 실천해야 함을 의미한다고 할 수 있다.[126]

이와 관련하여 다음의 사례는 시사하는 바가 매우 크다. 기원전 574년 아테네에서는 재산과 수입이 많은 사람부터 차례로 제1 계급, 제2 계급, 제3 계급을 정하고 무산자는 제4 계급으로 분류하였다. 계급에 따른 의무 면에서 제1 계급과 제2 계급에 속하는 시민은 개인부담으로 군비와 군장, 말(馬)까지 준비하여 기병으로 병역에 종사할 의무가 부여되고, 제3 계급에 속하는 시민들도 역시 군비와 군장은 자기 부담으로 구비하여 중무장 보병으로 병역에 종사하는 의무가 부과되었다. 제4 계급에 속하는 사람들은 경무장 보병이나 함대의 승무원으로 병역에 종사할 의무가 부과되었다. 정부의 요직은 제1 계급과 제2 계급이 차지하고, 제3 계급은 행정관료를 담당하였으며, 제4 계급은 선거권은 갖되 피선거권을 갖지 못하도록 규정하여,[127] 개인의 권리와 의무를 재산 보유의 과다 여부에 따라 차별적으로 제한하였

---

124) 김강녕, 「노블레스 오블리주와 국가안보」, 『軍事硏究』 제122집(2006), pp.549~550.
125) 박학선, 「장기 복무자의 획득책」, 『軍事評論』 제41호(1963), p.14.
126) 김강녕, 『민족정신과 통일안보』(부산 : 신지서원, 2005), p.113.
127) 시오노 나나미 저, 김석희 역, 『로마인이야기』 제1권(경기 파주 : 한길사, 2005), p.118~119.

다. 이상의 사례를 통해서도 병역의무는 공정성과 형평성이 기준이 되어야 함을 알 수 있다. 이는 법적·제도적 장치의 보완도 중요하지만, 국가가 부여한 의무를 자발적으로 이행한다는 국민의식의 향상이 더욱 중요하다는 것을 의미하고 있다.

동원제도 면에서는 국민개병제의 개념에 입각하여 제정된 병역법에 의해 역종이 구분되고 징집과 소집기준이 마련되어 유사시에 대비한 동원소집을 법제화 하는 성과를 거두기도 하였으나, 미국이 국군의 정원을 제한하여 지원병 제도로 변경됨에 따라 호국군(약 20만여 명)과 청년방위대(약 20만여 명), 학도호국단(약 47만여 명), 국민방위군, 예비군단 및 예비사단 등으로 제도와 명칭이 변경되었다. 특히, 제1·2공화국에서는 예비군이라는 명칭이 아직 사용되지 않던 시기이고, 예비군의 교육훈련도 병무소집으로 칭하였다. 예비군훈련은 1955년에 35일간 실시하였으나, 국민생활과 편익을 고려해야 한다는 요청에 의하여 1957년에 28일, 1960년에는 15일로 단축됨으로써 사회적 요인이 동원제도에 영향을 미쳤으며,[128] 전체적으로는 사회의 변화와 발전을 유도하기 위한 국가의 정책과 당시의 환경, 국민의 욕구와 기대가 병역제도의 설정과 적용, 그리고 변화에 지대한 영향을 미쳤다.

나. 권위주의 시대의 병역제도(제3공화국~제5공화국)

제3공화국은 5·16쿠데타 이후 2년 7개월간의 군정기(1961. 5. 16∼1963. 12. 16)와 민주공화당 집권기(1963. 12. 17∼1972. 10. 17)가 해당되며,[129] 제4공화국은 유신헌법이 발표된 1972년 12월 27일부터 1979년 10월까지의 기간을, 제5공화국은 10·26사태 이후 위기관리 정부를 이끌던 최규하(崔圭夏)가 대통령직을 사임하고 12·12 군사쿠데타로 실권을 장악한 전두환(全斗

128) 김두성(2003), 전게서, p.145.

129) 한국정신문화연구원, 『현대 한국정치사』(서울 : 신흥인쇄주식회사, 1989), p.220.

煥)이 대통령으로 취임한 1981년 3월부터 1988년 2월까지의 기간이다. 제3공화국으로부터 제5공화국 시대에 한국은 근대화와 산업화를 이루었지만, 정치적으로는 권위주의가 만연하던 시기로서, 한국의 정치사는 물론 군사 분야에도 획기적인 변화를 초래하였다. 이 기간에 안보환경의 변화, 정부의 정책, 경제적 요인, 사회적 요인이 병역제도의 변화에 영향을 미친 요인을 살펴보면 다음과 같다.

1) 안보환경의 변화

가) 권위주의 시대의 안보환경

권위주의 시대의 안보환경은 1960년대, 1970년대, 1980년대로 대별하여 살펴볼 수 있는데, 이 같은 연대별 분류는 제3·4·5공화국의 통치기간과 거의 일치되며, 국제정치를 기준으로 본다면 냉전기와 탈냉전기의 구분과도 일치된다. 한국에서 권위주의 통치가 계속되던 시기에 북한은 '남조선혁명론'에 근거한 대남전략에 의해 1968년 1월 21일 '청와대 무장공비 기습사건'을 일으키고, 1월 23일에는 미 해군 함정 '푸에블로호'를 납치하였으며, 울진·삼척지역에 100여 명의 무장공비를 침투시켰다. 박정희(朴正熙)는 북한의 도전에 대해 즉각적인 군사적 보복을 주장했지만, 베트남전쟁의 장기화로 궁지에 몰리고 있던 미국의 존슨(Lyndon B. Johnson) 행정부는 한반도에 위기상황이 발생하는 것을 원하지 않았기 때문에 한국 정부와 사전에 협의없이 북한과 직접 협상을 통해 푸에블로호 사건의 해결을 추진하고자 하였다.[130)]

1974년부터 북한의 남침용 땅굴의 발견되고, 1976년의 '판문점 도끼만행사건'으로 한반도의 위기상황이 가속화 되었다. 1980년대 들어 북한은 무장공비를 침투시키던 이전의 대남도발 방식에서 탈피하여 대규모 테러를

130) 차상철, 「박정희와 1970년대의 한미동맹」, 『軍史』 제75호(2010), p.335.

통한 도발을 자행하였다. 대표적인 예로는 1983년의 '아웅산 폭파사건'과 1987년의 '대한항공 858기 폭파사건'을 들 수 있다. 이처럼 북한이 대규모 도발을 하게 된 이유는 북한정권이 소련의 비호庇護 아래 창건된 정통성이 결여된 정권이었기 때문에 폭력과 도발을 선호할 수밖에 없었다는 점과, 공산체제의 특성상 각종 정책결정에 있어 국민적 합의와 절차가 필요한 의사결정 구조를 갖고 있지 못한데서 찾을 수 있다.[131]

나) 안보환경 변화가 병역제도의 변화에 미친 영향

제3공화국의 안보환경 변화는 병역제도의 발전에 직접적으로 영향을 미쳤다. 박정희는 집권 초기 당면한 북한의 위협과 안보환경을 국민들에게 알리는데 주력하여 반공의 분위기를 확산시키면서 병역법의 개정에 착수하였다. 그리하여 1957년의 병역법 개정 당시 국민의 권리를 침해할 소지가 있다는 이유로 삭제되었던 병사의 군 복무기간 연장을 1962년 개정된 병역법에 포함하였다. 즉, "국방상 필요한 경우에는 국가재건최고회의의 의결에 의하여 현역 또는 실역 복무기간을 연장할 수 있다."고 명시하여 복무기간 연장의 법적인 장치를 마련하였다. 무소불위의 강력한 권한을 가진 대통령으로서, 1960년대와 1970년대에 발생한 북한의 도발을 '대북 위기의식'으로 확대 재생산하여 「향토예비군 설치법」의 시행령과 시행규칙을 제정·공포하여 1968년 4월 1일 향토예비군을 창설하고 북한의 침투공작에 대비하여 군내에 공비전담 특수부대를 편성하였다.[132]

또한 1970년 12월에 개정된 병역법에 "군인은 국가에 충성을 다하고 복무기간 중 성실히 그 직무를 수행하며, 직무상의 위험 또는 책임을 회피하거나 복무를 이탈하여서는 안된다"는 내용과, "현역이나 실역에 복무하는 군인은 임용 또는 입영할 때에는 소속 장長이나 입영부대의 장에게 선서를

131) 김강녕, 『한반도 군사안보론』(서울 : 대왕사, 1999), pp.248~249.

132) 통일부 통일교육원, 『2011 통일문제 이해』(서울 : 세원정밀인쇄, 2011), pp.115~116.

한다.”를 포함시켰다.

1983년의 병역법 개정은 「병역의무 특례규제에 관한 법률」과 「병역법 위반 등의 범죄 처벌에 관한 특별조치법」을 통합하는 중요한 사안이었지만, 실제 국회 국방위원회와 법제사법위원회, 그리고 본회의에서 찬반 논쟁 없이 정부의 원안대로 통과되었다. 이는 병역제도의 변경에 대해 국회의 관심이 미흡했다는 측면도 있지만, 무엇보다도 국민의 대표자였던 당시의 국회의원들이 최고 권력자의 의도를 거스르지 않으려는 태도가 크게 작용한 것으로 분석된다. 이렇게 볼 때 제3공화국에서 제5공화국까지의 기간은 대통령이 결정하면 심의 과정에서의 타당성 검토와 대안의 모색 등을 고려하지 않고 통치자의 의도대로 병역정책과 제도가 시행되던 시기였다고 할 수 있다.

2) 정부의 정책

가) 권위주의 시대의 정부정책

박정희가 내세운 ‘6대 혁명공약’ 가운데 첫 번째가 “반공反共을 국시國是의 제일로 삼고 지금까지 형식적이고 구호에만 그친 반공태세를 재정비 한다.”는 것이었다. 이는 ‘반공 이데올로기’를 더욱 강화하겠다는 것으로서, 장면정부가 민주주의 발전을 위해 시도했던 국민 중심의 민본정책이 아니라 건국 당시부터 추진되었던 강력한 반공정책으로의 환원을 의미하는 것이었다.[133]

박정희정부는 1961년 7월 반공법을 제정하여 좌파세력에 대한 규제를 강화하고, 정당법의 제정을 통해 정당의 설립을 어렵게 하여 혁신세력의 정치세력화를 간접적으로 통제함으로써 반공정책을 강화하는데 활용하였다. 박정희는 취임 초기부터 전통적인 안보뿐만 아니라 비전통적 안보를 중요시 하는 포괄안보 차원에서 안보제도와 정책을 강구하였으며, 이를 구

133) 정토웅, 「한국전쟁의 영향 : 한국의 정치·군사·경제적 측면」, 『軍史』 제40호(2000), p.219.

현하기 위해 내부적으로는 방위력 향상을 통한 국방태세를 강화하고, 대외적으로는 한미동맹체제의 강화와 더불어 적극적인 외교정책을 추진하였다. 박정희의 포괄안보에 대한 인식은 1964년에 신설된 국가안전보장회의에서 "국가 안전보장의 개념이 제2차 세계대전을 계기로 변화되어, 이전까지는 주로 외교와 군사력을 통해 외환外患에 대비하여 왔으나, 오늘날(1964년)에는 냉전과 더불어 내환에 대비하는 국내 안정을 더욱 중요시하면서 정치·경제·사회·심리·과학기술 등을 총망라한 통합적 개념으로 확대"되고 있음을 강조한 훈시를 통해서도 알 수 있다.[134)]

박정희정부가 추진한 국방정책의 핵심은 방위산업의 육성을 통해 자주국방태세를 확립하는 것이었다. 제3공화국의 국방정책은 ① 미국과의 군사적 유대에 의한 집단안전보장체제의 강화, ② 미국의 요청에 의한 베트남 파병, ③ 국군 현대화 계획을 통한 군 장비의 개선 및 질적 향상, ④ 북한의 간접침략 대비 강화, ⑤ 군의 국토건설과 대민지원 사업을 통한 경제발전 등이었다. 이는 '조국 근대화와 자립경제의 기반구축'이라는 국정목표를 뒷받침하기 위한 군 인력과 장비의 효과적인 활용을 의미하는 것이었다.[135)]

박정희는 불안한 안보 상황에 능동적으로 대응하기 위해 250만 명 규모의 향토예비군을 창설한 후 이들에게 지급할 무기를 생산하는데 소요되는 재원은 방위성금을 통하여 조달하였다. 1969년 7월 닉슨(Richard M. Nixon) 대통령이 아시아에서 미군을 감축한다는 닉슨독트린을 발표하고, 주한 미군의 제7사단을 철수시킴으로써 한미동맹이 악화될 위험에 처하게 되자 박정희정부는 한미 1군단을 창설하여 연합방위체제를 강화하고, 1971년에는 한미 국방장관회담을 외무부의 관계관까지 참가하는 한미 안보협의회(SCM)로 격상시키고, 1976년부터는 매년 팀스피리트 연합 군사훈련을 실시

---

134) 함택영·박영준 편, 『안전보장의 국제정치학』(서울 : 주식회사 사회평론, 2010), pp.530~533.

135) 국방군사연구소(1995), 전게서, p.125.

하였다.

1978년 3월 카터(Jimmy Carter) 대통령은 향후 4~5년에 걸쳐 주한 미군의 지상군을 단계적으로 철수시킬 계획임을 발표하고 3단계에 걸친 철군을 지시하였는데, 그 내용은 1978년까지 미 2사단 병력 6,000명을, 1980년 6월 말까지 9,000명을, 1982년까지 주한 미군 사령부와 핵무기의 완전철수를 완료한다는 것이었다.

국가간의 동맹관계를 한 국가의 이익만이 아닌 공동의 이익을 극대화 하기 위한 안전장치로 인식하고 있던 박정희는 미국의 주한 미군 철수 정책이 한국과 사전에 협의없이 결정된 것을 국가안보상의 심각한 위기로 받아들여 자주국방정책을 강화하는 한편 주한 미군의 철수에 따른 전력 공백을 보완하고, 한국군의 연합작전능력을 향상시키기 위해 한미 연합사령부(ROK/US Combined Forces Command)를 창설하였다.[136]

권위주의 시대에 남북회담과 협상에서 남북관계에 유의미한 타협과 결정이 이루어지기도 했지만, 매 협상시마다 주도권을 장악한 북한은 자신들의 전략과 의지의 관철을 위해 억지를 주장하거나 고의로 회담을 결렬시키고, 그 책임을 한국측에 전가했기 때문에 남북 협상에서 한국의 주도적 역할과 성과는 미미하였다.[137] 권위주의 시대의 남북 협상에서 제기된 주요 군사 제안의 내용은 〈표 12〉와 같다.

---

136) 이재학, 「박정희 정부의 국방외교에 관한 연구」, 『軍史』 제78호(2011), p.219.
137) 신진·김년수, 「남북한 관계에 나타난 협상의 이론과 실제」, 『사회과학 논총』 제9권(1998), p.305.

〈표 12〉 1960~1980년대 남북한의 주요 군사제안 내용

구 분	군 사 제 안 내 용	
	남 한	북 한
1960년대	-	·미군철수, 병력감축 ·상호 불가침
1970년대	·상호 불가침 협정 체결	·미군 철수 ·10만 이하 감군 ·군축 및 평화협정 체결
1980년대	·상호 군사교류 및 훈련 참관 ·군사 직통전화 설치 ·최고 당국자회담 개최	·미군 철수, 3자회담 ·북미 평화협정 체결 ·남북 불가침선언 채택

출처 : 이미숙, 「남북한 군사협상의 조망과 향후 전망」, 『한반도 군비통제』 제46집 (2010), p.8의 내용을 토대로 재구성.

요컨대, 박정희정부는 근대화 정책의 추진과 함께 대미 의존적 자주국방 정책의 문제점을 개선하기 위해 한국 방위의 한국화를 위한 정책적·전략적 노력을 경주하여 선 건설, 후 통일정책이라는 큰 틀 속에서 독자적 자주국방정책을 추진하였다. 이 시기에 한국군의 군사전략은 평시 '거부적 억제전략'과 전시 '공세적 방위전략'을 추구하는 것이었다.[138] 세부적으로 살펴보면, 제3공화국에서는 한국군의 현대화 계획과 한국적 전략개념을 수립하여 한반도 전역戰役에서의 독자적 방어와 반격을 위해 수도권 고수 및 한강 이북에서의 결전 → 방어 → 반격의 개념을 '태극 72계획'으로 발전시켰다. 제4공화국에서는 명실상부한 한국적 군사전략을 수립하여 '한미 연합 억제전략', '전진방어전략', '응징보복전략', '반격전략'으로 구체화 하였다.[139]

제5공화국은 취약한 정권의 정통성을 보완하기 위해 레이건(Ronald W. Reagan) 행정부의 대소對蘇 우위를 추구하는 신냉전체제를 이용하여 공고한

138) 차동길(2010), 전게서, p.21.

139) 홍준기, 「한국 자주국방정책의 역사적 변천과정에 관한 연구」, 국방대학교 연구논문(2004), pp.23~24.

한미 동맹관계를 유지하고자 하였다. 그 결과, 박정희정부에서 자주국방정책의 일환으로 추진되어 오던 미사일의 국산화 사업이 미국측의 요구에 의해 중단되었다.[140] 전두환은 정권의 정통성 결여를 보완하기 위해 레이건 행정부와 타협함으로써 미국의 지지를 얻는 대신 그동안 자주국방의 기치 아래 진행되어 오던 군사 연구개발 정책을 후퇴시켰던 것이다.[141]

전두환정부는 평시와 전면전시의 군사전략 목표를 설정하고 이를 구현하기 위한 군사전략 개념을 구체화 하였다. 평시의 군사전략 개념은 ① 자주적 억제전략으로 신축성 있는 대응 군사력 건설, ② 대비태세를 유지하여 전쟁억제를 보장, ③ 제한된 공격에 대하여 강력한 응징으로 북한의 도발 의지를 말살하고 확전을 방지하는 것으로 하고, 전면전시의 군사전략 개념은 ① 즉응반격으로 현 전선에서 적의 공세를 제압, ② 상대적인 전력의 우위를 확보하여 즉각 공세로 전환, ③ 초전에 적지로 전장을 확대하여 적의 저항 역량을 말살하고 실지를 수복하는 것으로 정립하였다.[142] 그러나, 정권의 정통성 시비와 억압에 대한 국민적 저항이 끊이지 않았던 당시의 정치·사회적 여건에서 이같은 선언적이고 구호성 강한 군사전략은 적극적인 통제가 가능했던 군에 대한 주문에 그친 한계를 내포하고 있었다.

나) 정부의 정책이 병역제도의 변화에 미친 영향

국가안보태세를 강화하기 위해 반공과 자주국방에 최고의 가치를 부여하고, 경제발전을 통한 근대화를 가장 중요한 정부정책으로 추진한 박정희는 병무행정체제를 개편하였다. 즉, 1960년대 초까지 국방부가 병무행정을 총괄하고 내무부의 지방국에서 징집을, 치안국에서 소집을 집행하던 이원화체제를 개선하기 위해 병역법을 전면 개정하고(1962. 10. 1.), 국방부 산하

140) 함택영·박영준(2010), 전게서, pp.544~545.

141) 윤동현, 「한국안보정책의 특성에 관한 연구」, 경남대학교 대학원 박사학위 논문(1988), pp.117~118.

142) 이필중, 『한국군사론』(서울 : 국방대학교 출판부, 2006), p.66.

에 각 시·도 병무청을 설치하여 징병검사와 현역병 입영제도의 개선, 동원 및 학생군사훈련제도의 시행 등 병력 충원의 기반을 형성하였다.[143] 이후 대통령령 제5281호(1970. 8. 20)에 따라 국방부 외청으로 병무청을 창설하고, 각 시·도 병무청을 시·도 지방병무청으로 개편하였다.

향토예비군의 창설은 자주국방정책의 가시적인 성과로 평가된다. 휴전 이후 예비역 자원의 증가에 따라 1955년에 10개의 예비사단을 창설하여 예비군 자원을 관리하고 전시 동원제도가 시행되기는 하였으나, 실질적인 조직 편성과 이에 따른 체계적인 동원훈련은 실시되지 못하였다. 그러나 1·21사태 이후 후방지역 방위를 강화하기 위해 총 166만 2천여 명을 편성하여 향토예비군을 창설하고, 전 예비군에게 교육훈련 의무를 부과함으로써 동원훈련체제의 기반을 구축하였다.

권위주의 시대의 정부정책에 따라 병역제도가 획기적으로 변화되고 안보태세가 강화된 것은 사실이다. 그러나, 그 과정을 보면 정부의 행정편의주의에 의해 의사결정 과정에서 민주적 절차가 유린된 점은 병역이념의 측면에서 볼 때 효율성은 달성되었지만, 합법성과 민주성이 결여되어 결과적으로 민주주의가 후퇴함으로써 정부의 정책이 합리적이라 할지라도 절차상의 하자瑕疵가 있거나 추진 과정에서 오류를 범해서는 안된다는 교훈을 제공하였다. 특히, 병역제도의 변경은 국민생활에 직접적인 영향을 미친다는 점에서 국민적 합의 과정의 준수가 요구됨에도 불구하고, 이 같은 사실이 간과된 점은 지도자에게 부담이 되어 이후 권위주의 통치를 더욱 강화하는 요인으로 작용되었다. 그러나, 경제성장을 이끌어 안보정책을 추진할 수 있는 기반을 조성한 이후에 통일을 실현하기 위한 노력을 추구하고, 대미 의존에서 탈피한 군사전략을 수립하여 작전운용개념을 발전시킨 점과 이를 구현하는 방향으로 병역제도를 발전시킨 점은 높이 평가되어야 할 사항이다.

---

143) 국방군사연구소(1995), 전게서, pp.142~143.

3) 경제적 요인

가) 권위주의 시대의 경제 상황

1960년대 들어 해외 무상원조가 점차 유상 차관과 외국인의 직접투자로 대체되어 대외 의존도가 높아짐에 따라 한국경제는 대외 개방적인 자유주의 시장경제체제를 지향하게 되었다. 고도 성장을 기획하고 실행한 박정희는 자신이 민족의 장래를 위해 '올바른 정책'을 추진하고 있다는 신념으로 외자 도입과 대기업 중심의 수출 주도형 공업화를 통한 '조국 근대화'를 주창하면서 한반도의 군사적 안정은 상당부분 주한 미군에 의지하였다.

정부의 반공제일주의 정책은 국방을 강화하기 위한 경제적 지원을 강화해야 한다는 논리에 의해 심화되었다. 대표적으로 『1968 국방백서』에서는 "국민총생산의 6∼7%, 정부세출 예산의 30% 내외를 점하고 있는 국방비로 지불되는 한국의 국방활동이 국가의 경제발전에 미치는 영향은 견해에 따라 달라질 수 있으나, 국방비가 경제발전에 압력을 가하고 있다는 견해가 있음을 지적하고, 국제사회의 긴장으로 인한 한국의 국방력 강화 필요성은 국방비의 감소가 아니라 오히려 증가를 요구하고 있다"고 하여,[144] 경제와 국방은 상호 유기적 의존성을 지니고 있으므로 국방비가 삭감되어서는 안 된다는 사실을 강조하고 있다.

1970년대 한국경제의 비약적 성장은 중화학공업화를 통한 고도 성장정책의 추진이 큰 비중을 차지하였다. 박정희는 '중화학공업 육성계획'을 발표하고, 민간기업이 국제 경쟁력을 갖출 수 있도록 공장부지, 도로, 설비자금 등을 지원하였다. 이와 같은 조치는 기회의 균등을 전제로 하는 민주주의 제도하에서는 실행되기 어려운 일이었지만, 정부가 경제에 개입하고 간섭할 수 있는 모든 경로를 유신체제가 차단했기 때문에 가능한 일이었다. 그 결과, 1977년 말에는 100억 달러 수출 목표를 4년이나 앞당겨 달성하는

---

144) 국방부, 『1968 국방백서』(서울 : 삼성인쇄주식회사, 1968), pp.34~35.

성과를 거두기도 하였다.[145)]

1980년대에도 경제성장은 계속되었다. 집권 초기 정치상황의 불안정과 혼란을 극복한 전두환은 중소기업의 육성을 위하여 금융지원을 강화하고, 중화학공업의 구조 조정 등 산업 합리화 정책을 추진하여 1981년부터 6%의 경제성장률을 회복하였다. 때마침 저달러·저유가·저금리라는 국제시장의 3저 현상이 호재로 작용하여 1986년에는 개항 이후 최초로 무역수지 흑자를 기록함으로써, 고도 성장과 자립경제라는 성과를 달성했지만, 경제안정을 명분으로 노동운동을 탄압함으로써 이후의 경제발전과 노사관계 정립에 악영향을 미치는 요인으로 작용되기도 하였다.

나) 경제적 요인이 병역제도의 변화에 미친 영향

권위주의 시대의 경제발전은 정부의 지상과제라는 성격을 띠고 추진되었다. 정치적 의사표시가 장애물로 인식되고, 강권통치를 경제성장과 근대화로 보상하는 성장 일변도의 정책이 권력자의 의도에 의해 추진되던 시기가 바로 권위주의 시대였다. 따라서, 권위주의 시대의 경제적 요인이 병역제도의 변화에 미친 영향은 이전과는 판이하게 나타났다. 우선 중화학공업 정책의 원활한 추진을 위한 법적·제도적인 뒷받침이 병역법과 관련 법령의 제정을 통해 이루어졌다. 1970년 8월 7일 「한국과학원법」과 그 시행령에 "과학원의 학생 중 징병검사를 받아 현역에 적합하여 갑종 또는 을종으로 판정된 자는 보충역에 편입하고, 10주일 이내의 교육소집으로 실역 복무를 마친 것으로 본다."는 규정을 포함하여 현역복무를 면제받으면서 국가가 지정하는 전문분야에 종사할 수 있게 되었다.[146)]

또한 1973년 3월에는 부족한 기술 및 기능자격 보유자를 단기간에 집중적으로 양성하여 중화학공업 분야에 지원하기 위한 「병역의무 특례 규제에 관한 법률」과 「시행령」을 제정하여 산업발전에 기여할 수 있는 특수한

145) 교과서 포럼(2009), 전게서, pp.107~108.
146) 병무청, 『병무행정사』 하권(대전 : 병무청, 1986), p.525.

기술을 소지하고 있거나, 연구기관에 종사하는 병역 의무자는 해당 분야에서 일정 기간을 종사하면 현역복무를 마친 것으로 인정받게 되었다.

특히, 1970년대에는 오늘날의 대체복무에 해당하는 병역의무의 특례 규제에 관한 법률의 시행으로 인해 특례 규제에 해당되지 못하는 병역의무 대상자들에 대한 특례 규제가 따로 마련되어야 할 정도로 각종 특례 제도가 양산되었다. 1980년대에도 농업생산성 증대를 위한 과학화 영농의 추진 필요성과 산업발달에 따른 자연과학 분야의 인력양성을 위해 또다시 특례 규제에 관한 법률을 제정하여 농촌 지도요원, 자연계 교원 및 특수 전문요원에 대해 특례가 부여되었다.

이처럼 권위주의 시대의 경제적 요인이 병역제도의 변화에 미친 요인 중에서 특기할 만한 사항은 특례 규제에 관한 법령이 다수 제정되어 그에 따른 수혜자가 증가되었다는 것을 들 수 있다. 권위주의 시대의 특례 보충역 처분 현황을 보면, 1970년대의 특례 보충역은 대부분 방위산업체와 기간산업체 종사자들이 차지한 반면, 예체능 특기자는 1명, 해경요원과 연구요원, 농촌 지도요원은 전무하였지만, 1980년대 들어서는 방위산업체 종사자가 점진적으로 감소하고, 연구요원을 포함한 해경요원, 농촌 지도요원, 예체능 특기자가 증가하여 특례 규제에 관한 법령 제정에 의한 수혜자가 증가하였다.

특례 보충역의 증가 현상은 다양한 복무형태를 적용한 선진화된 병역제도로 변모하는 계기가 되어 병무행정의 발전을 가져왔다는 긍정적인 평가도 가능하지만, 병역이념과 병역이행의 특성, 그리고 일반 국민의 정서를 고려해 볼 때 시대적 요청에 따라 한시적으로 시행된 제도로서의 기능을 뛰어넘어 하나의 특례 규제가 새로운 특례 규제를 만들어 내는 악순환과 부작용을 불러 일으켜 이후 특례 규제의 통폐합 논란으로 이어지는 결과를 초래하였다.

아울러, 경제 활성화를 위한 병역법의 부분 개정에 따라 징병 적령 및 제1

국민역 편입대상자 신고 연령이 하향됨으로써, 징집 자원이 증가되어 육군을 기준으로 병사의 군 복무기간이 1982년부터 1985년까지 매년 1개월씩 단축되어 1985년 이후에는 30개월로 단축되었다.[147] 특히, 1986년의 경우 기간산업체 종사자는 2,376명으로 현저히 줄어들고, 대신 연구요원이 증가되어 과학기술의 진흥과 중소기업육성 정책으로 인한 변화가 나타나고 있음을 알 수 있다. 권위주의 시대의 특례 보충역 처분 현황을 살펴보면 〈표 13〉과 같다.

〈표 13〉 권위주의 시대 특례 보충역 처분 현황(1973~1987)

단위 : 명

구 분	계	과 학 기술원	방 위 산업체	기 간 산업체	해경 요원	연구 요원	농촌 지도	예체능 특기
계	77,935	4,565	15,977	52,794	160	3,628	152	659
1973	536	60	476	-	-	-	-	-
1974	1,524	111	908	505	-	-	-	-
1975	1,421	108	760	553	-	-	-	-
1976	2,131	134	930	1,066	-	-	-	1
1977	4,110	201	1,520	2,389	-	-	-	-
1978	6,969	271	2,331	4,367	-	-	-	-
1979	8,653	343	1,379	6,931	-	-	-	-
1980	6,701	363	1,226	5,112	-	-	-	-
1981	5,308	350	961	3,997	-	-	-	-
1982	6,358	376	873	4,779	28	173	30	79
1983	7,086	560	933	5,001	1	418	21	152
1984	7,501	440	977	5,251	49	640	20	124
1985	7,653	413	884	5,196	13	1,023	31	93
1986	4,483	395	842	2,376	20	734	30	86
1987	7,501	440	977	5,251	49	640	20	124

출처 : 김두성, 『한국병역제도론』(대전 : 제일사, 2003), p.160. 재인용.

147) 정주성 외(2000), 전게서, pp.39~40.

4) 사회적 요인

가) 권위주의 시대의 사회 상황

박정희는 강력한 리더십으로 근대화와 산업화를 추진하여 괄목할 만한 경제발전을 이룩하였으나, 정치적으로는 안보제일주의를 내세워 국민의 기본권을 제한하고 정치적 반대세력을 철저히 억압하는 강권 통치를 계속하였다. 반공사상과 보수적인 정치의식이 지배하는 풍토하에서 권위적인 통치는 효과를 발휘하였다. 그는 대화와 타협보다는 행정의 효율을 추구하면서 빈약한 경제적 자원을 특정 부문에 우선적으로 투입하기 위해 민주주의를 억압하고, 개헌을 통해 대통령을 세 번 연임한 후 1972년에는 유신헌법을 제정하여 독재에 저항하는 야당세력과 반대자들은 긴급조치권을 발동하여 탄압하였다.[148]

박정희의 통치방식이 경제개발과 외교정책에서 가시적인 성과로 나타나면서 비타협적 권위주의가 더욱 심화되었다. 한편, 역설적으로 그의 권위주의적 통치방식은 한국사회에 축적되어 온 성장의 잠재력을 최대로 동원하는 결과로 나타나 한국경제는 고도 성장을 달성하였다.[149]

특히, 안보를 우선으로 하는 권위주의적 통치와 함께 각종 정치적 사건으로 인해 정치권과 대학생들이 중심이 된 한일회담 반대 데모와 부정선거 및 3선개헌 반대 데모, 교련과목 폐지 시위, 민주화를 요구하는 학생시위 등의 반체제운동이 확산되어 병역대상자들을 강제로 징집시킴으로써 반감이 확산되기도 하였다. 한편, 병무담당기관과 일부 공무원들에 의해 병역의무의 이행을 일종의 징계행위로 생각하는 분별없는 행위가 이루어지기도 하였다.

이 시기에는 병역의무 이행에 대한 경시 풍조와 피해의식의 만연, 병역기피 의식이 확산되어 대규모 병무부정이 적발되기도 하였는데, 국방부 조사결과 발표된 병무부정의 유형과 조치현황은 〈표 14〉, 〈표 15〉와 같다.

---

148) 정토웅(2000), 전게서, p.219.
149) 교과서 포럼(2009), 전게서, p.86.

〈표 14〉 제1차 병무파동 조사결과 병무 부정의 유형

단위 : 명

구 분	계	병종 부정판정	부정 지원입대	부정 입영연기	보충역 부정편입	부당 해외 출국 허가
건 수	1,024	149	193	354	20	308

출처 : 「조선일보」, 1970. 3. 14. 5면의 기사 내용을 토대로 재구성.

〈표 15〉 제2차 병무파동 조사결과 조치 현황

단위 : 명

구 분	계	의원면직	직위해제	수사기관 이첩		
				민간인	군인	군속
현 황	579	6	26	476	59	12

출처 : 「한국일보」, 1970. 2. 1. 6면의 기사 내용을 토대로 재구성.

박정희정부가 병무부정에 대한 발본색원을 목적으로 1969년 12월부터 이듬해 3월까지 대대적인 조사를 실시한 결과 6명의 병무청장이 면직되고, 2명의 병무부청장이 직위해제 되었으며, 사무관 및 주사급 공무원 24명은 전보 조치 되었다. 또한 병무부정 사건에 관련되거나 연루된 민간인 476명, 군인 59명, 군속 12명이 해당 수사기관에 이첩되었다.

제1차 병무파동이 발생한 이후 대규모 정부 합동조사를 실시하는 과정에서 또 다시 병무부정이 적발되었다. 제2차 병무파동은 제1차 병무파동에 비해 수치상으로는 비교할 수 없을 정도였지만, 내용 면에서는 병무청의 고위 간부와 고급장교, 재벌 및 정당 간부, 다수의 공무원이 적발되는 등 병무부정 문제에 있어 누구보다도 솔선수범을 통해 노블레스 오블리주를 실천해야 할 사회 지도층이 부정과 비리를 저지름으로써, 사회적으로 물의를 일으키고 있다는 비판이 심화되어 정부의 서정쇄신庶政刷新 노력을 불신하고, 반체제 운동으로 확산되는 기폭제가 되었다. 제2차 병무파동 조사 결과에서 적발된 현황을 종합하면 〈표 16〉과 같다.

〈표 16〉 제2차 병무파동 조사결과 적발 현황

단위 : 명

구 분	계	병무청 고위간부	고급장교	재 벌	정 당 간 부	공무원	의무자
현 황	172	6	1	1	1	43	120

출처 : 병무청, 『병무행정사』 하권(대전 : 병무청, 1986), p.843.

1980년대에는 병역 이행과 관련된 비리가 매년 10건 미만으로 집계될 정도로 현저히 감소되었다. 이러한 결과는 권위주의적 사회통제의 분위기도 상당한 영향력을 미쳤지만, 적발된 이후 감수해야 할 불이익에 대한 부담이 강하게 작용된 것으로 분석할 수 있다. 그럼에도, 황금만능주의 사고방식에 따라 병역문제를 금전으로 해결하려는 측면은 여전히 잔존하였으며, 고도로 지능화된 수법으로 병역의무를 면탈하고자 하는 움직임이 나타나기도 하였다.

나) 사회적 요인이 병역제도의 변화에 미친 영향

권위주의 시대의 사회적 변화는 병역제도의 변화에 크게 영향을 미쳤다. 1970년에 발생한 대규모 병무부정 사건을 계기로 변화된 병역제도를 보면, 먼저 병무행정을 전담하기 위한 전문기구인 병무청의 창설을 들 수 있다. 병무청이 창설됨에 따라 병무청장에게 병무청 업무에 관한 최종 책임만 부여되어 있던 권한이 확대되었다. 즉, 소속 직원에 대한 인사 및 징계 권한까지 부여하여 강력한 행정을 뒷받침할 수 있는 제도적 장치를 마련하였다.

또한 병무파동의 재발 방지를 위한 후속조치를 단행하여 ① 병종兵種의 기준을 종래의 203종에서 75종으로 줄이는 한편 내과 질환의 경우 명백한 불구가 아니면 가능한 징집, ② 질병에 의한 징집의 연기는 반드시 군에서 지정한 종합병원의 정밀검사에 의하되 그 절차를 엄격히 하고, ③ 훈련소 입소 때 신체검사에서 질병이 드러나 즉일귀향卽日歸鄕 대상일 경우, 귀향

즉시 군이 지정한 병원에서 재정밀검사를 실시하여 입소 여부를 결정, ④ 독자 또는 가사에 의한 징집 연기 또는 면제는 인정하되 악용되지 않도록 사전 조사의 강화, ⑤ 무학자와 극빈자에 대한 특혜는 단계적으로 없애며, ⑥ 육군의 지원병제도 폐지, ⑦ 해외 거주 병종자의 경우 공관장이 지정하는 병원의 진단서를 공관을 통해 국방부에 제출하되, 사후 부정이 밝혀지면 소환키로 하는 등 병역법이 정한 범위 내에서 규제와 감독활동을 강화하기 위한 국방부령, 시행세칙 등이 개정되었다.[150)]

특히, 사회발전에 따른 병역환경의 변화에 부응하고, 인구의 자연증가에 따른 병역자원의 증가를 수용하기 위한 병역법 개정을 통해 제1·제2로 구분되어 있던 예비역과 보충역을 통합하여 현역, 예비역, 보충역, 제1 국민역, 제2 국민역으로 분류하고, 서울특별시, 부산시와 각 도를 징병구로, 징병구 예하에 징모구를 두어 행정구역 단위로 징병사무를 담당토록 조정되었다.

1980년대에는 인구 증가에 따른 병역 자원의 누적과 함께 사회구조가 다양화되고 병역 부과의 형평성과 민주성, 국민편익의 우선 등이 요구되어 1983년에 병역법을 전문개정하여 체격등위를 1급에서 7급으로 세분화 하였다. 특히, 정병精兵의 확보와 생활 곤란자의 안정을 지원하기 위해 군 복무 부적합자는 복무를 제외시키고,[151)] 기존의 병역특례 선발을 위한 각종 위원회를 폐지하여 '병역특례 심의위원회'로 통합하였으며, 병역의무 특례에 관한 법률을 병역법과 분리하여 제정함으로써 보충역 편입 대상을 연구요원 및 기능요원으로 구분하고, 방위산업체 중에서 군 조달기관을 제외하여 편입 대상을 축소하였으며, 병역법 위반시 처벌 조항을 병역법에 통합하였다.

---

150) 「대한일보」, 1970. 1. 15. 2면.; 「한국일보」, 1970. 3. 20. 1면.
151) 21세기 군사연구소, 『사회복무제도의 효율적 운영방안』(서울 : 21세기 군사연구소, 2007), p.27.

다. 민주화 이후의 병역제도(제6공화국~이명박정부)

1987년 6월항쟁으로 국민의 민주화 요구를 확인한 대통령 전두환과 집권 민주정의당의 노태우 대표는 강경진압으로는 시국을 수습할 수 없음을 직시하여 6·29선언을 발표하였다. 이후 직접선거를 통해 대통령을 선출하고, 평화적인 정권교체를 이룸으로써 권위주의 시대가 무너지고 명실상부한 민주화가 실현되었다. 권위주의 정치체제의 붕괴는 우발적으로 일어난 것이 아니라 그동안 공고하게 유지되어 오던 정치체제가 사회체제의 요구를 제대로 수용하지 않은 채, 사회체제에 대한 통제와 압박을 통해 전체 체제를 유지하는 과정에서 누적된 불만과 정치체제에 대한 불신, 사회체제의 요구를 해결하기 위해 정치체제를 개혁해야 할 시기임에도 무관심했던 정치체제의 경직성이 빚어낸 결과라고 할 수 있다.[152)]

직선제 선거가 실시되고 평화적 정권교체가 이루어져 표면상으로는 민주화가 실현되었지만, 노태우가 12·12쿠데타에 가담하여 신군부의 정권장악 과정에 주도적으로 참여한 경력과 그의 통치방식은 여전히 권위주의적 측면이 강하였다.

민주화 이후 한국은 화해 협력과 평화통일을 지향하는 가운데 평화적인 정권교체에 따른 민주주의 질서가 자리 잡히고 지방자치제도가 정착되었다. 세계 어느 국가와 비교해도 손색이 없을 정도로 고학력의 인적자원을 보유한 한국은 국민의식이 선진국 수준으로 향상되고, 국제사회의 책임있는 일원으로 자리매김 됨으로써 국가적 위상이 강화되었다. 이 기간 중 안보환경의 변화와 정부의 정책, 경제적 요인, 사회적 요인이 병역제도의 변화에 영향을 미친 요인을 살펴보면 다음과 같다.

---

152) 신진, 「한국 권위주의 정치체계 분석을 위한 이론 연구」, 『충남대학교 법률행정연구소 논문집』 제17권(1989), p.297.

1) 안보환경의 변화

가) 민주화 이후의 안보환경

민주화 이후의 안보환경을 구체적으로 살펴보는 것은 현재의 안보환경을 이해하여 앞으로의 안보전략을 구상하고 실행하는데 필수적이라고 할 수 있다. 그러나, 시대별 안보환경이 복잡 다단하고 관점에 따라 상이한 분석이 가능하며, 그 대상과 요소를 한정하기가 제한되기 때문에 여기에서는 대표적인 안보환경의 변화가 병역제도의 변화에 영향을 미친 요인을 중심으로 살펴보기로 한다.

북한의 핵문제는 김영삼정부 이래 현재까지 국제적 관심이 집중되고 있는 문제이다. 북핵문제를 보는 관점은 자유주의적 관점과 보수주의적 관점으로 대별된다. 자유주의적 관점은 북한은 한국에 대해 적대적이지 않고, 한국을 군사적으로 공격할 의지가 없다고 단정한다. 그 이유는 북한의 군사전력이 노후되어 한국의 첨단장비에 비교할 수 없으며, 북한이 핵무기를 개발하는 것은 미국이나 한국군의 전력에 위협을 느낀 자위적인 조치라고 판단하기 때문이다. 나아가 북한이 핵무기를 보유한다 하더라도 통일이 되면 결국 한국의 군사력 증강에 도움이 될 것이라는 주장이 주류를 이루고 있다. 반면, 보수주의적 관점은 북한은 6·25전쟁 이래로 한시도 한국을 적화하려는 전략과 시도를 포기한 적이 없고, 현재 북한이 보유한 핵·화학·생물학 무기 등은 한국을 공격하기에 충분한 전력이라고 판단하는 관점이다.[153]

북한은 북미회담을 통해 주한 미군의 철수, 불가침 조약과 평화협정의 체결 등 한반도 공산화 목표 실현을 위한 일관된 전략을 추진한 결과, 미국과의 교섭과정에서 상당부분 성공을 거두었다. 미국은 북한의 '북·미 불가침 조약' 체결을 전제로 한 양자회담에 대해 양자협상은 "북한의 의무는 극소화 하면서 운신의 폭만 극대화시켜 세계 다른 지역에서의 핵 확산 억제를

---

153) 신진, 「북한의 핵문제와 6자회담의 현안과 과제」, 『군사논단』 제40호(2004), p.39.

어렵게 할 수 있다."고 인식하였다.[154] 그러나, 한국으로서는 북핵문제를 보는 시각이 미국과 다를 뿐만 아니라 북핵문제 해결을 위한 전략이 매우 소극적일 수 밖에 없었는데, 그 이유는 한국이 실익을 증진시키기 위해 지렛대로 사용할 수 있는 수단이 제한된 측면을 들 수 있다. 여기에 더 큰 문제는 국민들의 북한에 대한 인식의 차이로 인해 북핵문제 해결의 목표와 전략에 관한 국민적 합의가 결여되어 효율적인 전략과 정책이 수립되지 못했기 때문이었다.[155]

국제관계에서 특정 국가에 대해 특정한 정책을 선택한 국가는 최우선적으로 자국의 사활적 이익을 고려한다. 즉, 국가에 있어서 가장 중요한 목표는 생존과 국가이익이므로 국가는 생존이 보장된 경우에는 보다 광범위한 국가이익을 추구하지만, 국가의 생존이 위태로울 때에는 최우선적으로 생존을 추구하게 마련이다.[156] 그러므로 생존이 가장 우선적으로 고려되어야 할 목표이며 행동의 지침이 된다는 사실을 고려해 볼 때 북한은 생존(체제유지)을 위해서라도 핵을 포기하지 않을 것이라는 시각이 우세를 점하고 있다.

북핵문제는 국가와 전문가에 따라 견해가 다르고, 해법 또한 다양하게 제시되고 있다. 이명박정부의 '비핵·개방·3000', '그랜드 바겐'(Grand Bargain) 정책도 실행 가능한 해결방안임은 분명하지만, 북핵문제는 북한의 태도 변화와 핵 폐기가 전제되지 않는 한 해결되기 어려운 과제로서 안보상의 중요한 변수로 작용될 전망이다.

남북대화 역시 한국의 안보환경을 가늠하는 지표로 평가되고 있다. 냉전 종식 이후 사회주의 국가의 붕괴가 시작되면서 남북한은 적극적인 대화를

154) 길병옥, 「북핵문제가 우리 안보에 미치는 영향 및 정책적 대응방안 분석」, 『한반도 군비통제』 군비통제자료 제33집(2003), pp.117~118.

155) 신진, 『북한과 한미 외교정책의 소용돌이』(대전 : 문경출판사, 2004), pp.43~44.

156) 신진, 「북핵 포기의 실효성 확보를 위한 한미공조 방안」, 『한반도 군비통제』 군비통제자료 제33집(2003), p.69.

모색하였다. 1990년부터 진행된 남북간의 고위급 회담을 계기로 1992년에는 「남북 사이의 화해와 불가침 및 교류·협력에 관한 합의서」(남북한 기본 합의서)를 발효시키기도 하였다.[157)]

남북간의 군사회담은 1990년대 초에 남북한 군사 협상을 시작한 이후 2000년대에는 남북 장관급회담의 분과 협상이 아닌 전담 협상으로 발전되었다. 그 과정을 살펴보면, 1998년 2월 유엔사 정전위원회 대표와 북한군 장성간의 회담을 한미 양국이 북한측에 제의하고, 북한이 이를 수락하면서 남북한 장성급회담이 개시되어 1999년 9월까지 11차례 회담이 개최되었으나,[158)] 남북 군사협상은 남북 군사분과위원회 회담, 남북 국방부장관 회담, 남북 장성급 군사회담 등으로 이어지는 동안 개최와 중단이 거듭되어 실질적이고 가시적인 성과를 달성하지 못하였다.

남북 군사협상은 한국이 공산주의를 부정하고, 북한은 자본주의를 부정하는 상황에서 야기된 반목과 갈등을 안고 시작되었으나, 남북이 다같이 체제의 우월성에 입각하여 상대를 극단적으로 폄하하는 행위를 장기적으로 지속함에 따라 사상의 단편화 및 획일화 현상이 더욱 심화되었다. 이는 남북한 모두가 문화적으로 척박瘠薄한 상태가 되었음을 자인한 결과라는 평가가 지금도 유효하다. 다만, 남북한이 미래를 개척해 나가는 방향에 있어서 더 이상 과거에서 그 해답을 구하지 않았다는데서 희망과 기대의 공통점을 찾을 수 있다.

탈냉전 이후 구 소련이 몰락하자 미국은 정치적·경제적 파트너인 일본을 아시아·태평양지역의 안보전략을 추구하는 전초기지로 활용하고자 하였다.[159)] 그러나, 2001년 발생한 9·11테러는 미국은 물론 국제안보환경에 급격한 변화를 초래하여 통상적인 테러리즘의 개념을 뛰어 넘는 대량학살 테

157) 김강녕, 「남북한 군사회담 개선방안」, 『군사논단』 제40호(2004), p.85.
158) 국방부, 『2000 국방백서』(서울 : 한국컴퓨터인쇄정보, 2000), p.75.
159) 신진·김년수, 「탈냉전시기 일본 자위대의 군사력증강 분석」, 『사회과학 논총』 제8권(1997), p.255.

러를 전쟁행위로 취급하는 계기가 되었다. 미국은 대량살상무기를 보유한 국가와 테러의 위협에 대해 단독으로 전쟁을 수행할 수 있도록 일방주의적 선제, 저지, 예방전략으로 안보전략을 변화시켜 2002년 9월에 발표된 미국의 국가안보전략보고서(National Security Strategy of the United States)에서 테러 및 대량살상무기의 제거를 국가안보정책의 최우선 목표로 설정하였다.[160)]

이러한 미국의 대응개념 변화에 따라 대량살상무기의 확산을 방지하기 위한 국제사회의 다양한 활동이 전개되었지만, 여기에 한국이 참여하지 않음으로써 어려운 국면을 자초하였다. 요컨대, 21세기 국가안보의 개념이 정치·군사 위주의 전통적 안보개념에서 비군사적 측면을 포함한 포괄적 안보개념으로 확장되고,[161)] 남북한은 교류 협력의 증대, 경의선과 동해선 철도의 연결, 금강산 관광의 실시, 남북 정상회담, 6자회담 등으로 화해와 협력을 위한 다양한 활동이 진행되었음에도 불구하고 북한은 여전히 한국의 안보를 위협하는 존재이다.

나) 안보환경 변화가 병역제도의 변화에 미친 영향

민주화 이후 남북 화해와 협력의 장이 열리면서 복무기간의 조정에 대한 논의가 활발히 전개되어 단축으로 이어졌다. 노태우정부 이후 나타난 남북교류의 가파른 상승세는 권위주의 시대의 안보논리를 앞세운 각종 조치를 무의미하게 만들었다. 안보환경과 인식의 변화는 병사들의 군 복무기간 단축으로 나타났다. 현역병의 복무기간은 6·25전쟁 기간에는 전역제도 자체가 시행되지 못하였지만, 1960년대와 1970년대에 안보위협이 고조될 때에는 오히려 복무기간이 연장되기도 하였다. 민주화 이후에는 남북 간의 대치된 안보상황, 또는 국가안보태세의 강화를 이유로 한 기존 복무기간의 유지는 더 이상 설득력을 잃게 되었다. 정부수립 이후 2012년 현재까지 현

160) 신진(2004), 전게서, p.57.
161) 조영갑, 『민군관계와 국가안보』(서울 : 북코리아, 2005), p.154.

역병의 복무기간 변화를 살펴보면 〈표 17〉과 같다.

〈표 17〉 현역병 복무기간의 변화(1948~2012년)

단위 : 개월

구 분	복 무 기 간			조정사유
	육군·해병	해군	공군	
1952년 이전	전역제도 없음			6·25전쟁으로 병역법 시행 불가
1953년	36	36	36	6·25전쟁 후 장기복무자 전역
1959년	33	36	36	징집병 병역부담 완화
1962년	30	36	36	징집병 병역부담 완화
1968년	36	39	39	1·21사태로 복무기간 연장
1977년	33	39	39	잉여자원 해소, 기술인력 지원
1979년	33	35	35	해·공군병 획득난 해소
1984년	30	35	35	징집병 병역부담 완화
1990년	30	32	35	해군병 획득난 해소
1993년	26	30	30	방위병 폐지, 잉여자원 해소
1994년	26	28	30	해군병 획득난 해소
2003년	24	26	28	병역부담 완화
2004년	24	26	27	공군병 획득난 해소
2008년	24 → 18	26 → 20	27 → 20	병력감축, 잉여자원 해소
2011년	21	23	24	2010. 12. 21. 국무회의 결의

출처 : 국방부, 『2010 국방백서』(서울 : 국방부, 2010), p.319.

2) 정부의 정책

가) 민주화 이후의 정부정책

민주화 이후 정부의 정책은 권위주의 시대에 비해 상대적으로 정책의 추진력과 연속성이 미약하였다. 그 이유는 과거에는 대통령이 결정하면 내각과 국회에서 이를 추진하기 위한 강력한 뒷받침을 제공하여 민간에 대한 효율적인 통제가 가능했지만, 시민단체와 야당의 견제가 심해진 민주화 이후에는 독단적인 정부정책에 대한 비판과 평가가 자유로워졌기 때문이다. 그럼에도 불구하고, 중소기업과 벤처기업 육성을 통한 산업발전은 정부의 중요한 정책으로 추진되었으며, 이를 위한 인력지원 소요에 따라 병역제도에 영향을 미치게 되었다.

제6공화국은 자주적 통일안보정책을 통한 평화의 보장과 통일의 추구를 안보정책의 기조로 삼고,[162] 동구권 국가에서 시작된 탈냉전의 세계적 기류를 국력신장의 호기로 인식하여 구 소련 및 중국과 국교를 수립함으로써 한반도 문제에 직·간접적으로 간여해 온 주변 4강과 정상적인 외교채널을 유지하였다. 한·중 수교에도 불구하고 중국은 한반도 문제에 대해서는 '현상태의 유지', 북한에 대해서는 미국과 일본세력의 대륙진출을 막는 '완충지대'라는 역할 평가에는 변화가 없었다.[163] 중국은 한·중 수교 이후에도 북한과는 정치·군사적 교류협력을 계속하였지만 한국과의 교류협력은 제한된 수준에 그칠 수 밖에 없었다.

김영삼정부는 안보환경의 급격한 변화와 더불어 위협의 범위와 성격이 다양화됨에 따라 이에 능동적으로 대응하고, 공산권의 붕괴와 동·서독의 통일 등 역사적인 흐름이 다가올 통일시대를 맞이할 준비를 요구한다는데 착안하여 국방목표를 "외부의 군사적 위협과 침략으로부터 국가를 보위하고 평화통일을 뒷받침하며, 지역의 안정과 세계평화에 기여한다."로 개정하였다.[164]

김대중정부는 출범 이후 국내의 다양한 반대에도 불구하고 대북 햇볕정책을 지속적으로 추진하였다. 김대중은 대북 교류의 활성화와 화해정책을 추진함으로써, 북한을 개혁과 개방의 길로 유도하여 국제사회로 인도해야 한다는 신념하에 북한에 대해 남북한의 특수한 관계에 있는 하나의 국가로서, 국제사회의 일원으로 끌어들이기 위한 정책을 추진하였다. 즉, 평화공

162) 김희상, 『21世紀 韓國安保』(서울 : 도서출판 典廣, 2008), p.213.
163) 길병옥, 「동북아 지역분쟁과 우리의 대응방안」, 『한반도 군비통제』 제37집(2005), p.152.
164) 국방부, 『1994 국방백서』(서울 : 군인공제회 제1인쇄사업소, 1994), p.20.

존과 남북관계의 개선을 목표로 북한의 무력도발 불용, 흡수통일정책의 포기, 남북한 교류협력의 적극적 추진을 대내외에 천명함으로써, 남북한의 교류와 협력을 강화할 수 있는 기반을 조성하고자 하였다.[165)]

이에 따라 연평해전과 북한의 미사일 발사 등으로 '한반도 위기설'이 유포되고 있는 상황에서도 햇볕정책을 계속 추진하였다. 그 결과, 북한은 김대중 정부의 대북정책 추진에 따른 한국과의 교류협력이 체제를 유지하면서 경제발전을 도모할 수 있는 돌파구가 될 수 있다고 판단하여 2000년 6월 15일 분단 이래 최초의 남북 정상회담이 개최됨으로써 남북관계에서 새로운 장이 열리게 되었다. 경협에 기초한 대북 관계개선은 다른 대안의 부재라는 현실적인 제약 속에서 남북관계의 유일한 매개고리 역할을 하였다.[166)]

대북 경제협력을 명목으로 한 경제적 지원과 남북 정상회담을 실현하기 위해 북한에 제공되었던 5억 달러의 자금과 금강산 관광개발의 대가로 약 10억 달러 상당의 자금을 지원했음에도 불구하고 북한의 한국에 대한 적대적인 태도는 변하지 않았다. 김대중의 재임기간 중 발생한 두 차례의 연평해전과 이후의 계속된 도발이 이를 입증하고 있다.[167)]

노무현정부는 국가안보목표를 달성하기 위해 일관되게 견지해야 할 국가안보의 전략기조로 평화번영정책의 추진, 균형적 실용외교 추구, 협력적 자주국방 추진, 포괄안보 지향을 제시하였다.[168)] 특히, 북한이 『국방백서』 상의 주적主敵 표현을 구실로 군사회담을 거부하기에 이르자 "일국의 적을 공개적으로 명시하는 문제는 국방 차원의 영역을 넘어 국가안보 차원에서 검토해야 할 필요가 있다.", "내부문서가 아닌 대외 공개문서인 국방백서에 주적을 기술해서는 안 된다."는 논리에 의해 『2004년 국방백서』에서 주적

165) 신진, 「김대중정부의 대북정책에 관한 정치학적 평가와 전망」, 『한국통일연구』 제5권 제1호(1999), p.94.

166) 박재정, 「남북한 통합론의 시론적 접근」, 『한국통일연구』 제3집(1997), p.134.

167) 신진(2003), 전게서, pp.101~102.

168) 국가안전보장회의 상임위원회, 『평화번영과 국가안보』(서울 : 국가안전보장회의 사무처, 2004), pp.20~23.

표현이 삭제되었다. 대신 한반도에 평화를 정착시키고 남북한 공동번영을 추구함으로써, 평화통일의 기반을 조성하고 동북아 공존·공영의 토대를 마련하기 위한 협력적 자주국방을 위한 노력으로 기술되었다.[169]

이명박정부는 정책방향을 '산업화와 민주화를 넘어 선진화로 나아가는 21세기 위대한 대한민국의 시대를 여는 것'으로 표방하고, 국정지표를 ① 국민을 섬기는 정부, ② 경제발전 및 사회통합, ③ 문화창달과 과학발전, ④ 튼튼한 안보와 평화통일 기반 조성, ⑤ 국제사회에 대한 책임 완수와 인류 공영에 이바지(성숙한 세계국가)로 설정하였다. 또한 대북정책의 5대 과제로 ① 2010년까지 북핵문제 해결, ② 비핵·개방·3000 구상, ③ 남북 경협단지 개발, ④ 21세기 한미 전략동맹 추진, ⑤ 대북 인도적 지원 지속적 전개로 제시하였다. 또한 국정운영의 핵심적인 가치로 '공정한 사회'를 제시하고, 이를 구현하기 위한 중점과제를 선정하여 추진하고 있다.

요컨대, 민주화 이후의 남북관계는 북한의 대남적화 전략이 변하지 않고 각종 도발이 끊임없이 계속되어 실질적으로는 냉전체제의 연속이었다. 노태우정부는 국방정책의 기본방향을 자주국방으로 설정하고 이를 달성하기 위한 노력을 군사전략에 반영하여 평시 '자주적 억제전략', 국지전시 '응징보복전략', 전시 '공세적 방위전략'을 수립하고, 군사적 측면에서의 대미 의존도를 탈피한 자주적인 군사력 건설을 추구하였다.[170]

김대중·노무현정부는 기본적으로 한국의 국력과 군사력을 과대평가하고, 북한의 군사력을 과소평가하는 경향이 있었으며, 이를 바탕으로 국가번영과 평화통일정책을 추진하고, 북한과의 교류·변화·통일을 위한 협력적 자주국방정책을 추진하였다. 그 결과, 노무현정부에서는 북한의 위협이 감소되고, 미래 잠재적 위협이 증가되는 것을 전제로 한 국방개혁 2020과

---

169) 조영갑, 「자주국방 발전기의 국방정책과 제도, 1998~2000」, 『軍史』 제68호(2008), pp.152~153.

170) 이필중(2006), 전게서, p.67.

전작권 전환이 추진되었으며, 군사전략은 평시 '총합적 억제전략', 국지전시 '대응 및 확전방지전략', 전시 '수세·공세적 방위전략'을 수립하여 적용하였다.[171]

나) 정부의 정책이 병역제도의 변화에 미친 영향

노태우정부는 군의 병력 충원에 지장이 없는 범위 내에서 과학기술의 진흥, 산업육성, 농어촌 국민보건 향상, 고급 두뇌의 양성 등 인적자원을 효율적으로 활용하여 국가발전에 기여할 수 있게 한다는 취지에서 병역특례제도를 추진하였다. 그러나 학력, 자격, 면허, 특기 등 법령에서 정한 소정의 자격요건을 구비한 자를 선발하여 기본 군사교육을 마친 후에 관계분야에서 일정한 기간을 종사하면 실역 복무를 인정해 주는 특례제도의 적용은 국민개병제 원칙에 따른 병역의무의 형평성을 둘러싼 논란으로 확산되어, 「병역의무의 특례 규제에 관한 법률」을 제정하여 각종 특례제도를 통폐합하였다.

김영삼정부에서는 1969년부터 시행되어 오던 방위병제도의 악용에 따른 부조리의 심화를 방지하기 위해 방위병제도를 폐지하고, 그 후속조치로 1년 동안 현역병으로 복무한 후 향토방위 분야에서 16개월 동안 출퇴근식 복무를 하는 상근예비역 제도를 시행하였다.[172]

김대중정부에서는 병무비리를 근절하기 위해 병무청의 현역 모병관 제도를 폐지하고, 병역의무의 자진이행 풍토의 조성과 사회 지도층의 병역의혹 해소 및 병무행정의 투명성 확보를 위해 고위 공직자에 대한 '병역사항 공개제도'를 시행하여 6,000여개의 병역이행 의무 공개직위를 지정하였다.[173]

노무현정부에서는 공직자윤리법에 의한 재산등록자 중 4급 이상 공직자를 포함하는 23,000여개의 직위로 병역사항 공개를 확대하고 이를 병무청 홈페이지에 공개하여 일반 국민의 열람이 가능하도록 하였다.[174]

---

171) 차동길(2010), 전게서, p.26.

172) 국방부(1994), 전게서, p.240.

173) 국방부, 『1999 국방백서』(서울 : 대종인쇄사, 1999), p.160.

이명박정부는 공정한 병역의무 부과 및 이행을 통한 공정사회 구현을 위해 병역법과 관계법령을 개정하여 건강이상자에 대한 정밀검사를 강화하고, 신체등위 판정기준 강화를 위한 「징병 신체검사규칙」을 개정하였다. 또한 병역면제 연령을 일반의무자의 경우 31세에서 36세로, 병역 면탈자 및 국외 체류자는 36세에서 38세로 조정하였으며, 입영기일의 연기는 총 5회로 제한하고, 사회 지도층의 병역사항 중점관리를 위한 근거를 마련하였다.[175]

3) 경제적 요인

가) 민주화 이후의 경제 상황

권위주의 시대의 고도 경제성장이 주로 정부 주도로 성과를 달성하던 시기였다면, 민주화 이후에는 민간이 주도하는 시장경제체제에 의한 경제개발로 전환된 시기였다. 즉, 정치분야에서 민주화를 성취한 국민들이 제 분야의 민주화를 줄기차게 요구하여 경제분야에서도 선진적인 조치들이 단행되었다. 노태우정부 이후 국내시장을 개방하는 시장개방과 자유화정책을 추진하여 1994년까지 연간 6∼9%의 고도 성장을 계속하였다. 그 결과 1995년에 1인당 국민소득 1만 달러를 돌파하고, 경제협력개발기구(OECD)에 가입하여 명실상부한 고도 대중소비시대에 진입하였으나, 국가경제관리체제의 이완과 관치금융의 한계가 드러나 국제통화기금(IMF)의 금융지원을 받아야 할 정도로 경제상황이 악화되었다.[176]

김대중정부는 구조 조정과 경제개혁을 통해 산업구조를 개선하였다. 특히, 기술과 지식을 기반으로 한 벤처기업의 창업을 촉진하고, 영업활동에 대한 각종 규제를 완화하여 우수 기술인력의 확보 및 지원이 필요하게 되었다. 노무현정부와 이명박정부에서도 경제 활성화와 일자리 창출은 지속적

---

174) 병무청, 『참여정부의 병무혁신 프로젝트 0308』(대전 : 병무청, 2003), p.17.
175) 국방부, 『이명박정부 3년 국방정책 주요성과 및 과제』(서울 : 국방부, 2011), p.32.
176) 박효종 외(2008), 전게서, pp.102~103.

으로 강조되었으나, 고질적인 노사분규와 부실한 경영구조가 경제발전의 걸림돌로 작용되었다. 수출시장의 다변화와 내수시장의 확대를 위한 다양한 조치에도 불구하고, 세계적인 경기 불황의 장기화에 따른 실업문제로 계층간·지역간 빈부의 격차는 오히려 심화되었다.

한편, 노태우정부 이후 추진된 남북 교류협력은 꾸준한 증가추세를 유지하였다. 남북교역은 교역이 시작된 1988년부터 2000년대 초반까지 완만한 증가세를 보이다가 개성공단이 본격 가동된 2005년부터 큰 폭의 증가세를 나타내었다. 즉, 2005년에 최초로 연간 교역규모가 10억 달러를 넘어선 이후 2007년 17억 9천7백만 달러, 2008년 18억 2천만 달러, 2010년에 19억 1천만 달러를 달성하여 교역액을 집계하기 시작한 1989년 이후 누적 교역실적은 총 146억 600만 달러에 달하였다.[177] 그러나, 미국 경제의 재정위기로 인한 국제경제 사정의 악화와 제2의 글로벌 금융위기가 현실로 나타날 것이라는 전망과 함께 중국의 성장둔화 우려가 제기되는 등 전반적으로는 글로벌 금융위기를 탈출한 것으로 보이지만, 물가불안의 심화와 재정 부실화 우려가 상존하고 있다.

나) 경제적 요인이 병역제도의 변화에 미친 영향

경제적 요인은 산업체에서 필요로 하는 기술인력을 지원하기 위한 특례제도의 확대 또는 축소로 반영되어 병역제도의 변화에 직접 또는 간접적으로 영향을 미쳤다. 노태우정부에서 특례제도가 통·폐합된 이후 특례요원 심의가 강화되어 특례보충역 처분이 점진적으로 감소되었다. 김영삼·김대중정부는 중소기업과 벤처기업 육성정책을 시행하면서 각종 규제를 완화하였다. 또한 산업체의 기술인력 지원 요구에 의해 「병역의무 특례 규제에 관한 법률 시행령」을 개정하여 방위소집 대상자 중 기술자격이 없는 자에게도 일정기간 직업훈련을 실시한 다음 특례 보충역에 편입시켜 중소기업

177) 통일부 통일교육원(2011), 전게서, p.133.

체를 지원함으로써 병역 특례업체와 특례 보충역 처분이 증가하였다. 지정된 특례업체는 1990년에 420개였으나 1994년에는 5,638개로 증가하고, 2000년에는 13,811개로 증가되었다. 이에 따른 산업체의 인력부족을 지원하기 위해 병역특례 처분을 받은 자원은 1990년에 3,551명이었으나, 1994년에는 28,051명으로 늘어났으며, 2000년에는 17,110명이 병역특례 처분을 받고 산업체에 지원되었다.

4) 사회적 요인

가) 민주화 이후의 사회 상황

노태우정부 이후 현재까지의 사회적 변화는 매우 빠르게 진행되었기 때문에 시기별로 변화의 폭과 깊이를 구분하기 어렵다. 이는 우리 사회가 그만큼 글로벌사회로 나아가고 있어 사회의 발전추세가 이를 뒷받침하는 제도의 발전 추세를 앞질렀음을 의미한다. 민주화 이후에는 다양한 사회 구성원과 집단의 요구가 여과없이 분출되어 혼란과 갈등이 빈번하게 발생하였다.

병역제도 변화에 영향을 미친 사회적 변화를 살펴보면 다음과 같다. 민주화 이후 대표적인 사회변화로는 노동운동이 활성화되어 노동현장의 근무여건이 개선되고, 노동자의 권익이 크게 향상된 점을 들 수 있다. 1987년 6월을 기준으로 2,742개이던 노동조합은 동년 말에 4,086개로 증가되었고, 노동쟁의는 1987년에 3,479건이 발생하여 전년도에 비해 13.6배나 증가하였다.[178)]

민주화 이후 뚜렷하게 나타난 사회변화는 저출산·고령화 사회 진입에 따른 인구 증가율 감소현상을 들 수 있다. 한국의 인구 현황과 장래 인구추계人口推計는 〈표 18〉과 같다.

---

178) 교과서포럼(2009), 전게서, p.153.

〈표 18〉 인구현황과 장래 인구추계(1965~2050년)

단위 : 만명 / %

연 도	1965	1970	1975	1980	1985	1990	1995	2000	2005
총인구	2,870	3,224	3,528	3,812	4,080	4,286	4,509	4,700	4,813
평 균 증가율	2.95	2.46	1.89	1.61	1.41	1.01	1.04	0.85	0.48
연 도	2010	2015	2020	2025	2030	2035	2040	2045	2050
총인구	4,887	4,927	4,932	4,910	4,663	4,773	4,634	4,452	4,234
평 균 증가율	0.31	0.16	0.02	-0.09	-0.19	-0.37	-0.58	-0.79	-0.98

출처 : 여성가족부, 『2010 청소년백서』(서울 : 대한정보인쇄, 2010), p.34의 내용을 토대로 재구성.

인구 증가율이 감소된 이유는 정부와 민간 사회단체에서 추진했던 가족계획의 성공과 산업화시대 핵가족화의 영향이 주된 요인이 되었다. 전체 인구의 감소는 경제활동 인구의 감소를 초래할 뿐만 아니라 병역자원의 감소가 불가피하게 되어 병역제도의 변화를 포함한 장기적인 대책이 강구되어야 함을 나타내고 있다. 또한 민주화 이후 국민의 높은 교육열과 경제성장, 평생학습체제의 구축 등의 교육여건이 향상됨에 따라 고학력 현상이 두드러지게 나타났다.

실제로 1995년의 대학 진학율은 51.4%에 그쳤으나, 2000년 들어 68.0%로 상승하였으며, 2004년 이후에는 80% 이상이 대학(교)에 진학하는 고학력 사회가 계속되고 있다.[179] 고학력화의 영향으로 고졸 또는 고퇴 이하자는 점진적으로 감소되고, 대학(교) 재학 이상 학력 소지자의 현역입영 비율은 1995년에는 57.1%를 차지하였으나, 꾸준한 증가를 나타내어 현재는 80% 수준을 넘고 있다. 1995년 이후 현역 입영자의 학력변화 추세는 〈표 19〉와 같다.

179) 여성가족부(2010), 전게서, p.253.

〈표 19〉 현역 입영자의 학력변화 추세(1995~2009)

단위 : %

구 분	대 학	고 졸	고퇴 이하
1995년	57.1	39.1	3.8
2000년	73.7	26.3	-
2004년	77.3	18.2	4.5
2007년	82.7	14.3	3.0
2009년	82.9	13.9	3.2

출처 : 병무청, 『2009 병무통계』(대전 : 병무청, 2010), p.166. 재구성.

나) 사회적 요인이 병역제도의 변화에 미친 영향

노태우정부 초기부터 노조활동이 활발해지고 각종 시민단체와 사회단체의 영향력이 급속도로 증대되었다. 이 시기의 사회변화는 자연스럽게 병역제도의 변화로 이어져 주로 병역자원의 수급에 기초하여 복무기간을 연장 또는 축소하거나, 발생된 잉여자원을 활용하기 위해 새로운 병역제도를 신설 또는 폐지하여 왔다.[180] 이에 따른 현역병 복무기간의 변화는 안보환경 변화가 병역제도에 미친 영향에서 살펴본 바와 같다.

한편, 예비군훈련 역시 사회적 요인에 의해 많은 영향을 받아 훈련제도와 방법의 발전을 가져왔지만, 여기에는 안보환경과 정부의 정책, 경제적인 요인이 동시에 반영되었다고 할 수 있다. 예비군훈련은 제1공화국 이후 경찰 책임하에 역종별 구분없이 지역단위의 일반훈련으로 실시하였으나, 1972년에 예비군훈련 책임이 군으로 이관된 이후 1975년부터는 동원예비군과 일반예비군으로 구분하여 권역별로 설치된 종합훈련장에서 소집교육을 실시하였다. 1980년 이후 현재까지는 급격한 사회변화 추세가 반영된 다양한 훈련방법이 적용되었으며, 훈련일정의 자율선택, 훈련불참자에 대한 재입영 훈련, 인터넷에 의한 훈련소집, 주말과 휴일을 이용한 예비군훈련의 실

180) 이재광, 「저출산·고령화 사회현상이 군 병역인력 관리에 미치는 영향과 발전방향」, 해군대학 정규과정 졸업논문(2008), p.17.

시, 사이버교육체계를 개발하여 적용하는 등 사회적 변화 요인이 반영된 예비군훈련으로 정착되고 있다. 예비군 동원훈련 면에서도 제1공화국에서는 가용한 예비군자원이 부족하여 연간 35일간 소집훈련을 실시하였으나, 1957년에 28일, 1960년에 14일로 대폭 조정되었다. 예비군 훈련기간은 1973년에 5박 6일로 재조정된 이후 점진적으로 축소되어 현재는 2박3일간의 소집교육으로 정착되었다.[181)]

이와 같은 훈련기간의 축소는 비단 사회적 요인 뿐만 아니라 안보환경의 변화, 그리고 정부의 정책적 판단, 경제적 요인 등이 복합적으로 고려되어 단행된 조치였다. 향토예비군이 창설된 이후로부터 현재까지 예비군훈련 변천과정과 예비군 동원훈련 소집기간의 변화를 정리하면 〈표 20〉, 〈표 21〉과 같다.

〈표 20〉 예비군 훈련 변천과정(1968~2011년)

구분	주요내용
1968～1971년	·경찰책임하 지역단위 훈련 ·역종별 구분없이 일반훈련 위주 실시
1972～1974년	·예비군훈련 책임 이관(경찰 → 군) ·통합방위협의회 지원, 지역별 훈련장 설치
1975～1979년	·동원 / 일반예비군으로 구분, 학급/교과편성 ·군부대 소집교육 / 쌍용훈련 실시('77)
1980～2007년	·훈련단위별 안보교육관 설치('85) ·훈련일정 자율선택('95), 불참자 재입영 훈련('02) ·인터넷 훈련소집('05), 휴일 예비군 훈련('06)
2007～2011년	·예비군 사이버교육체계 개발 / 시험적용('08) ·동원지원단 / 정밀보충대대 창설('09)

출처 : 엄영호, 『2010 예비전력발전 세미나 자료집』, p.79.

181) 이동호, 「예비군 교육훈련 발전방안」, 『해군대학 논문집』, 2010, p.21.

〈표 21〉 예비군 동원훈련 소집기간의 변화(1957~2004년)

구분	종전	변경	비고
~1957년	연간 35일	연간 28일	7일 단축
1960년	연간 28일	14일	14일 단축
1973년	연간 14일	5박 6일	8일 단축
1988년	5박 6일	4박 5일	1일 단축
1992년	4박 5일	3박 4일	1일 단축
1994년	3박 4일	2박 3일	1일 단축
1999년	2박 3일	3박 4일	1일 연장
2004년~	3박 4일	2박 3일	1일 단축

출처 : 병무청, 『2010 병무연보』(대전 : 병무청, 2011), p.155.

3. 평가 및 시사점

한국의 병역제도는 광복 이후 미 군정기에 건군을 위한 기초를 다진 다음 정부수립과 동시에 국군을 창설하여 6·25전쟁을 거치면서 국군이 확장됨에 따라 변화와 발전을 거듭하여 왔다. 물론 각 행정부별로는 병역제도가 미비하여 사회적인 문제가 야기되기도 하고 병무비리로 얼룩진 면도 있지만 안보환경의 변화, 정부의 정책, 경제적 요인, 사회적 요인에 의해 병역의 세부적인 이행 형태만 달랐을 뿐 전반적으로는 합리적인 제도로 발전되어 왔고, 지금도 공정하고 공평한 병역제도로 자리매김 하기 위한 노력이 계속되고 있다. 한국의 병역제도가 과연 장위국이 제시한 군사제도 설정의 기본 원칙을 충족하는가를 평가하여 한국의 병역제도 발전을 위한 시사점을 제시하면 다음과 같다.

가. 군사제도 설정의 기본 원칙 충족여부 평가

군사제도 설정의 기본 원칙을 한국의 병역제도 분석 결과에 적용 및 평가하기 위한 기준으로는 각각의 원칙이 병역제도에 미친 영향의 정도가 고려되어야 한다. 그러나, 이에 대한 계량화되고 정형화된 기준은 없고, 원칙적인 수준의 수사修辭로만 기술되어 있기 때문에 주관적인 견해가 작용할 개연성이 높을 뿐만 아니라 자의적으로 판단할 가능성도 배제할 수 없다. 또한 분석의 방법도 상이한 수 개의 방법을 상정할 수 있으므로, 여기서는 군사제도 설정의 기본 원칙 중에서 핵심요소를 도출하여 한국의 병역제도 분석 결과를 토대로 충족 여부를 평가하기로 한다.

군사제도 설정의 기본 원칙은 중국 국부군의 기본정신이었던 단결·책임·희생의 '황포정신'(황포黃埔 : 황포군관학교)을 대만의 국민혁명군에게 계승하기 위해 건군의 기초와 제도의 구비를 목적으로 제시한 내용이지만, 목적은 반드시 정책, 즉, 총 목표에 부합되어야 한다는 측면을 강조하고 있고, 어느 국가에도 적용이 가능한 일반성을 갖추고 있어 병역제도 비교평가의 기준으로 적용하기에 적합한 것으로 판단된다. 군사제도 설정의 기본 원칙에 충족되는지의 여부를 비교 평가하는 기준으로는 충족(○), 부분충족(□), 미흡(△)으로 설정하였다. 요소별로는 제시된 9개 요소와 거의 일치하게 적용되었을 경우 충족으로, 부분적으로 적합하거나 상당한 정도의 일치를 보일 경우에는 부분충족으로, 설정한 기준에 미흡하거나 많은 부분에서 불일치를 나타낸 경우에는 미흡으로 구분하였다. 병역제도 비교평가의 설정 기준은 〈표 22〉와 같다.

〈표 22〉 병역제도 비교평가의 기준 설정

구 분	충 족(○)	부분 충족(□)	미 흡(△)
전력의 발휘	충분한 전투성 작전요구 적합	간접적 전투성 요구 부분적합	전력발휘 제한 작전요구 미충족
피아 비교분석	최선의 방책 장점의 극대화	차선의 방책 부분적인 장점	장단점 미분석
경제성과 효과	능력조건과 요구 사항의 균형 유지	능력조건과 요구 사항의 부분 균형	목적을 수단에 맞추는 방법 적용
일 관 성	제도간 상호 부합	제도간 일부 부합	제도간 상호 저촉
지 속 성	제도설정, 변경시 법적 절차 준수	법적절차의 준수 합법성 결여 사례	특정인이 제도의 제정, 폐지 주도
적 응 성	현재와 미래 고려	당시 환경에 적합	실행 가능성 제한
융 통 성	적시적, 합리적 제도 변화 및 운용	합리적 제도 변화 비정상적 운용	권력이 제도와 법령을 왜곡, 무시
자 율 성	권한과 책임의 한계 법령 명시	법 절차 적용시 인정의 개입 여지	법 절차 적용 미흡
인 간 성	기본욕구 배려	기본욕구 부분 배려	기본욕구 배려 미흡

이상에서 설명한 기준을 토대로 역대 행정부별 병역제도의 군사제도 설정의 기본 원칙 충족 여부를 살펴보면 〈표 23〉과 같다.

〈표 23〉 군사제도 설정의 기본원칙에 의한 행정부별 병역제도 비교

범례 : 충족(○), 부분충족(□), 미흡(△)

기본원칙	종합평가	제1·2 공화국	권위주의 시대	민주화 이후
전력의 발휘	○	○	○	○
피아 비교분석	○	□	○	○
경제성과 효과	□	□	□	○
일 관 성	○	○	○	○
지 속 성	△	△	△	□
적 응 성	○	○	○	○
융 통 성	△	△	△	□
자 율 성	○	○	○	○
인 간 성	□	□	□	○

행정부별 병역제도의 비교결과를 세부적으로 살펴보면,

첫째, 전력의 발휘 면에서는 역대 행정부 모두 충족한 것으로 평가하였다. 왜냐하면 군대의 존재목적 자체가 전쟁(전투)에서의 승리에 있기 때문에 행정부 차원에서 병역제도를 논의하고 채택함에 있어 가장 우선적으로 고려되어야 할 요소가 바로 전력의 발휘이기 때문이다. 한국이 분단국으로서 상존하고 있는 북한의 위협에 대응하기 위해서는 억제력을 발휘할 수 있는 강력한 군사력의 보유가 필수적으로 요구되어 당시의 여건과 실정에 적합한 병역제도로 발전시켰다고 평가할 수 있다.

둘째, 적군과 아군의 비교 면에서도 모두 충족한 것으로 평가하였다.

손자병법 제8편(구변九變)에서 "지혜 있는 장수가 판단할 때에는 반드시 이익과 손실을 아울러 참작해야 한다. 이익을 계산해 두면 하는 일에 확신을 가질 수 있고, 손실을 계산해 두면 환란을 방지할 수 있다."고 제시된 바와 같이,[182] 아군의 장단점을 꿰뚫고 있는 상태에서 적군의 강약점을 비교하는 것은 완전한 승리를 담보할 수 있다는 측면에서 반드시 고려되어야 할 요소이다. 다만, 제1·2공화국의 경우에는 광복 이후로부터 6·25전쟁이 발발하기 전까지 북한군의 기습남침 의도를 파악하고, 이에 대한 사전대비가 충분하지 못한 점을 감안하여 부분충족으로 평가하였지만, 전반적으로는 피아의 비교분석을 통해 군사력을 강화하고, 병역법의 제정과 개정을 통해 병역제도로 반영하기 위한 노력이 경주되었다고 평가하였다.

셋째, 경제성과 효과 면에서는 부분충족으로 종합평가 하였다. 제1·2공화국과 권위주의 시대에는 정부의 정책과 통치권자의 의지가 '북진통일', 반공을 제일로 하는 '자주국방'에 고정되어 있었기 때문에 경제(능력조건)와 효과(요구사항)라는 상반되는 개념이 균형을 이루지 못하였으며, 병역법의 제정 및 개정에 있어서도 민주적이고 합법적인 절차가 생략되는 경우가 비

182) 이종학(2005), 전게서, p.84.(原文 : 是故智者之慮 必雜於利害 雜於利而務可信也 雜於害而患可解也.)

일비재하여 경제성과 효과를 고려한 병역제도로 발전되지 못하였지만, 민주화 이후에는 투자 대 효과의 측면을 고려한 병역제도로 발전되고 있어 충족으로 평가하였다.

넷째, 일관성 면에서는 역대 행정부 모두 충족한 것으로 평가하였다. 최초부터 완벽한 병역제도를 시행한다는 것은 어느 국가에서나 불가능하다. 한국의 행정부별 병역제도는 시행착오를 거치면서 새로운 해결방안을 찾아 보완하되, 관련 법령의 개정을 동시에 추진하여 병역과 관련된 각종 제도가 상호 부합되도록 적용하였음을 고려하여 일관성을 유지한 것으로 평가하였다.

다섯째, 지속성 면에서 역대 행정부별 병역제도는 미흡한 것으로 평가하였다. 왜냐하면 지속성이란 어느 특정인이 주도하여 새로운 제도를 만들거나 폐지하는 것이 아니라, 제도의 설정 및 변경시에 합리적이고 합법적인 절차와 논의가 수반되어야 함에도 불구하고 정부수립 이후로부터 권위주의 시대까지의 병역제도는 통치권자의 의지를 반영하여 법령이 제정되고, 그 과정에서 국민의 대표에 의한 충분한 논의와 건전한 비판이 결여되었으며, 민주화 이후에는 국방개혁에 관한 법령의 제정과 병사의 복무기간 단축을 정치권에서 먼저 발표하고, 국회에서는 후속조치 차원의 논의에 그쳤기 때문이다.

여섯째, 적응성 면에서는 설정된 기준을 충족한 것으로 평가하였다. 제1공화국이 정부수립 이후 최초로 병역제도를 제정할 때부터 역사의 교훈과 선진국의 병역제도를 참조하였으며, 역대 행정부에서도 공히 현재(오늘과 여기)와 미래에 닥쳐올 시간과 장소의 상황을 고려하되, 전시와 평시의 상황을 연계한 일원화를 도모하여 적응성에서 제시된 기준을 충족한 것으로 평가하였다.

일곱째, 융통성 면에서는 설정된 기준을 충족하는데 미흡한 것으로 종합평가하였다. 융통성은 정책과 이론의 범위 내에서 합리적이고 적시적인 제도 변화 및 운용이 전제되어야 한다. 역대 행정부별로 정부의 정책과 경제적 요인, 사회적 요인에 의해 병역제도가 적시적이고 융통성 있게 변화되고 적용되었지만, 주로 제1·2공화국과 권위주의 시대에 법령의 악용을 통한 대규모 병무비리 사건이 발생하여 사회문제로 비화된 점을 감안한다면, 오히려 절제된 융통성이 아닌 융통성의 과다로 인한 남용과 오용에서 병역제도의 공평하고 공정한 적용에 장애가 되었다고 평가하였다. 한편, 민주화 이후에도 조직적인 병무비리 사건이 발생하였지만, 적시적이고 합리적인 병역제도의 변화 및 운용이 이전과 비교하여 신속하게 이루어진 점을 감안하여 부분충족으로 평가하였다.

여덟째, 자율성 면에서 역대 행정부 모두 설정된 기준을 충족한 것으로 평가하였다. 자율성이란 제도의 강제성이 인간으로 하여금 움직이지 않으면 안되도록 만들고, 규율과 군기에 기초한 권한과 책임의 한계를 명시함으로써, 자율적·자전적인 병역제도의 운영을 보장하는 통제된 자율, 법치의 범위를 벗어나지 않는 자율을 의미한다. 한국은 국가가 국민의 생존과 안전을 보장하는 정책을 추진하고, 국민은 국가를 보위하는 책임과 의무를 다하도록 자율을 부여하되, 반드시 병역의무를 이행해야 한다는 법적인 통제기제를 구비하고 있기 때문에 자율성의 원칙을 충족한 것으로 평가하였다.

아홉째, 인간성 면에서 한국의 병역제도는 설정된 기준을 부분충족한 것으로 종합평가 하였다. 그 이유는 비록 일부이기는 하지만 사회적 관심 대상자와 인기 연예인, 인기 스포츠 종목의 스타급 선수들이 병역의무 이행을 '가급적 피하고 싶은 대상', '손해 보는 느낌'으로 받아들이는 인식이 있어 왔기 때문이다.

최근 신세대 젊은이들을 중심으로 병역의무 이행에 대한 긍정적인 분위기가 조성되어 신체가 허약하여 군 복무를 하지 않아도 되는 대상자가 군 복무를 희망한다거나, 심각한 장애로 인한 면제자임에도 병영생활 경험을 희망하는 자원이 증가하고 있는 점은 긍정적인 변화로 평가되며, 이들이 장차 군 생활을 통한 자아실현이 가능하다는 인식을 하게 될 것으로 기대된다. 그러나, 무엇보다 중요한 것은 이와 같은 기대가 기대로만 그쳐서는 안되며, 정부 차원의 정책 추진과 병행하여 병역제도의 획기적인 개선을 포함한 가시적인 조치가 동시에 이루어져야 한다는 사실을 유의해야 한다. 젊은이들의 자유분방한 사고방식을 병역의무 이행이라는 한정된 용량의 틀에 맞추도록 강요하는 것이 아닌 개개인의 선호와 성향을 고려한 맞춤형 병역제도의 논의와 도입이 필요한 이유가 바로 여기에 있다.

나. 병역제도 결정요인과 병역제도 변화와의 상관관계 평가

한국의 병역제도는 행정부(시대)별로 많은 변화를 통해 지속적으로 발전되어 왔으며, 현재도 병역제도에 의해 수많은 젊은이들이 병역의무를 하고 있거나 앞으로 병역의무를 이행할 예정에 있다. 병역제도가 변화하고 발전하게 된 바탕에는 안보환경의 변화, 정부의 정책, 경제적 요인, 사회적 요인이 밀접한 연관성을 유지한 가운데 이들 요인들 간의 복합적인 상호작용의 과정이 포함되어 있다. 병역제도의 결정요인을 도출하고, 선정된 결정요인이 병역제도에 미친 영향을 분석하기 위해서는 다양한 접근방법과 사회과학적 연구방법이 고려될 수 있다.

병역제도 결정요인과 병역제도 변화와의 상관관계 평가는 직접적으로 영향을 미친 요인, 중간 정도의 영향을 미친 요인, 미미하게 영향을 미친 요인으로 구분하여 평가하였다. 구체적으로, 설정한 4개의 결정요인이 병역제도의 변화에 큰 영향을 미쳐 제도의 변화를 초래하는 요인으로 작용되었다면 대大로, 병역제도의 변화에 일정 부분 영향을 미치는 요인이 되었다면 중中으로, 병역제도의 변화에 영향을 미친 요인은 미약하였지만, 유의미한 변화를 가져오는 역할을 한 경우에는 소小로 정의하였다. 병역제도 결정요인과 병역제도 변화와의 상관관계 분석을 정리하면 〈표 24〉와 같다.

〈표 24〉 병역제도 결정요인과 병역제도 변화와의 상관관계 분석

구 분	종 합	제1·2공화국	권위주의 시대	민주화 이후
안보환경 변화	大	大	大	大
정부의 정책	大	大	大	大
경제적 요인	大	中	大	大
사회적 요인	大	中	大	大

이를 분석해 보면,

첫째, 안보환경의 변화는 병역제도의 변화에 직접적인 영향을 미쳤다. 그 예로는 제1공화국에서 병역법을 개정할 때에 국민개병주의에 입각한 징병제를 채택한 사례, 제3공화국에서 1·21청와대 기습사건과 푸에블로호 납치사건 등 한반도 안보환경의 급격한 변화에 효과적으로 대응하기 위해 향토예비군을 창설한 사례, 민주화 이후 한반도 안보환경이 상대적으로 안정적인 국면을 유지하게 되면서 국민의 병역부담 완화를 위해 현역병의 복무기간을 점진적으로 단축한 사례를 들 수 있다.

둘째, 정부의 정책 변화는 병역제도의 변화에 직접적인 영향을 미쳤으며, 제도가 성공적으로 정착되었다. 그 예로는 이승만정부에서 '북진통일 정책', '연합국방과 의존적 자주국방 정책'을 구현하기 위해 국군조직법, 국방부직제령 등의 병역관계 법령을 제정 및 공포하였으며, 예비병력의 확보를 위한 호국병역의 설치, 국군의 확장에 따라 72만여 명 규모의 병력을 유지하기 위해 현역 복무기간을 조정한 것을 들 수 있다. 또한 박정희정부에서 잇단 병무비리를 척결하기 위해 국방부 외청으로 병무청을 창설하여 병무행정을 총괄하게 함으로써, 징병검사와 현역병 입영제도를 개선한 점, 정부의 정책인 전력증강사업을 원활히 추진하기 위한 자원 확보를 목적으로 병역 특례제도를 도입한 점, 민주화 이후의 실질적인 국방정책 추진과 현재 국방개혁의 일환으로 병력의 감축이 진행 중에 있는 점, 산업현장의 요

구에 의해 운영되던 특례제도를 통·폐합했다가 다시 확대한 점, 다양한 대체복무제도의 시행 등은 정부의 정책변화가 병역제도의 변화에 직접적으로 영향을 미친 사례라고 할 수 있다.

셋째, 경제적 요인은 병역제도의 변화에 상당한 영향력을 미쳤다. 제1공화국에서부터 생계 곤란자에 대한 배려의 일환으로 의가사 제대를 반영하고, 대통령령에 의해 복무기간을 연장할 경우에도 1년을 초과할 수 없음을 명시한 점은 상당 부분 병역제도의 변화에 영향을 미쳤다고 평가된다. 권위주의 시대에는 경제발전과 고도 성장을 위해 특례 규제에 관한 법령을 따로 제정하는 등 병역제도의 변화에 직접적인 영향력을 미쳤음을 알 수 있다. 그러나 민주화 이후에는 경제적 요인이 복무형태를 결정짓는 중요한 요소가 되지 않았기 때문에 일정 부분 영향을 미친 것으로 평가된다.

넷째, 사회적 요인은 병역제도의 변화에 직접적인 영향을 미쳤다. 제1공화국에서부터 부유층과 유학생들의 병역 기피는 사회문제로 대두되어 이를 통제 및 강화하기 위한 법령이 제정되었지만, 병역제도의 변화에 미친 영향은 미약하였다. 권위주의 시대에는 병종의 기준이 조정되고, 생활 곤란자의 군 복무 제외 조치가 단행되었으며, 민주화 이후에는 저출산·고령화시대의 진입에 따라 병역제도의 대폭적인 변화가 불가피했던 것으로 판단된다.

다. 병역제도 발전을 위한 시사점

한국의 병역제도는,

첫째, 군사제도 설정의 기본 원칙으로 제시된 9개 요소 가운데 전력의 발휘, 피아 비교분석, 일관성, 적응성, 자율성의 5개 요소는 충족, 경제성과 효과, 인간성 면에서는 부분 충족, 지속성과 융통성 면에서는 미흡한 것으로 평가되었다. 환언하면, 현재의 병역제도는 능력조건과 요구사항의 균형이 이루어지지 않고, 병역의무를 이행하고 있는 의무 복무자의 욕구를 충족시키는 데는 다소 미흡하며, 새로운 제도를 설정하거나 변경할 경우에 법적 절차의 준수보다는 통치권자의 의지가 강하게 작용되었기 때문에 융통성이 결여된 제도라고 평가할 수 있다.

둘째, 병역제도 결정요인과 병역제도와의 상관관계 분석 면에서는 안보환경의 변화, 정부의 정책, 경제적 요인, 사회적 요인이 모두 병역제도의 변화에 직접적인 영향을 미쳤다는 것이 사례로서 실증되었다. 이는 그만큼 한국의 병역제도가 보완되어야 할 소요가 많을 뿐만 아니라 앞으로도 지속적으로 발전되어야 하며, 아울러 그동안 한국의 병역제도가 현존하는 위협으로 인식되어 온 북한과 화해적인 분위기가 형성되었다는 것을 이유로 완화되어서는 안된다는 것을 의미하고 있다. 이에 부가하여 잠재적인 적으로 오랫동안 인식해 왔던 특정 상대와의 관계 개선이 이루어진다고 해서 병역제도 자체가 이완되어서는 안된다는 역사적 교훈을 시사하고 있다. 왜냐하면 한반도에서의 가상 적국이란 언제나 가변성을 가지고 있기 때문에 그 당위성이 더욱 강조되고 있으며,[183] 한국의 국방력을 강화하는 구체적인 방법으로 병역제도는 더욱 발전되고 강화되어야 하기 때문이다.

한국의 병역제도는 그동안 복무 역종이 너무 다양하고, 부정 및 비리가 개입할 소지가 많다는 지적을 받아왔다. 실제로 정부수립 이후 병역제도의 제정과 이행 과정에서 나타났던 병폐를 초기에 발본색원하지 못했던 까닭에 오히려 부와 권력을 가진 개인이 마음만 먹으면 신체검사 판정에서부터 제2 국민역의 분류에 이르기까지 병역 면제자가 될 수 있었다. 그 중에는 우리 사회가 병역 미필자와 면제자를 정도正道가 아닌 지름길을 통해 지도층 인사가 될 수 있도록 방치함으로써, 국민의 애국심과 충성심을 저해하는 가장 큰 요인이 되었다는 시각도 존재하고 있었다.[184]

지난 1999년 4월 검·경·군 합동으로 구성된 '병무사범 합동수사본부'의

183) 정원영, 「병역제도의 진보적 논의에 대한 소고」, 『주간 국방논단』 제969호(2003. 11. 17), p.5.
184) 박경석, 「병역 의무와 국가 지도자」, 『군사논단』 제10호(1997), pp.24~25.

병역면제 비리에 관한 수사결과 발표는 선진 일류국가를 주창하는 한국의 국가적 위상을 크게 추락시켰다. 합동수사본부의 발표내용에 의하면, 우리 사회에 만연된 병무비리의 대상에는 병역 의무자의 부모, 병무청 공무원, 군의관, 육군본부의 병무 관련 담당관, 육군훈련소의 담당관, 군 기관요원, 의정장교, 구청 공무원 등이 골고루 포함되어 있었다. 또한 비리의 유형으로는 징병검사 과정에서 병역면제 또는 보충역 판정 청탁, 군 입대로 결정된 이후에도 입대일자 조정, 카투사 선발 청탁, 선호지역 부대배치와 선호특기의 분류, 군 생활 중에는 조기 전역을 위한 의병전역 청탁 등 병무비리의 모든 유형이 망라되어 있었다.[185] 이와 같은 병무비리는 언제라도 기회만 주어지면 다시 발생할 수 있는 암적인 존재로서, 병역제도를 개선하고 발전시키기 위해서는 반드시 발본색원 되어야 한다.

군사 선진국을 포함한 모든 국가는 군사혁신을 계속하면서 양적인 병력규모는 감축하고 있는 추세에 있다.[186] 이는 군이 변화해야 할 목표가 노동 및 인력집약형 구조에서 기술집약형 구조가 되어야 함을 시사하는 것이며, 이를 위한 방법으로는 가장 효율적이고 합리적으로 인적자원이 분류되고 관리되어야 한다는 것을 암시하고 있다.[187]

자주국방을 위해 갖추어야 할 기본요건은 일반적으로 군사력, 전쟁지도능력, 군사외교 역량, 국민의 안보 공감대를 들 수 있다. 그런데, 명실상부한 자주국방은 이를 구현하기 위한 기본 요건의 설정 또는 특정한 명분을 내세우거나, 구호와 의지만으로 되는 것이 아니라 그에 맞는 역량을 갖추는 것이 무엇보다도 중요하다.[188]

자주국방의 역량을 구비하는 기본 요건 중에서 전쟁지도능력과 군사외

185) 정주성·안석기, 「병무비리 근절을 위한 제언」, 『주간 국방논단』 제784호(1999. 10. 25.), p.3.
186) 월간 대한국인 편집부, 「스위스의 군 개혁안」, 『월간 大韓國人』 통권 제44호(2011), p.79.
187) 김종탁, 「미래 국방경영을 위한 인력관리의 새로운 패러다임」, 『주간 국방논단』 제860호(2001. 10. 15.), p.3.
188) 조정, 『미국의 현대전쟁과 한국군의 과제』(서울 : 한국군사문제연구원, 2003), p.316.

교 역량의 강화는 통수권자와 군 수뇌부, 그리고 관련 분야의 전문가들이 국민으로부터 위임을 받아 수행하면 되지만, 군사력의 강화와 국민의 안보 공감대 형성은 전체 국민의 의견을 수렴하여 최선의 방안을 결정해야 한다. 특히, 군사력의 강화는 유형전력의 보강도 중요하지만, '정신적인 면'이 더 중요한 비중을 차지하는 요소로서, 합리적인 병역제도를 수립하고 이를 시행하는데 반영되어야 한다.

한국의 병역제도를 발전시키기 위한 시사점으로는, 우선적으로 병역의무 이행과 관련한 패러다임이 전환되어야 한다. 병역이행 의무는 가능하면 회피하고 싶은 '일방적인 의무'가 아니라 '적극적으로 이행하면 명예와 실리가 보장되는 의무이자 권리'로 인식되어야 한다. 국가는 모든 병역이행 대상자에게 예외 없는 병역의무를 부과하되, 다양한 복무형태별 최적의 복무기간 설정, 복무기간 중 공평한 기회의 부여, 복무실적 평가에 따라 인센티브 제공에 차이를 두는 등 개인의 적극적인 참여가 전제된 병역제도로 발전시켜야 한다.

다음으로는 미래 지향적인 병역제도가 되어야 한다. 국가방위와 관련된 문제는 국민교육과 더불어 장기적인 비전과 목표가 설정된 이후 세부계획을 구체화 하는 것이 순서이다. 그러므로, 병역제도를 발전시키고자 할 때에는 현재의 병역환경 뿐만 아니라 장래의 병역환경도 동시에 고려되어야 한다.[189)]

미래 지향적 병역제도로는,

첫째, 장차 병역의무를 이행해야 할 청소년들의 병역의무에 대한 인식을 제고하기 위한 정책이 추진되어야 한다. 또한 글로벌 시대의 사회현상으로 자연스럽게 나타난 다문화가족의 군 입대에 대비한 각종 제도적 장치가 마련되어야 한다.

둘째, 병역과 학업, 취업의 문제를 동시에 충족시켜주는 병역제도가 마

189) 정주성, 「중장기 병역정책의 과제와 발전방향」, 『국방정책연구』 제25권 제3호(2009), p.10.

련되어야 한다. 병역의무에 대한 인식을 긍정적으로 변화시키기 위해서는 병역의무 이행에 따른 보상과 함께 사회적인 인정이 필수적으로 요구되기 때문에 이에 대한 법적·제도적 정비를 포함하는 병역제도가 마련되어야 한다.

셋째, 예비군제도와 동원제도에 대한 보완이 이루어져야 한다. 한국은 예비군 자원은 풍부하지만 제도의 운영 면에서 치밀하지 못 하다는 지적을 받아왔다. 특히, 현재의 여건에서 소집훈련 기간을 연장하는 것은 현실적인 제약이 수반되기 때문에 질적인 수준을 높이는 방안이 고려되어야 한다. 최근 예비군제도의 운영과 관련한 유의미한 변화는 2011년 7월부터 시행된 '부분 동원제도'를 들 수 있다. 그 내용은 전시에 초기작전에서의 효율적인 대응을 위해 '충무 3종 사태'시에 예비군을 총동원하던 기존의 방침을 부분 동원으로 변경하고, '충무 2종 사태'시에 총동원을 하는 것으로 변경함으로써, 유사시 작전 반응속도를 줄이고 조기에 작전을 종결하는데 기여함은 물론, 작전의 장기화에 따른 군과 민간의 인적·물적 피해를 줄일 수 있다는 측면에서 긍정적인 조치라고 평가된다.

범국민적인 총력 안보태세의 주역이 되는 예비군제도 및 동원제도를 육성 발전시키기 위해서는 구성원의 내면에 존재하는 정신적인 요소가 더욱 중요하다. 외국의 제도를 도입하여 발전시키는 것도 중요하지만, 오랜 역사와 전통 속에 깊숙이 뿌리내린 우리 고유의 민족정신을 근간으로 한 조직체로 발전시키는 것이 더욱 중요하다.[190] 또한 예비군제도 및 동원제도는 단순한 예비전력 규모의 조정에 있는 것이 아니라, 전쟁양상의 변화와 미래의 불특정 위협에 대비한 전력을 구성하는데 그 핵심이 있으므로 대對테러전, 대 사이버전, 재난 극복, 향토방위, 평화유지활동 등 임무와 유형에 적합하도록 예비전력의 규모를 조정하는 것도 고려되어야 한다.[191]

---

190) 정주작, 「예비군에 대한 사적 고찰」, 『軍事評論』 제234호(1983), p.99.

191) 길병옥, 「국가 비상사태 대비 국가 위기대응법 제정방안에 관한 논고」, 『군사논단』 제64호(2010), p.145.

Ⅳ. 외국의 병역제도 사례연구

한국과 스위스, 이스라엘 3개국이 갖고 있는 공통점은 외국으로부터 침략을 받거나, 잠재적인 위협이 당면한 현실로 대두되었을 때 타국의 힘에 의존하지 않고, 전 국민이 일치 단결하여 국가 수호를 위해 나아가 싸우는데 주저하지 않았다는데 있다. 여기에는 국민의 투철한 국가관과 안보의식이 자리하고 있었으며, 전투에 임하는 군대가 조직적인 전투력을 발휘하여 상대국을 압도했기 때문이었다.

스위스와 이스라엘은 공히 징병제를 채택하고 있는 국가이지만, 역사적 배경과 안보상황을 고려하여 독특한 병역제도를 발전시켜 적용하고 있다. 즉, 국가마다 병역제도를 통해 추구하는 지향점은 동일하지만, 그 방법과 적용에 있어서는 자국이 처한 상황과 여건에 적합한 병역제도를 적용하여 온 것이다. 스위스와 이스라엘은 국가가 곧 군대인 병영국가는 아니지만 상시 동원체제를 유지하고 있는 대표적인 민방위 국가이다.[192]

스위스의 경우 무장한 중립국의 특성을 반영하여 상비군이 아닌 민병제를 채택하여 원칙적으로 징집 대상자 전체가 소집·복무하는 의무병역제를 실시하고 있고,[193] 이스라엘은 어느 국가보다 광범위한 병역의무를 부과

---

192) 조승옥 외, 『군대윤리』(서울 : 도서출판 봉명, 1998), p.190.

함에도 불구하고 국민들의 높은 병역이행 의식, 군 복무에 대한 사회적 가치 인정, 군 복무를 국가에 대한 봉사로 수용하는 정신자세, 병역의무가 자연스럽게 시민생활과 통합될 수 있는 복무제도로 정착시킨 국가로 평가되고 있다.[194]

1. 스위스의 병역제도

가. 안보환경

스위스는 독일·프랑스·오스트리아·이탈리아에 둘러싸인 유럽 대륙의 중부지역에 위치한 산악국가이다. 지형적으로 험준한 알프스산맥을 연하여 요새화된 진지를 구축할 수 있는 특징은 공자攻者에게 일방적으로 불리하고 방어에 유리한 작전환경을 구비한 것으로도 평가되지만, 지정학적으로는 국가안보를 공고히 하기 위한 제반 여건 면에서 불리한 위치에 있는 것이 사실이다.

스위스는 1815년에 개최된 비엔나(vienna) 회의에서 대다수 유럽 국가에 의해 영세중립국으로 승인된 이후 중립정책을 고수하여 보불전쟁普佛戰爭과 두 차례의 세계대전에서 어느 편에도 가담하지 않고 중립을 유지함으로써 전화戰禍를 피할 수 있었다. 그러나 스위스가 단순히 영세중립국을 선언했다고 해서 국가의 안전이 보장되었던 것은 아니다. 실제로는 스위스가 대외적으로는 중립을 유지하면서도, 국가 총력전의 대비태세를 구비한 무장된 중립국으로서 평상시에 국가를 방위할 수 있는 준비를 갖추고, 필요시에는 교전도 불사하겠다는 확고한 의지를 가지고 있었기에 가능한 일이었다.[195]

---

193) 현익재, 「유럽국가의 병역제도 변화와 배경」, 『주간 국방논단』 제1135호(2007. 1. 22.), p.15.
194) 정주성·안석기, 「이스라엘의 군과 병역의무」, 『주간 국방논단』 제866호(2001. 11. 26), p.6.

스위스는 ① 보불전쟁 당시 프랑스 군대가 자국의 영토를 통과할 위협에 직면하자 5개 사단을 동원하여 국경선 일대에 배치함으로써 프랑스군을 저지하였고, ② 제1차 세계대전 중에는 독일·프랑스·오스트리아·이탈리아 등 참전국들이 국경을 침범하려고 하자, 25만 명의 병력을 동원하여 국경선 일대에 배치함으로써 영토와 주권을 수호하였으며, ③ 제2차 세계대전 당시 독일의 폴란드 침공시에는 총동원령을 발령하여 24시간 이내에 40만 명을 동원함으로써,[196] 스위스를 공략하려는 독일군의 작전계획 변경을 강요하여 중립을 유지할 수 있었다.

스위스는 영세중립국을 선언한 이후에도 외부의 침략에 대해서는 단호한 응징으로 대응하였다. 또한 변화하는 안보위협과 핵무기와 재래식 무기의 위협에 대한 지속적인 재평가를 통해 강력한 국방정책을 시행하고 있다. 즉, 평화와 독립의 완전한 보장, 정부 행동의 자유 유지, 주민의 방호, 외부 침략자의 영토 진입 저지를 천명하여, 외부세력이 스위스를 침략할 경우에 그에 따른 대가는 심각할 수밖에 없다는 점을 천명하고 있다.[197]

나. 병역제도

스위스는 민병제 병역제도를 채택하고 있다. 스위스의 병역제도를 여타 국가와 비교해 볼 때 두드러진 차이점은 평시에는 생업에 종사하면서 유사시에 대비한 동원훈련 의무를 이행하고, 전시에는 국민 총력전체제에 의해 국토방위에 임하게 하는 독특한 병역제도를 채택하고 있다는 점이다.[198]

환언하면, 스위스는 군사적인 측면에서 보면 천연적으로 요새화된 중립국이지만, 영토와 주권의 수호를 위해 국가에서 병역의무를 부여하고, 국

195) 김영규, 『스위스의 육군』(대전 : 육군교육사령부, 1988), p.11.
196) 石村富行, 『スイス』(東京 : 時事通信社, 1970), p.151.
197) 육군사관학교, 『주요 국가의 안보환경 및 예비군 발전추세와 한국의 발전방향』(서울 : 육군사관학교 화랑대연구소, 1995), pp.50~51.
198) 石村富行(1970), 전게서, p.131.

가방위를 최우선으로 여기는 국민의 의지에 따라 국민개병의 원칙에 입각하여 동원체제 운영에 적합한 민병제 병역제도를 채택하고 있는 것이다. 스위스가 현역과 예비역을 따로 구분하지 않고 모든 국민에게 국가방위의 임무를 부과하는 민병제도를 유지하고 있는 배경은 영세중립국으로서 현실적으로 군사위협이 미미하고, 국토의 3/4이 알프스 산악지대에 위치하여 유사시 시간적 여유를 갖고 방어준비태세가 가능하다는 판단이 작용되었기 때문이다.[199)]

민병제의 특징은 군인을 직업으로 하는 간부와 상비부대가 없다는 것과 단기간의 기초교육(신병학교)을 실시하고 부대근무(훈련)를 반복하는 교육제도를 적용한다는 것이며, 이로 인한 장점은 군의 평시 편제와 전시의 편제가 동일하여 평상시의 교육이 전투로 연결될 수 있도록 미리 준비되고 교육되어지고 있다는 것을 들 수 있다.[200)] 스위스 연방헌법 제18조는 "모든 남자는 병역의무를 다해야 한다."는 사실을 명기하여,[201)] 상비군이 아닌 민병제의 채택과 함께 전 국민에게 병역의무를 부과하고 있다. 스위스는 상비군제가 아닌 민병제를 채택하고 있기 때문에 원칙적으로는 전체 징집 대상자를 소집하는 병역제도를 시행하고 있다.

스위스는 평시에 국방경비와 항공초계 및 교육훈련에 필요한 상비군(정규군) 3,500여 명 규모를 보유하여 국방부에 소속된 공무원으로 복무하게 하면서 육군의 군단 및 사단 지휘부의 기간요원과 각 군의 교관요원(1,500여 명), 요새지역 감시단(1,800여 명), 공군의 항공감시 비행요원(조종사 200여 명)으로 운용하고 있다. 이들은 동원령이 발령되면 48시간 이내에 12개 사단의 완전편성에 필요한 35만여 명의 병력과 민방위대원을 포함한 113만여 명의 병력을 동원할 수 있도록 자원을 관리하다가 동원된 병력으로 부대를

199) 병무청(2005), 전게서, p.40.
200) 국방관리연구소, 『스위스 군사제도』(서울 : 국방관리연구소, 1985), p.50.
201) 육군본부, 『西獨·瑞西·瑞典·和蘭 動員制度』(대전 : 육군인쇄공창, 1986), p.77.

창설하는 임무를 수행한다.[202]

스위스는 연령에 따라 역종을 구분하고, 역종에 따라 민병대와 민방위대로 구분한다. 병역이행 과정을 살펴보면, 18세에 의무적으로 징병검사 대상자 신고를 하고 19세에 징병검사를 받는다. 징병검사 결과 병역 적격자로 판정된 자들은 17주간의 신병교육(기초 군사훈련)을 이수하고 민병대에 편입되어 21세부터 50세까지 복무하며, 보조근무 적격자는 병역을 면제받는 대신 민방위대에 복무토록 조치된다. 또한 부적격자는 병역과 병역보조근무를 면제하고 50세까지 민방위대에 편성된다.[203] 앞에서 살펴본 스위스의 병역제도를 정리하면 〈표 25〉와 같다.

〈표 25〉 스위스의 병역제도

구 분		연령(복무기간)	임 무	군사훈련
신병학교		·20세 남자 (19세 징병검사)	·병역 적격자 (민병대 편입)	·17주 교육
민병대	정예군 (Auszug)	·21∼32세 남자	·신병학교 수료자 ·전투부대 편성	·3주×8회 (24주 소집)
	보충군 (Landwehr)	·33∼42세 남자	·전투부대 일부 ·국경 및 보루방어부대	·2주×3회 (6주 소집)
	후비군 (Landsturm)	·43∼50세 남자	지역 근무부대	·1주×2회 (2주 소집)
민방위대		·20∼50세 병역면제 남자 ·51∼60세 남자 ·여성 지원자	·국가 총력방위의 일부분	·편입시 : 3일 ·간부 : 12일

출처 : 양병선, 『동원발전론』(경기 파주 : 교육과학사, 2010), p.301을 재구성.

신병교육은 지역단위로 설치된 훈련소에서 군대에 대한 적응력 향상과 전투원 양성을 목적으로 상비군으로 편성된 교관요원이 순회하면서 중대

[202] 병무청(2005), 전게서, p.41.
[203] 국방부, 『각국의 예비군제도』(서울 : 국방부 동원기획관실, 2009), p.5.

단위 훈련을 실시한 후 동원부대로 편성된다. 특히, 입대 전에 가정에서 총기취급 방법을 교육하고, 19세 이상의 남자가 요구할 경우에는 소총의 대여와 함께 탄약을 무제한 공급하며, 신병훈련 종료 후에는 개인에게 군장과 전투장비를 지급하여 가정에서 보관하다가 동원시에 휴대하고 응소토록 함으로써 상시 준비태세를 유지하고 있다.[204)]

민병대는 정예군과 보충군, 후비군으로 구분된다. 정예군은 21세에서 32세까지 생업에 종사하면서 전투부대인 사단, 포병, 방공포병, 공병부대에 편성되어 8회에 걸쳐 3주간(총 24주)의 소집훈련을 실시한 후 정예군을 필하게 되면, 33세부터 42세까지는 보충군으로 편입되어 일부의 전투부대와 국경 및 보루방어부대堡壘防禦部隊에 편성된다. 보충군은 3회에 걸쳐 2주간(총 6주)의 소집훈련을 실시하는데, 보충군을 필하게 되면 후비군으로 전환되어 1주간의 소집교육을 2회(총 2주) 실시한다.

특히, 정예군에서 보충군으로, 보충군에서 후비군으로 역종이 변경될 때까지 동원지정부대가 변경되지 않고, 21세부터 40세까지 지정된 일정에 따라 년 1회 소화기 실탄사격을 실시하되, 사격수준이 미달될 경우 추가로 사용하는 탄약의 비용은 개인이 부담하며, 동원소집훈련이 없는 년도에는 장비검사 기간 중에 14회의 사격훈련을 실시한다.[205)] 또한 민방위대는 20세부터 50세까지의 병역 면제자, 51세부터 60세까지의 남자, 여성 지원자로 편성하여 재해·재난지원 및 구조, 간호활동에 참여토록 하고 있다.

스위스의 병역제도 중 특징적인 사항은 별도의 교육과정에서 장교 및 부사관을 양성하지 않고, 병사 복무자 중에서 교육훈련과 성적 우수자를 장교 또는 부사관으로 임명하여 계급에 대한 존엄성과 명예심을 고양하고, 자연스럽게 병역의무에 참여하도록 유도한다는 점을 들 수 있다. 이러한 과정을 거쳐서 임명된 장교 및 부사관들에 대한 간부교육은 과정별로 군단

---

204) 제2작전사령부, 「주요국 예비군제도 소개」, 『동원관계관회의 소집교육 자료집』, 2006, p.10.
205) 국방부, 『외국의 동원제도』(서울 : 국방부 동원국, 2003), pp.45~46.

및 사단급 지휘소연습, 전략과정을 숙달시키고 있다.[206]

또한 개인적 사유와 종교적인 이유로 병역 면제를 희망하는 자에 대해서는 심사를 통해 청소년 선도, 재난극복 지원, 의료봉사 등의 민간 공익부문에 파견하여 민병대 복무기간의 1.5배인 450일을 복무하도록 하고 있으며, 병역의무를 개인의 복무형태로 하지 않거나 부분적으로 복무한 병역 의무자에게 군사배상을 부과하고 있다. 즉, 법적인 범주에서 개인이 복무 이행(국방의무 이행)을 하지 않음으로써 생긴 채무에 대한 배상행위로 간주하여 ① 군 집단에 6개월 이상 참여하지 않거나, ② 6개월 이상 보조근무에 소속하지 않은 경우, ③ 복무 의무자로서 군 복무를 하지 않은 자 중 소득이 있는 경우에는 소득의 3%를 부과하고,[207] 소득이 없는 경우에도 2.5%의 배상금을 부담해야 하며, 보호근무, 비상근무, 병원 및 요양소에서 10일간의 시민보호근무를 통해 배상의무를 대체하도록 하고 있다.[208]

요컨대, 스위스의 병역제도는 주력부대가 동원에 의해 편성되는 민병제도(시민군제도)이며, 효율적인 자원관리를 통해 역종이 변경될 때까지 동원지정부대가 변경되지 않고, 동원반응시간을 절약하기 위한 화기와 장비의 지급, 국가 및 가정에서 일정 기간의 긴요 물자를 사전에 비축하고 있는 점을 특징으로 들 수 있다.[209]

2. 이스라엘의 병역제도

가. 안보환경

이스라엘의 역사는 고대 이스라엘이 독자적으로 발전했던 성서시대(기원

---

206) 이성옥, 「간부 동원전력 극대화 방안」, 『2000 군사학술연구 자료집』, 2000, p.11.
207) 정원영(2003), 전게서, p.3.
208) 石村富行(1970), 전게서, p.145.
209) 양병선(2010), 전게서, p.304.

전 18세기~기원 70년)와 국가를 형성하지 못한 채 유랑민족이 되어 2,000년 동안 세계 도처에서 떠돌이 생활을 하던 유랑시대(기원 70년~1948년), 영국으로부터 독립하여 이스라엘을 건국한 이후의 독립시대(1948 ~)로 대별된다. 이스라엘이 국토의 면적, 인구, 전쟁지속능력 등 모든 면에서 아랍제국에 열세하였지만, 독립 이후 지금까지 치러진 대·소규모의 수차례 전쟁에서 승리할 수 있었던 요인은 종교적 신념과 생존을 위한 철저한 정신무장, 그리고 우수한 동원제도에 기인한 결과라고 평가할 수 있다.[210)]

이스라엘의 안보 취약성은 ① 절대적으로 열세인 인구 규모로 인해 전투손실에 취약하며, ② 작전 종심이 지나치게 짧고 작전지역이 매우 협소하여(레바논, 골란고원, 요르단계곡, 시나이반도까지 합쳤을 때 4.5만㎢), 주변 아랍국가들로부터 포위된 상태에서 다방면의 전선을 유지해야 하며, ③ 가용한 인적·물적 자원의 부족으로 전쟁지속능력이 취약한 것을 들 수 있다.[211)] 즉, 군사작전에서 단 한 번의 실패가 국가의 존망을 좌우하는 취약성을 안고 있다.

이스라엘은 국가의 존립에 영향을 주는 명백한 위협에 대응하기 위해 군사전략을 수립하고 이에 필요한 군사 자원을 확보하기 위한 필사적인 노력을 경주하는 국가이다. 이스라엘은 '선제공격과 적 영토로의 전쟁이전'이라는 군사전략 개념에 입각하여, 군사력을 건설하고 운용한 대표적인 국가이다. 이스라엘이 선제공격을 채택한 이유는 '시간 요소'와 '위험 요소' 때문이다. 시간 요소는 이스라엘과 아랍 사이의 전쟁지속력의 불균형, 전쟁의 장기화에 따른 아랍제국의 참전 가능성, 강대국의 종전 강요 가능성 등을 들 수 있다. 위험 요소는 전략적 종심이 없는 이스라엘의 작전환경과 동원력에 의존한 국방태세로는 적성국가의 공격을 충분히 흡수할 수 없으므로, 적보다 먼저 공격하여 주도권을 장악해야 할 필요성 때문에 선제공격을 채택하고 있다. 또한 적 영토로의 전쟁이전은 개전과 동시에 적국의 영토를 전장화하

210) 이상신, 「국가 동원체제에 관한 연구」, 『2002 군사학술연구 자료집』(2002), p.16.
211) 권태영, 「전투형 군대의 모델 : 작지만 강한 이스라엘 군」, 『전투발전』 제138호(2011), p.15.

여 막대한 희생을 미연에 방지해야 할 긴박한 필요성 때문이다.[212]

그러나, 무엇보다도 이스라엘 국민의 국가에 대한 신뢰와 확고한 안보의식이 주변국으로부터의 위협을 극복하는 요인으로 작용하고 있음을 간과해서는 안된다. 아랍제국에 둘러싸여 전쟁을 계속하고 있는 이스라엘은 안보위협에 대응하기 위한 자주국방, 자력국방, 양보다 질 위주의 국방정책을 추진하고 있다. 이스라엘이 추진하는 국방정책을 구체적으로 살펴보면 다음과 같다.

첫째, 자주국방 면에서 이스라엘은 오랜 기간 외세의 지배와 박해, 강대국에 의해 국가의 운명이 좌우되었던 역사적 경험에 따라 외국과는 긴밀한 관계를 유지하여 원조는 받아들이되, 일방적으로 의존하지 않고 독자적인 전략개념과 군대의 편성 및 군사교리를 발전시켜 왔다. 특히, 국민들의 국방정신 함양과 동시에 적보다 절대 우위의 군사력을 유지하기 위해 공군, 기갑 및 공수전력을 강화하였다.

둘째 자력국방 면에서 이스라엘은 군수산업의 육성을 통해 지형적 특성에 적합한 독자적인 무기체계를 개발하는 한편, 외국의 발달된 무기체계를 도입한 후 이를 개선하거나 개량하여 최적의 상태를 유지하였다. 셋째, 양보다 질 위주의 국방정책 면에서는 주변 적대국보다 불리한 여건에서 싸워 이기기 위해 최소의 상비군과 최대의 예비군을 확보하여 평시에는 경제건설에 전념하다가 유사시에는 군사과학기술과 정신 면에서의 절대적 우위를 바탕으로 고도의 전투력을 발휘하여, 국가방위에 기여함은 물론 전쟁에서의 승리를 달성하였다.

나. 병역제도

이스라엘은 남녀를 불문하고 일정한 연령에 달한 모든 국민에게 병역의

---

212) 강병철, 「이스라엘의 군사력 건설 사례연구」, 『주간 국방논단』 제1371호(2011. 8. 1.), p.4.

무를 부과하는 징병제도를 채택하고 있다. 또한 의무복무 후에는 예비군으로 복무하는 완전한 징병제를 시행하고 있다.[213] 이스라엘은 1949년 9월에 제정된 「방위복무법」에 따라 전 국민을 가드나(Gadna), 현역, 예비역, 민방위 요원으로 구분하여 국방의무를 부과하고 있다. 특히, 1953년 10월에 수립된 3개년 방위계획을 토대로 예비군 동원체계를 정립하고 훈련의 효율화를 달성하였다.

이스라엘 국민은 18세부터 남자는 36개월, 여자는 21개월간 의무적으로 복무해야 하며, 신체적인 장애를 가지고 있다 할지라도 본인이 희망하면 행정분야에서 근무할 수 있다.[214] 또한 훈련기간과 비용, 기 훈련된 인력의 활용을 위하여 특수부대에서 장기간 복무할 수도 있다. 특히, 의무복무기간 중에 장교로 신분이 변경되면 1년간 추가로 복무해야 하며, 학교에서 예비군 프로그램 참여가 확정된 자에게는 2년간의 연장 복무를 허용하여 총 5년간 복무토록 하고 있다.[215] 이스라엘의 병역제도는 〈표 26〉과 같다.

〈표 26〉 이스라엘의 병역제도(역종별 편성)

구 분	연령(복무기간)	임 무	비고
가드나 (Gadna)	·14∼17세 남녀	·준 군사적 성격, 유사시 전투근무지원	·학교, 직장, 공군 가드나
현 역	·18∼20세 남녀	·억제전력 역할	·남자 : 36개월 ·여자 : 21개월
제1예비역	·남자 : 21∼39세 ·여자 : 21∼34세	·동원예비군 (국방의 주력)	·공수, 기계화부대, 기갑, 돌격부대
제2예비역	·40∼44세 남자	·제1 예비역을 필한 자 ·보병/지원부대 편성	·후방지역 방어
민방위대	·45∼54세 (지원자 포함)	·경계, 치안보조, 방공 유사시 완충군 역할 및 재해 복구	·예비역 필한 자 ·지원자

출처 : 양병선, 『동원발전론』(경기 파주 : 교육과학사, 2010), p.293.

---

213) 국무총리 비상기획위원회, 『세계 동원의 역사』(서울 : 국무총리 비상기획위원회, 2006), p.823.
214) 권태영·심경욱, 『작지만 강한 전투형 이스라엘군』(서울 : 한국전략문제연구소, 2011), p.25.
215) 문병장, 「이스라엘의 군사제도 고찰」, 『軍事硏究』 제120집(2004), p.244.

가드나는 징집 자원에 해당하는 14세부터 17세까지의 모든 남녀로 구성된 준군사적 성격의 조직이다. 가드나는 이스라엘 독립 이전인 1921년에 노동조합이 소단위 독립전투조직인 하가나(Hagana)를 결성할 때부터 연락, 통신, 간호 및 보급 등의 업무를 통해 하가나를 지원하였으며, 독립 후 이스라엘 정부가 청소년들의 전통과 정신을 계승하기 위해 학교와 직장, 공군 가드나로 구분하여 제도화 하였다. 이 밖에도 가드나는 군사 목적이 아닌 학생과 청소년들에게 국토개발정신과 애국심, 국방에 대한 사명감 및 기술을 배양시키기 위한 목적으로도 운용되고 있다.[216]

이스라엘 군을 처음 대한 사람들은 두 번 이상 놀라움을 표시한다고 한다. 권위주의를 탈피한 자유분방함에 한 번 놀라고, 철저한 훈련을 거친 강군이라는 사실에 두 번 놀란다는 표현과 같이 이스라엘의 현역 복무자들은 혹독한 훈련을 통해 전투기술을 숙달한다. 신병들은 2개월간 네게브(Negev) 사막 일대에서 기초 군사훈련을 받고,[217] 자대로 배치된 이후에도 매일 05:00에 기상하여 점호와 함께 체력단련을 한 다음 오전에 1차 훈련, 오후에는 2차 훈련을 실시하고, 저녁식사 후에도 3차 훈련을 실시하며, 체력단련과 자유시간을 각각 1시간씩 가진 후 23:00에 취침에 들어갈 정도로 실전적이고 엄격한 교육훈련을 실시한다.[218]

제1 예비역은 현역을 필한 21세로부터 39세의 남녀(여자는 34세)로 편성된 이스라엘 국방의 중추전력으로서 공수여단, 기갑여단, 기계화 여단 및 돌격부대의 90%에 해당되는 자원이다. 제2 예비역은 제1 예비역을 필한 40세로부터 44세까지의 남자로만 편성하여 주로 보병여단 및 지원부대에 소속되어 후방지역 방어 임무를 수행한다. 또한 민방위대는 45세로부터 54세의 남자와 지원자로 편성하여 고유의 민방위 업무 이외에도 군 작전 지원, 전

216) 육군본부(1986), p.55.
217) 문병장(2004), 전게서, pp.253~254.
218) 권태영(2011), 전게서, pp.13~14.

시 군수산업 및 기간산업에 종사하며, 예비군이 동원될 때까지 현역군과 더불어 완충군의 임무를 수행한다.

이스라엘 군의 특징은 주력을 상비군이 아닌 예비군이 담당한다는 것이다. 현역 복무를 마친 이후에도 40세까지 예비군으로 복무하며, 장교는 45세까지 예비군으로 편성되지만, 지원자의 경우 남녀를 구분하거나 연령의 제한을 받지 않고 복무할 수 있다. 동원예비군은 병사의 경우 3년간 54일, 부사관은 70일, 장교는 84일을 복무해야 하며, 매년 1회(1주) 동원훈련을 실시하고, 3년 주기로 1회 25일간의 작전운용 근무를 실시한다.[219]

이스라엘은 예비전력을 현존전력과 같이 유사시에 활용할 수 있도록 최초로 예비군부대를 지정하면 거의 변화없이 동일부대에 고정적으로 배치함으로써 결속력의 강화와 전투력 발휘가 용이하다는 장점을 극대화 하고 있다. 기능별로 편성된 동원예비군, 지역방위군, 민방위대, 후방 긴요요원은 역종별 편성에 의해 기능별로 분류되어 부여된 임무를 수행한다. 또한 소대장급 이상 지휘관을 대상으로 한 간부훈련을 각자의 특기에 해당하는 병과학교에서 7일 동안 실시하고, 진급을 위한 보수훈련도 현역과 동일하게 해당 병과의 훈련과정을 이수토록 하여 현역과 동일수준의 전투 역량을 유지한 「작지만 강한 군대」를 제도적으로 육성하고 있다.[220]

요컨대, 이스라엘에 있어 군은 시민생활과 밀접하게 연관되어 있다. 국민들은 군 복무를 긍정적으로 인식하여 모든 국민들이 병역의무를 강제적이라고 느끼지 않으며, 젊은이들은 군 입대를 기다린다. 이와 같은 사회적 분위기로 인해 군에서 거부 당하거나, 군 생활을 하는 동안 불명예를 당한 사람은 누구나 시민생활에서 소외 당하기 때문에 재학 중인 대학생들에게

---

219) 예비군 작전운용 근무란 긴 국경선과 소규모 현역으로 인한 가용전력의 부족분을 보충하고, 전비태세의 일부를 담당하기 위해 평시에 예비군 작전부대를 운용하는 것을 말한다. 그 방법은 대대단위로 할당된 책임지역에 투입하여 25일간 도로 및 병참선 경계, 지역정찰, 불순분자 침투방지 등의 임무를 수행한 후 새로이 투입된 대대와 교대한다. 국방부, 『이스라엘·미국의 예비군제도 적용 가능분야 검토』(서울 : 국방부 동원기획관실, 2010), pp.6~7.

220) 이성옥(2000), 전게서, p.11.

졸업시까지 상비군 입영을 연기해 주는 제도를 두고 있기는 하지만, 학업을 이유로 군 입대를 연기하는 경우는 거의 없다. 국토방위를 특권으로 여기는 국민적 인식을 바탕으로 병역의무 기피자에 대한 처벌규정 자체가 없는 것은 이스라엘군의 특징이자 강점으로 작용하고 있다.[221)]

3. 평가 및 소결론

가. 병역제도 비교 평가

한국과 스위스, 이스라엘은 국가의 지정학적 위치로 인해 안보환경이 유사하다는 점에서 공통점을 발견할 수 있다. 한국의 경우 정부수립 이후 지금까지 안보환경의 불안정으로 인해 강대국의 영향력 강화를 위한 노력이 계속되어 왔다. 스위스는 비록 중립적인 대외정책을 표방하고 있지만, 지정학적 위치의 특수성으로 인한 전략적 가치가 높은 까닭에 주변국으로부터의 위협이 상존하고 있다. 이스라엘 역시 중동의 화약고로 불릴 정도로 분쟁이 계속되고 있으며, 지금도 아랍제국의 위협에 노출되어 있는 상태이다.

한국과 이스라엘의 안보위협은 특별한 상황 변화가 없는 한 당분간 지속될 것이라는 측면, 스위스와 이스라엘은 역사적인 사례로 볼 때 독특한 병역제도의 유지가 국가를 보위하고 안보태세를 강화하는데 기여하고 있다는 측면에서 비교 평가의 의미가 있다. 특히, 3개국 모두 국토가 협소하고 인구규모, 부존자원 보유 면에서 강대국이 아니지만, 국가안보를 위한 강력한 의지가 실천되고 있으며, 자유민주주의와 시장경제체제를 발전시킨 모범국가로 인식되고 있다는 점에서 비교 평가의 가치는 매우 높다고 할 수 있다.

3국의 병역제도 비교 평가의 요소로는 안보환경의 유사성, 동원체제, 병

221) 안석기, 「건전한 병역문화 조성을 위한 문화적 접근」, 『주간 국방논단』 제907호(2002. 9. 9.), p.6.

력동원제도, 예비군의 훈련기간 등의 4개 요소로 한정하되, 동원체제는 한국의 병역제도에 미친 미국의 영향, 남북북단의 현실 등을 고려하여 미국과 북한을 포함하기로 한다. 그 내용은,

첫째, 3국이 처한 안보환경의 유사성 면에서 한국과 스위스, 이스라엘은 절대적으로 생존을 보장해야 하는 국가목표의 성격과 주변국의 개입 가능성, 자원의 제약성 등을 고려해 볼 때 장기전 보다는 단기 속결전이 불가피한 여건과 적국의 선제기습공격에 대해 항상 우려해야 한다는 현실적인 면에서 매우 유사한 안보환경을 갖고 있다.[222] 한국과 이스라엘은 건국과 창군이 동일하며, 지정학적 위치는 공통적으로 강대국에 둘러싸인 상태에서 장기간 외세의 지배를 받거나 외침과 수난을 받았다는 점에서 유사하다. 또한 민족과 구성원의 기질이 독특하고, 부존자원은 미약한데 비해 인적자원이 우수하며, 분쟁과 전쟁의 경험을 공유하고 있다는 유사성을 발견할 수 있다. 한국과 스위스, 이스라엘이 처한 안보환경의 유사성을 비교 평가한 결과는 〈표 27〉과 같다.

〈표 27〉 한국과 스위스, 이스라엘의 안보환경 유사성 비교

구 분	한 국	스위스	이스라엘
건국 / 창군	1948년	1848년(연방국가)	1948년
지정학적 위치	·강대국의 결전장 ·외침과 수난 반복	·강대국에 둘러 싸인 산악국가 ·장기간 외세 지배	·14개 아랍국에 포위된 형국 ·핍박과 수난 반복
민족 / 기질	·한민족, 진취적	·독·불계, 창의적	·유태인, 개척적
물적 / 인적자원	·부존자원 미약 ·인적자원 풍부	·부존자원 미약 ·우수 인적자원	·부존자원 미약 ·우수 인적자원
분쟁 / 전쟁	·북한도발 계속 ·6·25전쟁	·보불전쟁 ·1·2차 세계대전	·분쟁의 지속 ·중동전쟁(6회)

출처 : 권태영·심경욱, 『작지만 강한 전투형 이스라엘군』(서울 : 한국전략문제연구소, 2011), p.5를 토대로 재구성.

222) 권태영(2011), 전게서, p.15.

둘째, 한국과 스위스, 이스라엘의 동원체제는 동원을 통해 추구하는 목표는 동일하지만 체제의 구성과 운용이 상이하다. 동원체제의 지휘계통은 한국이 정부계통의 다원화체제를 유지하고 있는 반면, 스위스·이스라엘·미국·북한은 단일화체제를 유지하고 있다. 총괄기관 및 운영 면에서도 한국은 국무총리가 주관하여 행정기관을 통한 분야별·기능별 동원체제를 운영하는데 비해 스위스는 전시와 평시를 구분하여 일원화된 동원체제를 유지하며, 이스라엘은 총참모부가 주관하여 군의 지휘계통을 통해 각급부대 책임하에 운영되는 점이 상이하다. 특히, 미국은 연방비상관리처에 의한 통합 비상관리체제를 유지하면서 이를 보완하기 위해 지방사무소를 두고 있으며, 북한은 전시와 평시의 총괄기관이 다르지만 당에서 결정하고 군에서 집행하는 특징을 나타내고 있다. 한국은 삼국시대로부터 조선시대에 이르기까지 병농일치의 군사제도를 채택했기 때문에 상비군이 아닌 예비군이 국방의 주역으로서, 평시에 각자 생업에 종사하면서 전쟁에 대비한 군사훈련을 받은 후 일단 유사시에는 동원된 예비군에 의해 국가를 방위하는 개념을 국방정책으로 적용한 점에서,[223] 스위스와 이스라엘의 경우와 유사한 동원체제가 유지되었으나, 정부수립 이후 당면한 북한의 군사적 위협에 대응하기 위해 상비군을 보유하고, 유사시 활용 가능한 예비군의 동원체제를 보강한 차이점이 있다. 앞서 설명한 내용을 정리하면 〈표 28〉과 같다.

---

223) 정원영, 「우리나라 동원제도는 이렇게 형성되었습니다」, 『향방저널』 통권 제486호(2011), p.86.

〈표 28〉 각국의 동원체제 비교

구분	한국	스위스	이스라엘	미국	북한
지휘계통	·정부계통 ·다원화체제	·군계통 ·단일화체제	·군계통 ·단일화체제	·단일화체제	·군계통 ·단일화체제
총괄기관	·국무총리	·평시 : 국방부 ·전시 : 총사령부	·총참모부	·연방 비상관리처	·평시 : 인민부력부 ·전시 : 최고사령부
운영	·행정기관을 통한 분야별, 기능별 다원화	·전·평시구분 일원화체제 ·개인장비 사전지급	·군 지휘계통 집행 ·부대단위 책임하 시행	·통 합 비상관리체제 ·지방사무소 (10개)	·당이 결정 ·군 계통에 의한 전평시 일원화체제

출처 : 정원영 외, 『예비전력, 미래 국방력 건설의 또 하나의 선택』(서울 : 한국국방연구원, 2005), pp.98~103을 토대로 재구성.

셋째, 각국의 병력동원제도는 공통적으로 병력동원의 효율성을 기하고 유사시에 전투력을 발휘하기 용이한 제도로 발전시키는 과정에서 국가별 특성이 반영되었다. 한국은 전시에 수행할 임무에 따라 연령을 기준으로 동원예비군과 향토예비군으로, 스위스는 연령과 임무를 기준으로 정예군, 보충군, 후비군으로, 이스라엘은 제1 예비역과 제2 예비역, 민방위대로 구분하는 명칭만 상이할 뿐이다. 미국과 북한 역시 그 명칭만 달리할 뿐 우선순위를 적용하는 면에서는 동일하다. 그러나, 한국이 집단과 부대, 개별동원 등 다양한 동원단위를 적용하는데 비해 스위스는 거주지 관할 예비군부대로 통합하고, 이스라엘은 공격예비군과 지역예비군으로 구분하여 별도로 동원하며, 미국은 부대단위와 개별동원을, 북한은 부대와 거주지 및 학교 단위로 동원하고 있는 점이 상이하다. 동원 보직은 유사시에 동원된 예비군의 전투력 발휘 여부를 결정짓는 매우 중요한 요인으로서, 각국의 병력 동원제도를 비교한 결과를 정리하면 〈표 29〉와 같다.

〈표 29〉 각국의 병력동원제도 비교

구분	한 국	스위스	이스라엘	미 국	북 한
우선 순위	①동원예비군 ②향토예비군	① 정예군 ② 보충군 ③ 후비군	① 제1 예비역 ② 제2 예비역 ③ 민방위대	①긴급 예비군 ②대기 예비군	① 교도대 ② 붉은청년 근위대 ③노농 적위대
동원 단위	·집 단 ·부대단위 ·개 별	·거주지 관할 예비군부대	·공격예비군 ·지역예비군	·부대 단위 ·개 별	·부대 단위 ·거주지 관할 ·학교 단위
동원 부대 지정	·군부대별 배정지역 내 자원	·거주지 관할 예비군부대	·거주지 관할 예비군부대	·거주지 관할 예비군부대	·거주지 및 소속기관별
동원 보직	·신상이동자 대체 지정	·영구 고정	·군 인사관리와 동일	·반영구 고정	·영구 고정
동원 준비 태세	·긴급단계 예비군에게 통지서 교부	·병역수첩 교부 ·화기 및 장비 지급	·완전한 준비 태세 유지 ·군 복무자에 준한 관리	·선별 동원 예비군은 상시 동원태세 유지	·완전 동원 태세 유지
동원 방법	·개별통지 ·게시, 공고	·게시, 공고	·공개 : 공고 ·비밀 : 개별 통지	·게시, 공고	·공고
동원 주관	·지방병무청	·지방병무청	·군부대	·소속 군 및 예비군부대	·군사동원국

출처 : 양병선, 『동원발전론』(경기 파주 : 교육과학사, 2010), pp.321~322.

넷째, 예비군의 훈련기간 면에서 한국은 비교 대상 국가와 단순 비교가 되지 않을 정도로 짧은 기간 동안 훈련을 하고 있다. 제3장의 행정부별 병역제도 분석에서 살펴본 바와 같이 한국은 1957년까지 연간 35일간의 소집훈련을 실시하였으나, 점진적으로 단축되어 현재의 2박3일 소집훈련으로 조정되었다. 이는 스위스, 이스라엘, 미국, 북한의 훈련기간과 비교할 수 없을 정도로 낮은 수준이다. 국가별 예비군 훈련기간을 비교하면 〈표 30〉과 같다.

〈표 30〉 국가별 예비군 훈련기간 비교

구 분	기간(년)	주 요 내 용
한 국	3일	병역법상 30일, 국방부 방침상 100시간 실시
스위스	21일	12년 동안 3주 단위 8회, 총 24주 실시
이스라엘	55일	매년 집체31일, 월1일 비상소집, 분기 3일 동원
미 국	38일	매년 주말훈련 월 2일, 연례훈련 2주
북 한	40일	매년 자대훈련 10일, 동원훈련 30일

출처 : 엄영호, 「전시 임무수행 가능한 예비군훈련 발전방안」, 『2010 예비전력발전 세미나 자료집』, 2010, p.81.

한국의 연간 예비군 훈련기간은 3일에 불과하여 스위스 21일, 이스라엘 55일에 비해 단기간 실시되고 있다. 특히, 이스라엘은 예비군으로만 편성되는 부대, 그리고 현역과 예비역이 혼합 편성된 부대로 구분하여 훈련을 강화하고 있다. 미국은 연간 38일, 북한이 자대훈련과 동원훈련을 포함하여 연간 40일간 동원훈련을 실시하고 있는 것과 비교해 볼 때 한국은 예비군의 연중 균형된 훈련수준 유지와 상시 전투준비태세 유지에 있어 취약한 수준이다.

나. 소결론

스위스와 이스라엘의 병역제도에서 살펴본 바와 같이 이들 국가는 국가안보를 생존과 번영을 위한 최우선의 국가적 과제로 인식하여 안보환경의 변화와 주변국의 다양한 위협에 즉각적으로 대응할 수 있는 독특한 병역제도를 유지하고 있다.

스위스는 국제관계에서 국가간의 이해가 상충될 경우 엄정한 중립을 유지하면서도 자국의 안보를 유지·강화하기 위한 병역제도를 시행하고 있다. 스위스는 표면상으로는 편성된 소규모 상비부대와 전문직업군인을 보유하고 있지만, 이는 어디까지나 전시 임무수행에 필요한 평시 준비를 위해 조직된 최소한의 인력에 불과할 뿐이며, 실제로는 동원된 예비군(민병대)이 국가방위의 주 임무를 수행한다. 스위스의 병역제도에서 찾아볼 수 있는 장점으로는 민병제에 의한 병역 이행과 복무 부적격자 및 병역 면제자에 대한 국가 차원의 적극적인 조치를 들 수 있다.

특히, 스위스는 징병검사 결과 보조근무 적격자와 부적격자에 대해서는 병역을 면제하는 대신 민방위대에 복무시키는 적극적인 조치를 통해 병역의무를 당연히 이행해야 할 국민의 기본적인 의무로 인식토록 하고 있다. 물론, 한국의 경우에도 헌법에 병역의무가 국민의 의무임을 명시하고 있지만, 실제 적용 면에 있어서는 법적·제도적으로 강력하게 시행되지 못하고 있는 실정이다. 스위스에서의 군 복무는 국민으로서 당연한 의무로 인식되고 있다. 반대로 군 복무를 하지 않는 것은 국가에 대한 채무 불이행으로 간주되기 때문에 이에 해당되는 개인은 소득의 3%를 세금으로 부담해야 하고, 소득이 없는 경우에도 2.5%의 배상금을 부담토록 하고 있다.

스위스의 병역제도에서 한국군 병역제도 발전에 적용 가능한 사항으로는 '예외 없는 병역 이행'을 들 수 있다. 남자라면 누구나 병역 이행을 자랑스럽게 여기고, 국가안보를 최우선의 가치로 인식하여 개인의 희생을 '기회의 상실'로 받아들이지 않는 선공후사先公後私의 자세와 멸사봉공滅私奉公의 태도는 한국의 병역 이행 대상자들이 본받아야 할 사항이다. 또한 국가에서 병역의무 불이행자에게 세금을 부과함으로써, 통제를 강화하는 방안에 대해서는 적극적인 검토와 함께 이를 법제화하여 적용해야 할 것으로 판단된다.

이스라엘은 완전한 징병제를 통해 남자와 여자를 구분하지 않고 모든 국민에게 병역의무를 부과하여 의무복무를 하게 하고, 이후에도 예비군으로 복무토록 하고 있다. 특히, 병역 이행 대상자가 신체적인 결함으로 인해 현역 복무가 불가능할 경우에도 본인의 희망에 의해 행정분야에서 근무할 수 있도록 함으로써, 젊은이들이 '내 나라는 내가 지킨다.'는 신념을 실천하고 있다.

이스라엘 병역제도의 강점으로는 현역은 억제전력으로서의 역할을 담당하고, 역종별 편성과 기능별 편성을 통해 조직된 예비군이 국가방위의 주 임무를 수행한다는 사실이다. 특히, 이스라엘의 병역제도는 현역 복무 이후에도 연령에 따라 역종별로 제1 예비역, 제2 예비역, 민방위대로 편성되고, 기능별로는 동원예비군과 지역방위군, 민방위대, 후방 긴요요원으로 편성되어 실질적으로 군 복무의 연장이 계속됨에도 불구하고 대부분의 병역 이행 대상자들이 군 복무 자체를 자랑스럽게 여기고 있다.

이스라엘의 병역제도를 통해 한국군의 병역제도 발전에 적용되어야 할 분야는 병역의무를 적극적으로 이행하는 국민정서와 사회적 인식이다. 또한 이스라엘의 사례를 통해 병역의무를 이행하지 않는 것이 특권이 아니라, 국가에서 부여한 국방의무를 성실하게 이행하는 것이 자유와 권리에 따르는 책임과 의무를 다하는 것임을 알 수 있다. 또한 각종 이유로 군 복무를 이행하지 못할 경우에는 이후의 시민생활에서의 불이익을 감수해야 하기 때문에 군 입대를 회피하거나, 학업의 계속을 이유로 군 입대를 연기하지 않는 사회적 분위기는 한국의 현실과 비교해 볼 때 본받아야 할 사항이다.

스위스와 이스라엘의 병역제도를 한국의 병역제도에 여과없이 적용하기는 어렵다. 왜냐하면 이들 국가는 한국이 처한 여건과 동일하거나 유사한 측면도 있지만, 무엇보다도 자국의 실정에 가장 부합된 병역제도를 발전시켜 적용하여 왔기 때문이다. 따라서, 한국의 미래 지향적 병역제도를 모색하는데 있어 장점으로 분석된 분야에 대해서는 실행 가능성을 제고하기 위한 면밀한 연구가 선행되어야 하며, 단점으로 제시된 내용에 대해서도 다각적인 검토가 병행되어야 한다.

미래 지향적 한국의 병역제도는 21세기 동북아 안보환경 변화가 한반도 안보환경에 미칠 영향과 남북한이 군사적으로 대치하고 있는 현실을 고려한 병역제도의 변화를 추구하는 방향으로 모색되어야 하며, 그 지향점은 자유민주적 기본질서와 시장경제체제가 더욱 발전되고, 절대적 대북 우위의 군사력을 유지하는데 초점이 집중되어야 한다.

Ⅴ. 한국의 병역제도 발전방안

대한민국은 지정학적 위치의 특수성으로 인해 해양세력과 대륙세력의 결전장이 되거나 침략을 당하기도 하였다. 그러나, 외세의 침략을 격퇴할 수 있는 군사력을 운용하고, 높은 사회·문화적 동질성에서 우러나온 민족적 역량을 결집하여 총력으로 저항함으로써 국가를 보존할 수 있었다.

한국군은 현존하는 북한의 전면전 위협에 따른 대비와 함께 국지도발과 비정규전의 위협에도 대비해야 한다. 또한 국내에서는 정부 및 민간분야에 대한 지원, 테러 행위에 대한 적극적인 대응, 대규모 재난의 극복, 전염성 질병의 예방에 동원될 수도 있으며, 한국의 국가 위상에 부합된 국제사회의 역할 증대 요구에 의해 다수의 국가들과 함께 다국적 연합군을 형성하여 공동으로 대응하는 임무를 부여받을 수도 있다. 왜냐하면 국가 내에서 군대만큼 조직적인 대응체계와 역량을 구비하고 있는 조직이 없기 때문이다.[224]

이와 같은 다양한 임무를 수행하기 위해서는 현실적 위협인 북한의 위협에 대처하면서 우리 군이 첨단 정보·기술군으로 변화되어야 하며, 장기적으로는 강대국의 군비경쟁에도 효과적으로 대처해야 한다는 국민적 요구를 수용해야 한다. 첨단 정보·기술군이 되기 위해서는 수많은 비용과 시간

224) 한국전략문제연구소, 『2010년 육군전투발전』(서울 : 전광인쇄정보, 2010), pp.34~35.

이 필요하지만, 이는 국가의 존립에 관한 문제이기 때문에 반드시 달성해야 할 과업임은 재론의 여지가 없다.[225]

한국의 병역제도는 참여형 병역제도로 발전되어야 한다. 그 방법으로는 병역과 학업, 취업을 해결하는 병역제도로 전환하기 위해 입대하기 전에 실시하는 징병검사 과정에서부터 병역 면탈을 원천적으로 차단하기 위한 방안과 입대 후에 자기개발 및 역량을 강화하는 생산적인 군 복무 방안, 전역 후 군 복무를 필한 사실 자체가 개인적으로는 성취의 기회가 되고, 사회 발전에 기여한 보람된 기간이 될 수 있도록 국가 차원의 조치가 있어야 하며, 다문화가족의 군 입대에 따른 예상되는 문제점과 대책이 발전되어야 한다. 또한 예비전력의 중요성에 비해 상대적으로 일반의 관심이 저조한 예비군제도 및 동원제도가 발전되어야 한다.

1. 참여형 병역의무 이행 제도 발전

가. 병역제도의 점진적인 전환 모색

한국은 현재의 국력, 경제력, 군사력, 국제적인 위상만을 놓고 본다면 강국임이 분명하지만, 지정학적 위치, 국토와 자원, 국민총생산 등 제 분야에서는 약소국이라고 할 수 있다. 이 같은 불리한 여건을 극복하기 위해서는 필수적으로 군의 정예화가 이루어져야 한다. 한국군의 정예화 목표는 애국심과 전투의지로 충만된 군대, 정보화·과학화로 무장된 전문전투집단, 고도의 전투준비태세를 갖춘 상비군과 동원체제를 유지한 군대가 되어야 한다.[226]

그러나, 첨단전력을 구비하고 이를 유지하는 데는 과다한 비용이 수반되

---

225) 권태영·박창권, 「선진국방의 개념과 정책발전방향」, 『전략연구』통권 제45호(2009), p.26.
226) 문광건 외, 『국방업무 혁신을 통한 군 정예화』(서울 : 한국국방연구원, 2004), pp.14~15.

기 때문에 한국적 여건에 부합된 선택과 집중, 그리고 제한된 전력의 질을 강화하여 전체 전력의 정예화를 도모해야 하며,[227] 그 방법의 일환으로 전력 유지의 기초가 되는 병역제도의 점진적인 전환이 모색되어야 한다.

1) 징병제 병역제도의 보완 : 지원병 모집분야의 확대

특정한 병역제도를 채택하거나 변경하고자 할 때에는 각별히 신중을 기해야 한다. 병역제도는 변화하는 군사력 건설 목표에 부합하는 병력 충원이라는 군사적 요구를 우선적으로 고려해야 하며, 병역제도에 대한 국민의 변화 요구, 국가 인적자원인 청년인력에 대한 사회적 활용 요구 등을 종합적으로 수용할 수 있도록 설정되어야 한다.[228]

징병제 병역제도의 보완과 관련하여 2004년과 2009년의 범국민 여론조사 결과는 시사하는 바가 매우 크다. 2004년도 범국민 여론조사에서는 일반 국민의 70.6%, 전문가의 63.5%가 국민개병제를 유지해야 한다고 답한 반면, 일반 국민의 23.2%, 전문가의 36.5%는 지원병제로 전환해야 한다고 답하였다. 2009년도 범국민 여론조사에서는 일반인의 73.1%, 전문가의 80%가 국민개병제를 유지해야 한다고 답한 반면, 지원병제로 전환해야 한다는 응답은 일반 국민 26.9%, 전문가 20%였다. 2004년과 2009년의 조사 결과 모두 국민개병제를 유지해야 한다는 의견이 주류를 이루었지만, 국민개병제의 원칙을 유지하는 것 보다는 보완해야 한다는 대답도 2004년 일반인 32.3%, 전문가 27.0%, 2009년에는 일반인 28.9%, 전문가 35%를 차지하였다. 특히, 점진적으로 지원병제를 도입해야 한다는 의견은 2004년의 경우 일반인 19.2%, 전문가 34.9%로 나타났으며, 2009년도에는 일반인 22.9%, 전문가 18.3%로 나타났고, 전면적인 지원병제로 전환해야 한다는 의견은 미미한 수

---

227) 노훈, 「미래를 대비한 육군 전력발전」, 『변화의 시대, 육군의 현실과 비전 안보토론회 자료집』, 2005, pp.42~43.

228) 황동준 편, 『국방발전 어떻게 할 것인가』(서울 : 한국국방연구원 출판부, 2004), p.147.

준이었다. 앞서 설명한 내용을 요약하여 정리하면 〈표 31〉과 같다.

〈표 31〉 국민개병제에 대한 범국민 여론조사 결과

단위 : %

구 분	2004년		2009년	
	일반인	전문가	일반인	전문가
국민개병제의 원칙은 지켜져야 한다	38.3	36.5	44.2	45.0
국민개병제의 원칙을 보완하여 실시해야 한다	32.3	27.0	28.9	35.0
점진적으로 지원병제를 도입해야 한다	19.2	34.9	22.9	18.3
전면적인 지원병제로 전환해야 한다	4.0	1.6	4.0	1.7

출처 : 국방대학교 안보문제연구소, 『2004 범국민 안보의식 여론조사』(서울 : 성광기획, 2004), p.26 .; 국방대학교 안보문제연구소, 『2009 범국민 안보의식 여론조사』(서울 : 우영피앤피, 2009), p.17을 토대로 재구성.

미국 랜드연구소의 브루스 베네트(Bruce W. Bennett)는 "한국은 향후 20년 동안은 국방개혁에서 설정한 인력수준을 유지하는 것이 불가능하고, 이를 보충하기 위해 부사관의 증원 및 보수의 증액이 필요하며, 2020년에 이르러 명확한 국가위협의 인식과 봉급수준의 개선이 보장된다면 지원병의 규모는 국방개혁에서 희망하는 80% 수준에 도달할 것이지만, 한국의 젊은이들이 보수의 유인책에 민감하지 않은 까닭에 상당한 수준으로 보수가 인상된다고 해도 지원병 수준을 유지하기 어렵고, 한국 정부가 지원병을 증대시키려고 할 때 주변국과의 마찰을 초래할 수 있다"고 전망하였다.[229)]

위에서 살펴 본 범국민 여론조사 결과와 베네트의 주장을 종합해 보면 한국이 지향해야 할 병역제도는 국민개병제의 원칙에 입각한 징병제의 틀을 유지하는 것이 바람직하며, 징병제의 유지에 부가하여 스위스와 이스라엘처럼 완전한 징집제 병역제도의 개념이 강화되어야 한다. 즉, 일상적인 활

229) Bruce W. Bennett, *Future ROK Army Personnel Structure*, RAND National Security Research Division : October 2005, pp.33~34.

동이 불가능한 자를 제외한 모든 병역 자원에 대해 예외 없는 병역의무를 부과하되, 그동안 병역 자원으로 활용하지 않았던 신체 저급자, 중학교 중퇴 이하의 저학력자, 전과자 등도 본인의 희망에 의해 병역의무를 이행할 수 있도록 함으로써, 군 복무가 의무이자 권리라는 인식을 확산시켜 나가야 한다.[230]

따라서, 국민개병제의 원칙을 보완해야 한다는 여론조사 결과와 점진적으로 지원병제를 도입해야 한다는 의견, 그리고 지원 입영이 증가하고 있는 현실을 긍정적으로 수용하여 병역제도 발전이라는 큰 틀에 포함시킴으로써, 징병제의 단점으로 나타난 제반 문제점을 해소하고 첨단 정보·과학기술군을 지향하는 정책을 적극 추진해야 한다. 왜냐하면 현재 육군을 포함한 해군·해병대·공군에서 현역병을 모집하고 있고, 이를 통해 군 운영에 필요한 특수한 자격이나 기능을 소지한 우수 인력을 군에서 양성하지 않고도 곧바로 실무에 투입하여 능률성과 효율성을 제고할 수 있으며, 병역의무 대상자 개인의 입장에서는 원하는 시기에 원하는 분야에서 군 복무를 할 수 있는 장점으로 인해 사기진작은 물론 만족도를 제고하고 있기 때문이다.

2) 다문화가족의 군 입대에 따른 종합대책 발전

다문화란 인종, 민족, 언어, 종교, 성性, 장애 등을 포괄하는 것으로서, 여러 유형의 이질적인 문화가 하나의 제도권 안에서 상호 교류를 통해 형성되는 것을 일컫는 말이다. 다문화사회는 미국과 캐나다처럼 최초부터 다양한 민족과 문화가 어우러져 국가를 이룬 경우와 영국, 프랑스, 독일과 같이 산업화와 글로벌화로 인해 부족해진 노동력을 외국인 근로자로 대체하는 과정에서 유입된 경우를 들 수 있다. 후자에 속하는 한국의 다문화사회는 유럽 국가들과 마찬가지로 외국인 노동자의 유입에 따른 이주노동자와 1990

230) 정주성 외, 『한국 병역정책의 바람직한 진로』(서울 : 한국국방연구원, 2003), p.100.

년대 이후 결혼 이민자의 증가현상으로 나타난 결과이다.[231]

현행 「다문화가족지원법」에서는 다문화가족을 ① 「재외 한국인 처우 기본법」 제2조에 의한 결혼 이민자와 「국적법」 제2·4조의 규정에 의해 대한민국 국적취득자로 이루어진 가족, ② 「국적법」 제4조에 따라 귀화 허가를 받은 자로 이루어진 가족 중의 어느 하나에 해당되는 가족으로 규정하고 있다. 현행 법령은 다문화가족을 결혼 이민자+한국인(출생), 귀화+한국인(출생)인 경우로 제한하고 있어 외국인가족은 다문화가족의 범위에서 제외된다.[232]

1980년대 후반부터 산업현장의 노동력 부족으로 외국인 노동자들이 입국하고, 1992년 이후 외국인 근로자의 입국이 제도화되면서 급속도로 증가하였다. 1999년 전체 결혼 대비 1.2%에 불과했던 국제결혼은 결혼 적령 여성의 부족 등 혼인 수급의 불균형에 의해 2008년에는 11%를 차지하였으며, 외국인 주민도 2000년에 21만여 명이었으나, 2009년에는 110만여 명을 넘어섰다.[233] 일반적으로 전체 인구의 1%가 외국인으로 구성되어 있으면 다민족사회라고 하는데, 한국은 2011년 현재 외국인 주민등록 인구가 전체 인구의 2.5%에 달하는 126만 5천여 명으로서 다민족사회가 되었으며, 2050년이 되면 전체 인구의 10%에 해당하는 500만여 명에 이를 것으로 전망되고 있다. 이제 한국은 다양한 인종과 종교, 문화를 가진 사람들이 공존하는 다문화사회로 변화되었다.[234]

이와 같은 현상은 군에도 영향을 미쳐 2010년 3월을 기준으로 육군 내 다문화가정의 간부는 영관 및 위관장교와 준사관 및 부사관, 군무원에 이르기까지 다양하게 구성되어 있으며, 국가별 분포에서도 일본과 중국, 베트

---

231) 서종남, 『다문화교육 이론과 실제』(서울 : 학지사, 2010), p.21.

232) 주성훈, 『다문화가족 지원사업 문제점과 개선과제』(서울 : 국회 예산정책처, 2010), p.26.

233) 서권열, 「우리나라 다문화가족의 실태와 지원제도 개선방안」, 국방대학교 연구논문(2010), p.4.

234) 김태완, 「다문화시대의 선구자로서의 군의 역할」, 『육군』 제306호(2010), p.85.

남, 필리핀 등으로 확대되고 있다. 그런데, 이는 비단 간부들만이 아닌 군 전체에 관련된 문제이다. 왜냐하면 지금까지는 주로 해외 유학생의 증가에 따라 외국문화에 익숙한 입영 대상자들이 입대하는데 따른 군 조직 내의 문화적 이질성과 갈등의 증폭을 예방하는 수준에서 해결방법을 찾았으나,[235] 2009년 12월 29일 「병역법 일부개정 법률안」이 국회에서 통과되어 병역법 제65조 제3항에 규정된 "인종이나 피부색 등으로 인하여 병역을 수행하는데 심각한 영향을 받을 것으로 인정되는 사람으로서 대통령령으로 정하는 사람은 제2 국민역에 편입한다."는 조항이 삭제되었기 때문이다.

이로써, 2010년 1월 25일부터는 다문화가정 자녀들에게도 병역의무가 부과되어 1992년 1월 1일 이후 출생한 다문화가정 자녀들은 2012년 1월 1일 이후에는 외관상 식별과는 무관하게 본인의 징병검사 결과에 따라 현역 입영이 가능하게 되었다.[236] 다문화가정에서 성장한 젊은이들의 군 입대에 대비하기 위해서는 현재 추진 중에 있는 정책을 재점검하여 실행 가능하면서도 효과를 제고할 수 있는 종합대책으로 발전시켜 나가야 한다.

국방부에서는 장병들의 다문화사회에 대한 이해와 수용을 유도하고, 성숙한 문화의식을 함양시키기 위해 『다문화시대의 선진강군』을 발간·배부하여 야전부대와 학교기관에서 교육하고 있다. 육군본부에서도 『다문화군대 대비 추진계획』을 수립하여 추진 중에 있으며, 특히, 다문화병사 수용을 위한 군내 인프라를 구축하고, 종교활동 여건보장 등의 다양한 사전준비를 하고 있는 것은 긍정적인 변화로 판단된다.

다문화가족의 군 입대에 따른 대책에 유용한 자료는 미군이 시행중인 기회균등 프로그램(Equal Opportunity Program)을 들 수 있다. 미군이 부대 내의 다른 인종과 종교, 민족을 통합하여 타 국가들과 효과적으로 연합할 수 있는 이유는 기회균등 프로그램을 적용함에 있어 제반 사항을 문서로 규정하

---

235) 정종관, 「병역환경 변화와 병역자원 확보방안」, 국방대학교 연구논문(2010), p.68.

236) 정민화, 「다문화군대 전환에 대비한 군 정책방안」, 『軍事評論』 제412호(2011), p.177.

여 지휘관이 교체되더라도 항구적으로 적용토록 제도화 한 점과 부대 내에 전담관을 임명하고 지역단위로 책임관을 두어 소수민족이 불평등한 대우를 받았을 경우 적극적으로 지원하는 한편, 위반시에는 기능별로 책임을 분담하지 않고 지휘관에게 모든 책임을 부과하도록 제재를 강화했기 때문이다.[237] 이와 같은 조치는 다문화군대에 대비해야 하는 한국군에게 시사하는 바가 매우 크다. 이를 준용하여 한국군의 종합대책에 반영되어야 할 사항으로는,

첫째, 다문화가정 자녀의 입영을 수용할 수 있는 법적·제도적 기반을 구축해야 한다. 구체적으로는,

① 다문화군대에 대비한 각종 법적·제도적 장치의 보완이 선행되어야 한다. 현재는 병역법 일부 개정에 따른 후속 조치로 「병역법 시행령」이 개정되어 다문화가정의 자녀들의 현역 복무가 가능하도록 법적 장치가 완료되었고, 국외 영주권자의 입영시 지원제도, 다문화장병에 대한 차별금지 규정 등이 마련되어 있다. 추가적으로 보완되어야 할 소요는, 1명에 한해 야전군 예하 보병 및 포병부대로 제한되어 있는 '동반입대 복무제도'를 1~2명으로 늘려 전 지역의 희망부대로 확대하고, 제도 적용의 기준이 되는 신체등급을 1~2급으로 한정하던 것을 3등급 이상으로 조정해야 한다.

② 신병 교육제도를 보완해야 한다. 우리 군의 신병교육은 육군훈련소와 사단급 부대의 신병교육대에서 8주간의 군사훈련을 실시하고 있다. 그러나, 다문화가정의 입영자는 소수이기 때문에 이들을 육군훈련소로 입소시켜 동일 기준에 의한 교육을 시키는 것이 바람직하다. 현재 국외 영주권자 가운데 입영 자원을 대상으로 정상 입영 1주일 전에 훈련소에 입소시켜 별도의 프로그램에 의한 적응교육을 하는 교육제도

237) Chun Learn, 「다문화적 환경하 효과적인 미 육군 리더십」, 미군 EOP 및 리더십 소개교육 자료, 2007, pp.4~5.

를 보완함으로써 국가관의 확립, 각종 애로사항의 해결, 군대예절 및 시설 사용법을 숙지토록 하는 제도적 장치가 마련되어야 한다.

③ 육군 규정의 「병 인사관리 규정」을 보완하여 직무와 직접 관련되거나, 유사한 자격을 보유한 다문화병사에게는 본인의 희망에 따라 특기를 부여하고, 무자격자에게는 각종 자격증 취득 여건을 보장해 주어야 한다. 그 방법으로는 다문화가정 입영자의 학력과 경험, 적성 등을 고려하여 사전에 군사특기와 관련된 정보를 제공하고, 본인의 희망에 따른 특기와 보직을 부여하여야 한다.

④ 다문화가정 자녀들에 대해 단계적으로 병역제도를 적용할 필요가 있다. 초기 단계에서는 희망자에 한해 현역 또는 사회복무를 허용하고, 그 결과를 토대로 모든 다문화가정 자녀가 현역 또는 사회복무를 할 수 있도록 제도화 하되, 병역이행 대상 가용 자원이 대폭 감소할 것으로 예상되는 2020년 이후에는 일반 병역이행 대상 자원과 동일하게 신체등급에 따른 병역의무를 부과하는 방안을 고려할 수 있다.[238]

둘째, 다문화가정 병사가 군 생활에 잘 적응하고, 적극적으로 복무할 수 있는 제반 여건을 조성해야 한다. 구체적으로는,

① 다문화가정을 대상으로 부대 개방행사 및 병영체험을 확대하여 입영에 대한 부담감을 해소시키는 노력을 배가해야 한다. 현재 전국에 산재한 '다문화가족 지원센터'와의 협력을 통해 안보강연 및 안보현장 견학 등을 통해 안보의식을 함양하고, 각종 체험활동 기회를 제공하여 병영생활에 대한 이해를 증진시켜 군 생활에 대한 두려움을 해소시키고 적응력을 제고시켜야 한다.

② 다문화병사의 의사소통 능력을 향상시켜야 한다. 다문화 병사들의 의사소통 부족에서 오는 스트레스를 해소하기 위해 어학교육 프로그램

---

238) 정주성(2009), 전게서, p.41.

을 신설하고, 이를 평가하고 반복교육을 실시하여 적응력을 증대시키기 위한 노력을 경주해야 한다.[239]

장병들의 다문화사회에 대한 인식을 알아보기 위해 육·해·공군 장병 500명을 대상으로 실시한 설문조사 결과 다문화 현상에 대한 이해 부족이 66.6%, 다문화 수용에 대한 긍정적인 응답이 69.3%, 부정적인 인식이 30.6%를 차지하였다.[240] 이 결과는 다문화 현상에 대한 이해력은 낮은 편이지만, 수용의지 면에서는 긍정적인 것으로 분석할 수 있다. 따라서, 군 지휘관은 다문화병사에 대한 편견과 선입견 해소, 긍정적 상호작용 증진, 공동의 목표를 달성하기 위한 상호 의존의 중요성 주지, 국가 및 조직 구성원으로서의 동등한 지위 부여, 병영 내 기강 확립 등을 통해 부대 내의 부정적인 인식을 해소시키고,[241] 다문화병사로 하여금 자존감 및 긍정적인 정체성을 함양시키기 위한 다양한 프로그램을 적용함으로써 다문화 군대로의 변화에 미리 대비해야 한다.

나. 선병제도의 공정성 강화

한국의 현행 병역제도는 징병제를 원칙으로 하되, 여기에 지원병제가 혼용된 「징병제를 원칙으로 한 혼합형 병역제도」이다. 현행 병역제도에 기초한 병역의무의 이행 과정을 살펴보면, 대한민국의 모든 남자는 18세가 되면 징병검사 대상자가 되어 19세에 징병검사를 실시한다. 징병검사에서 나타난 신체등급의 결과에 따라 현역과 보충역, 제2 국민역, 병역면제 등의 처분을 받게 된다. 이 같은 처분을 기초로 20세로부터 35세까지 현역 또는 상근예비역과 보충역으로 복무하고, 36세가 되면 현역 및 보충역의 입영

---

239) 정민화, 「사회통합을 위한 다문화 병사의 군 적응방안」, 『국방저널』 통권 제449호(2011), p.70.

240) 『국방부 보고자료』, 「다문화 사회 장병 인식변화 설문조사 결과」, 국방부 병영정책과, 2010. 6. 20. p.1.

241) 국방부, 『다문화 시대의 선진강군』(서울 : 국방부, 2010), pp.79~80.

의무가 면제되며, 병역 기피자는 37세에 해당될 때까지 보충역으로 복무해야 하고, 38세가 되면 병역 기피자의 입영 의무를 면제하고 있다. 이상에서 살펴본 병역의무의 이행 과정을 요약하여 정리하면 〈표 32〉와 같다.

〈표 32〉 병역의무 이행과정

<table>
<tr><td>18세</td><td colspan="2">19세</td><td>20~35세</td><td>36세</td><td>36~37세</td><td>38세</td><td>40세</td><td>45세</td></tr>
<tr><td colspan="3">제1국민역</td><td rowspan="2">현역
(상근
예비역)</td><td colspan="4" rowspan="3">예비역
(향토예비군)</td><td rowspan="4">전시
병역
의무
기간
연장</td></tr>
<tr><td rowspan="4">징병
검사
대상자
조사</td><td rowspan="4">징
병
검
사</td><td>1~3급</td></tr>
<tr><td>4급</td><td>보충역</td></tr>
<tr><td>5급</td><td colspan="5">제2국민역(전시 근로소집)</td></tr>
<tr><td>6급</td><td colspan="6">병역면제</td></tr>
</table>

출처 : 국회 행정안전위원회, 「수석전문위원 검토보고서」(2011. 9. 8)를 토대로 재구성.

병역의무의 이행은 군 복무를 기준으로 복무 전·중·후로 대별하여 선병제도와 복무제도, 예비역제도로 구분된다. 선병제도란 군 복무 이전의 병역 대상자를 파악·관리하면서 적당한 시기에 적절한 방법으로 군 복무 가능 자원을 선발하는 제도로서 자원관리, 징병검사, 병역처분이 있다. 복무제도는 선발된 자원을 관리하면서 군에서 필요로 하는 시기에 병력을 충원해 주는 제도로서 현역복무와 소집복무, 대체복무로 구분된다. 예비역제도는 병역의무를 필한 이후의 예비역복무 자원에 대한 관리제도로서 예비군의 조직 편성, 병력동원소집, 병력동원훈련소집으로 구분된다. 그런데, 지금까지 주로 병무비리와 관련된 문제는 선병제도 중에서 징병검사와 병역처분에 집중되어 왔다. 그러므로 병역제도의 공정성을 제고하고 형평성을 강화하기 위해서는 선병제도 면에서 공정성의 강화가 지속적으로 추진되어야 한다.

1) 징병검사 및 병역처분 개선을 통한 병역면탈 행위 차단

징병검사란 군에서 필요로 하는 우수 정예자원을 과학적으로 선발하기 위해 전문의로 구성된 징병검사전담의사, 징병검사 전문의사 또는 군의관에 의한 신체검사와 심리검사 등을 실시하고, 학력·연령 등을 포함한 자질을 종합하여 군 복무 적합자는 현역 입영 대상자와 보충역으로, 부적합자는 제2 국민역, 병역면제 또는 재신체검사 대상자로 병역처분을 하고, 현역 입영 대상자와 보충역에 대하여 군 복무에 필요한 적성을 분류하는 일련의 과정을 말한다.

징병검사는 군에서 필요로 하는 병원兵員 획득을 위한 기초적인 선병 과정이며, 이를 통하여 병역 의무자 개개인의 병역의무 이행 형태를 결정하는 중요한 행정행위이다. 현행 병역법은 병역의무자는 19세가 되는 해에 병역을 감당할 수 있는지를 판정받기 위해 지방병무청장이 지정하는 일시·장소에서 징병검사를 받아야 함을 규정하고 있으며, 병무청에서는 2011년부터 징병검사 대상자 중 신체가 건강한 사람은 신장 및 체중, 혈압 측정, 시력검사, 임상병리검사, 방사선 촬영, 심리검사로 구성된 기본검사 후 신체등위를 판정한다. 정밀검사가 필요한 개인은 해당 분야의 정밀검사를 실시한 후 수석 전담의사가 판정토록 함으로써 징병검사의 신뢰성 확보와 함께 국민편익 증진에도 기여하고 있다.[242] 그럼에도 불구하고, 비록 일부이기는 하지만 징병검사 및 병역처분 과정에서 병역면탈 범죄행위는 끊임없이 발생하고 있다. 최근 병역면탈 범죄자 총 788명의 병역면탈 유형 및 현황은 〈표 33〉과 같다.

242) 병무청, 『병무행정 용어해설집』(대전 : 병무청, 2010), p.29.

〈표 33〉 최근 병역면탈 범죄자 유형 및 현황(2003년~2009년)

단위 : 명

연 도	2009	2008		2007				2004	2003
병역 면탈 유형	환자 바꿔 치기	어깨 탈구	고혈압 조 작	고혈압 조작	업체 편법 운영	불법 유학	진단서 위 조	약물 투입 질환	문신
현 황	3	96	39	36	112	111	2	134	255

출처 : 병무청, 『병무행정사』 제4권(대전 : 병무청, 2010), p.185.

위의 〈표 33〉에서 보는 바와 같이 징병검사 전담(전문)의사를 운용하고 있음에도 불구하고 병역면탈 범죄는 고도로 지능화·다양화되고 있다. 병역 기피자 또한 지속적으로 증가되고 있는 추세에 있는 바, 연도별 병역 기피자 발생현황은 〈표 34〉와 같다.

〈표 34〉 연도별 병역기피자 발생 현황(2001년~2009년)

단위 : 명 / (%)

구 분	계	2001	2002	2003	2004	2005	2006	2007	2008	2009
계	4,530 (100)	40	30	433	808	650	791	66	849	863
징 병 기피자	82 (1.8)	1	2	21	21	5	4	14	9	5
입 영 기피자	4,448 (98.2)	39	28	412	787	645	787	52	840	858

출처 : 병무청, 『병무행정사』 제4권(대전 : 병무청, 2010), p.203.

최근 9년간 병역 기피자는 4,530명으로서, 징병 기피자가 1.8%인데 비해 현역 입영 기피자는 98.2%인 4,448명에 달하여 1980년부터 1989년까지의 입영 기피자 85명, 1990년부터 1999년까지의 입영 기피자 581명에 비해 병역 기피자가 증가하고 있음을 알 수 있다.[243]

병무청에서 운영하고 있는 「병역 기피자 자진신고 코너」에 나타난 최근 4년간의 현황을 보면, 2007년에는 자진신고가 45건, 제보는 79건이었던데 비해 2008년에는 자진신고 17건, 제보가 17건이었으며, 2009년에는 자진신고 15건, 제보 66건으로 나타났다. 한편, 2010년에는 자진신고 13건, 제보 52건으로서 병역 기피는 계속적으로 발생하고 있고, 이에 대한 제보 또한 활성화되고 있음을 알 수 있다. 이를 종합해 볼 때 아직도 우리 사회에는 자발적인 병역 이행 보다는 '회피할 수만 있다면 회피 하고자 하는 의도를 가진 병역 이행 대상자가 많고, 이를 조장하는 부모와 조직이 존재하고 있다'는 것을 알 수 있다.

지속적으로 발생하고 있는 병무사범에 대해서는 공정한 병역이행의 분위기를 조성하고, 차별없는 병역의무 부과 및 이행을 위해 공정성과 형평성이 구현되어야 한다. 특히, 병역면탈 기도 자체를 원천적으로 차단 및 예방하기 위한 대책이 마련되어야 하며, 대다수 병역의무 이행자들의 상대적 박탈감을 해소시키는 한편 공정한 병역이행을 정착시켜야 한다.

병무청에서는 병역 관련 범죄를 예방하기 위해 ① 신체검사 규칙을 강화하여 정상적인 사회생활이 가능한 사람은 누구나 예외없이 자신의 건강상태에 적합한 병역 이행을 하도록 하고, ② 병역면탈 범죄의 대부분이 재신체검사 과정에서 발생한 점에 착안하여 「병역처분 변경 심사위원회」를 신설하여 '병역처분 변경원 출원자'의 신체검사를 철저히 하며, ③ 병역면탈이 의심되는 경우에는 면제 처분 이후에도 확인신체검사를 실시하고, ④ 신체검사 현장에서의 병역면탈 시도를 차단하기 위해 병무청 직원에게 특별사법경찰권이 부여되어 있고,[244] 병사용 진단서의 확인절차 강화, 병역면탈 범죄에 대한 감시체계의 구축, 병역의무 자진 이행 풍토를 조성하기

---

243) 병무청(2010), 전게서, p.203.

244) 김영후, 「신체검사부터 병역이행까지 전과정을 엄격히 관리해야」, 『월간조선』 2011년 9월호, p.203.

위한 다양한 대책을 추진하고 있지만, 국민정서는 이를 체감하지 못하는 실정이다. 따라서, 징병검사 및 병역 처분을 개선하여 병역면탈 행위를 원천적으로 차단하기 위해서는 다음과 같은 방안이 적용되어야 한다.

첫째, 현재 운용되고 있는 징병검사 전담의사 제도에 추가하여 민간의사(징병검사 전문의사)의 채용을 확대해야 한다. 지난 2006년 개정된 병역법 제2조에 의해 의사 또는 치과 의사가 신체검사 업무에 종사할 수 있는 법적근거는 마련되었으나, 실제 운용되고 있는 징병검사 전문의사는 외과 또는 이비인후과의 계약직 공무원임을 감안하여 임상경험이 풍부한 민간 의사를 확보하여 징병검사의 신뢰도와 정확도를 높이고 공정성을 확보해야 한다. 독일의 경우 병무청 직원으로 채용된 전문의사가 국립병원 또는 시립병원에서 신체부위를 83개로 나누어 건강상태를 확인하고, 심리검사와 적성검사를 병행하여 등급을 부여하고 있는데, 이를 벤치마킹하여 한국의 현실에 맞게 발전시키는 방안을 적극 추진하여야 한다.

둘째, 병역 처분의 공정성을 강화함으로써 병역면탈 행위를 차단해야 한다. 현재의 병역 처분 기준은 병역법을 근거로 각 군 참모총장이 매년 통보하는 현역병 입영 소요인원과 징병검사 대상 자원, 신체등위 등을 감안하여 병무청장이 학력 및 신체등위와 기타 기준을 적용하고 있다. 학력 및 신체등위에 따른 병역처분 기준을 살펴보면 〈표 35〉와 같다.

〈표 35〉 학력 및 신체등위에 따른 병역처분 기준

<table>
<tr><th>구 분</th><th>1급</th><th>2급</th><th>3급</th><th>4급</th><th>5급</th><th>6급</th><th>7급</th></tr>
<tr><td>대 학</td><td colspan="3" rowspan="4">현 역
(상근예비역)</td><td rowspan="4">보충역</td><td rowspan="4">제2
국민역</td><td rowspan="5">병 역
면 제</td><td rowspan="5">재검사
대 상</td></tr>
<tr><td>고 졸</td></tr>
<tr><td>고 퇴</td></tr>
<tr><td>중 졸</td></tr>
<tr><td>중 퇴</td><td colspan="5">제2 국민역</td></tr>
</table>

출처 : 병무청, 『2010 병무연보』(대전 : 병무청, 2011), p.37을 토대로 재구성.

앞의 〈표 35〉에서 보는 바와 같이 병역처분 기준이 명시되어 있고, 보충역 처분과 제2 국민역의 처분의 기준도 마련되어 있지만, 실제 대부분의 병역면탈은 제1 국민역에서 현역으로 전환하는 과정에서 이루어지고 있다. 그 방법으로는 징병검사, 대체복무 지정, 학업(해외유학) 등의 사유로 인한 입영연기 등이 주로 해당되는데, 이는 제도적인 결함보다는 병역면탈을 기도하는 자들의 지능적 접근에 대해 시기와 절차 등에 있어 방지 기능이 제대로 작동되지 못한데서 비롯된 결과이기도 하다. 따라서, 지금까지의 병역면탈 범죄가 주로 고학력자이면서 신체검사 재검사 대상자 중에서 발생했다는 사실을 감안하여 예외 없는 병역이행을 실현하기 위해 특이성 질병, 또는 심신장애 등에 대한 판정 기준을 엄격하게 적용하고, 외부 전문가에 의한 점검을 통해 각종 판정 기준의 원칙적인 적용 여부에 대한 점검을 강화해야 한다. 특히, 병역 면제자에 대해서는 병역 면제세를 도입하는 방안을 적용하여 병역의무 이행의 평등성과 공정성을 제고하는 노력을 강화해야 한다.

스위스가 병역의무 이행 부적격자에게도 병역 면제세兵役免除稅를 부과하고 있는 것은 좋은 사례이다. 스위스 헌법 제18조에는 "모든 스위스 남자는 병역에 복무해야 한다."고 규정되어 있어 병역의무를 기피하면 교도소를 가야하고, 신체적 조건이 군무에 적합하지 않은 자는 특별한 세금을 내야 하는 의무를 강요하고 있다… (중략) 모든 스위스 남자는 만 20세부터 50세까지 병역의무가 있다. 처음의 13년간이 현역이고, 다음 10년간이 예비역, 마지막 8년간은 후비역이 된다… (중략) 병역 부적격자의 경우에는 그에 해당하는 병역 면제세를 지불해야 한다. 1959년 6월 시행된 법령의 매년 과세 기초액은 기본세액 15프랑에 과세 소득의 2.4%를 가한 액수이다. 32세까지 현역에 해당하는 자는 위의 금액이 과세되며 전시에는 2배로 증가된다. 장애인이나 절대적으로 생활이 빈곤한 자가 아닌 이상 반드시 납세의무가 있다. 다만, 현역 복무의 연령이 넘을 경우, 이 납세액은 42세까지의 예비역 상당자는 과

세 기초액의 1/3로, 50세까지의 후비역 상당자는 1/6로 감소된다.[245]

스위스의 사례를 통해 국가의 생존과 번영을 유지하기 위해서는 군 복무를 피할 수 없으며, 설령 피할 수 있다고 하더라도 이는 국가적 차원에서 다스려야 할 중대한 범죄행위로 간주되고 있음을 알 수 있다. 병역의무 부적격자에게 병역 면제세를 부과함으로써, 국방의 책무를 이행하지 않은 자체를 국가에 대한 채무 불이행으로 취급하고 있는 점은 시사하는 바가 매우 크다.

이는 앞에서 지적한 한국의 병역법에 있어 가장 큰 병폐의 근원이라고 할 수 있는 '신체검사에서 불합격하면 그것으로 끝날 가능성이 높다'는 사실과 비교해 볼 때 의미 있는 시사점을 제공해 주고 있다. 병역의무 이행에 동참하지 않은 병역 기피자를 뿌리 뽑기 위해서는 이를 방지하는 법을 제정하는 것이 가장 시급한 과제이다. 따라서, 신체검사 불합격 처분을 받고, 재검사에서도 불합격된 자에 대해서는 병역을 면제해 주는 대신 현역 복무기간으로부터 예비군훈련이 종료될 때까지 병역 면제세를 부과해야 한다.

이에 대한 방안으로는 스위스의 사례를 준용하여 현역 복무 기간 중에는 기본 세액을 연간 100만원으로 하고, 여기에 과세 소득의 10% 수준을 추가로 부과해야 한다. 또한 현역 복무에 해당하는 연령이 지난 이후로부터 예비군훈련이 종료될 때까지 기본 세액을 연간 50만원으로 하되, 과세 소득 부과의 기준으로 설정된 10%의 추가세 금액에 대해 매 1년이 경과할 때마다 1%씩 감경하여 적용하는 방안을 고려할 수 있다. 그러나, 이는 법령 제정을 위한 공청회와 법안심의 과정에서 신축적으로 고려해야 할 사항으로서 절대적인 기준이 아니며, 중요한 것은 이와 같은 강제조치가 시행되지 않는 것이 가장 바람직하다.

차제에 이른바 입영 및 집총 거부자(양심적 병역 거부자)에 대해서도 법령 제

---

[245] 石村富行(1970), 전게서, pp.138~145.

정을 통해 병역 면제세를 부과하는 방안이 적용되어야 한다. 특히, 문제가 되는 것은 입영 및 집총 거부자가 징병검사 혹은 입영 기피 등으로 군 입대를 거부하는 경우이다. 최근 5년간의 입영 및 집총 거부자는 총 3,674명이었다. 세부적으로는 2005년 828명, 2006년 781명, 2007년 571명, 2008년 375명, 2009년 728명, 2010년 7월 현재 391명이었다. 이 중 현역 3,440명, 보충역이 234명이었고, 사유별로는 특정 종교 3,684명, 평화주의자 25명 등이었다.[246] 국방부에서 입영 및 집총 거부자에 대한 대체복무의 허용은 국민적 합의 및 안보상황의 변화를 고려하여 결정할 사안임을 밝힌 바 있지만, 2000년도 이후 사회문제로 대두되고 있는 점을 고려하여 더 이상의 소모적 논쟁은 종식되어야 한다.

2) 사회 관심자원 관리 강화

2008년 8월 27일 한나라당 김옥이(金玉伊) 의원은 「사회 관심 병역자원 관리를 위한 병역법 일부개정 법률안」을 발의하였다. 김 의원이 병역법 개정안을 발의하게 된 배경은 연예인 등 사회 관심계층의 병역면탈 범죄가 지속적으로 발생하고 있고, 사회 지도층의 병역 관리에 대한 국민적 요구가 증대되고 있어, 이들에 대한 특별관리를 통해 병역면탈을 예방하는 효과가 있을 것이라는 판단에 기인한 것이었다.[247]

이명박정부는 집권 후반기 국정운영의 핵심 가치로 「공정사회 실현」을 제시하고, 이를 구현하기 위해 연예인과 운동선수, 사회 지도층 자녀 등을 중점 병역관리 대상으로 선정하여 이들의 병역 이행 여부를 추적하겠다고 발표한 바 있으나, 특정 부류의 인사를 차등 대우하는 결과를 초래한다는 반대 여론과 사생활 침해의 소지가 있다는 이유로 더 이상 추진되지 않음으

246) 『국방부 보고자료』, 「입영 및 집총 거부자 대체복무 검토」, 국방부 인사기획관실, 2010. 12. 10. p.3.

247) 병무청, 『공정사회 구현을 위한 병역법 개정 추진 발표자료』(대전 : 병무청, 2011. 7. 12.), p.6.

로써 사회 관심자원에게 공정한 병역의무를 부과하고, 이들의 병역 이행을 관리하기 위한 병역법 개정안의 국회 통과가 불투명한 상태에 놓여있다. 사회 지도층과 상급자들부터 모범을 보이고, 일선부대 지휘관들이 정성어린 마음으로 부하를 관리함으로써 군이 신뢰를 얻어야 함에도 불구하고,[248] 고위층의 병역 이행 실태는 높은 사회적 지위에 비해 매우 낮은 것으로 나타나고 있는 바, 고위 공직자의 병역 이행 실태는 〈표 36〉, 〈표 37〉과 같다.[249]

〈표 36〉 국회의원·장·차관급 본인 및 직계비속 병역 면제율 현황

단위 : 본인 / (비속)

구 분	평 균	16대 국회	17대 국회	18대 국회
국회의원	22.3(15.1)	24.5(21.3)	24.2(13.7)	18.2(10.2)
장·차관급 인사	18.7(11.0)	23.6(12.4)	20.0(9.5)	12.8(11.2)

〈표 37〉 4급 이상 공직자 본인 및 직계비속 병역 면제율 현황

단위 : %

구 분	평 균	2005년	2006년	2007년	2008년	2009년	2010년
본 인	12.6	14.0	13.2	12.9	12.2	11.7	11.4
비 속	5.9	6.8	6.4	5.8	5.6	5.4	5.2

이처럼 국회의원 및 장·차관급 인사 본인과 직계 비속의 병역 면제율은 점진적으로 감소하고 있지만, 4급 이상의 공직자 본인과 직계 비속의 병역 면제율 보다는 높은 편이다. 그런데, 중요한 것은 고위 공직자의 면제율은 일반 국민과의 단순 비교의 문제가 아닌 고위층의 기강과 '노블레스 오블리주'와 직결되며, 여기에는 이른바 사회 관심자원도 예외일 수 없다는 사실이다.

248) 소종섭, 「윗물부터 맑아야 군대가 산다」, 『시사저널』 제1134호(2011), p.6.

249) 정주성, 「공정한 병역이행 제고방안」, 『공정한 병역이행 : 과제와 대책 세미나』(2011. 6. 14), p.10.

2007년부터 2010년까지 병역 면탈자의 신분별 현황을 보면 총 532명 중에서 체육인 118명, 유학생 111명, 연예인 31명, 의사 3명, 고위 공직자의 아들 2명, 일반인 267명으로서, 이른바 사회 관심자원이 절반을 차지하고 있다.[250] 이 결과에서 보듯이 사회 관심자원의 병역 면탈과 일반인의 병역 면탈 비율은 통계상으로는 대동소이 하지만, 인기종목의 운동선수들과 연예인, 의사와 해외 유학생, 고위 공직자의 아들이 포함되어 있어 일반인들의 상대적 박탈감의 크기는 배가되는 것으로 인식되어야 한다.

왜냐하면 누구보다도 '노블레스 오블리주'의 실천에 앞장서야 할 당사자들이 불공정한 행태를 보이는 사회는 공정한 사회로 볼 수 없기 때문이다. 정·관계의 고위 인사와 그 가족, 연예인과 운동선수의 병역과 관련된 논란은 주기적으로 발생되고 있는 우리사회의 '아킬레스건'이다. 문제는 이와 같은 사회 지도층과 사회 관심자원의 병역 관련 문제가 해당되는 본인만의 문제로 끝나지 않고 정부와 지도자에 대한 국민의 불신을 심화시키고 냉소적으로 만들 뿐만 아니라, 자라나는 청소년들에게 잘못된 인식을 심어준다는데 그 심각성이 있다.[251]

한국에서의 병역 면탈 범죄행위는 어제 오늘의 일이 아니었다. 이승만정부에서는 이른바 '빽'이 있거나 10만원 내외의 금전만 있으면 신체 건강한 장정도 면역증을 받았고, 1960년대에는 해외 유학을 나가 돌아오지 않는 방법으로 병역을 면탈하였으며, 1990년대 '병역비리 커넥션'이 발생했을 때에는 '유전무역 무전유역'(有錢無役 無錢有役)이란 말이 유행할 정도로 병역과 관련된 비리는 그 뿌리가 깊고 방법 또한 다양하게 발전되어 왔다.[252] 최근 언론에 보도된 자료에 의하면 이명박정부의 청와대 수석비서관과 행정부의 장·차관급 고위직의 아들들은 이른바 '꽃보직'에서 병역을 마쳤거

250) 상게서, p.7.
251) 「세계일보」, 2011. 12. 5. 30면.
252) 정용인, 「진화된 병역비리 수법은 전염」, 『주간 경향』 제895호(2010), p.20.

나 복무 중에 있는 것으로 나타났는데 그 현황은〈표 38〉과 같다.

〈표 38〉 청와대 수석비서관과 장·차관급 고위직 아들의 병역이행 현황

단위 : 명 / %

구 분		행정·보급·정보·정훈·어학·산업특례			보병	수송	공병	기타
꽃보직 복무자 비율	수석비서관 아들(11)	9/81.8			1/9.1	-	1/9.1	-
	장·차관 아들(37)	15/40.5			5/13.5	3/8	3/8	11/30
구 분		서울 근교	경기	충남	경북	강원	부산 경남	기타
근무 지역 비율	수석비서관 아들(11)	3/27.3	1/9	2/18.2	-	2/18.2	2/18.2	1/9
	장·차관 아들(37)	15/40.5	5/13.5	4/10.8	3/8	4/10.8	-	6/16.4

출처 : 「경향신문」, 2011. 9. 6. 1면 ; 「서울신문」, 2011. 9. 7. 31면을 재구성.

위의 〈표 38〉에서 보는 바와 같이 청와대 수석비서관 12명의 아들 11명 중 9명이 행정·보급·정보·정훈·어학·산업특례 분야의 보직을 받아 상대적으로 편하고 안전한 수도권과 후방지역에서 복무하고, 장·차관급 고위공직자 74명 중에서 병역을 필하였거나 복무 중에 있는 37명 가운데 행정·보급·정보·정훈·어학·산업특례 분야에 보직을 받은 자가 15명으로 40.5%를 차지하고, 대부분 서울과 경기지역 또는 후방지역에서 복무했거나 복무 중에 있음을 알 수 있다.

한국의 안보상황에서 병역의 공평성 확보는 무엇보다 중요하다. 병역에서의 공평성이 상실되면 사회적으로 위화감이 조성되고, 결과적으로 국방력의 약화로 이어진다. 그런 까닭에 고질화된 고위층 자제들의 특혜 현상을 근절하기 위해 이들의 병역 이행 여부를 특별관리 하는 것은 너무나 당연하다. 국방의무의 공정성과 투명성, 효율성을 제고하고 바람직한 병역

이행 문화를 정착하기 위해서는 사회 관심자원에 대한 병역 이행 현황을 중점 관리하는 특단의 조치가 시행되어야 한다. 왜냐하면 병역 면탈이 고위층과 부유층 본인뿐만 아니라 자식세대까지 대물림되는 것을 방지하고, 외국 생활을 오래 했다는 이유로 병역을 면제받은 사람이 30대 후반에 대기업 등에 취업하여 억대 연봉자로 생활하는 경우가 빈번하기 때문이다.[253)]

또한 국민의 의무인 병역에 대해 형평성을 제기하는 이유는 병역의무가 다수 개인의 삶을 선택의 여지없이 강제적으로 지배하고 있음에도 불구하고 실제로는 공정하게 적용되지 않고 있기 때문이며, 그 동안의 사례와 증거들로 인해 사회적 지위의 높고 낮음, 재산의 과다에 따라 병역이 차별적으로 적용된다는 뿌리 깊은 불신을 만들어 냈으므로,[254)] 국민들의 분노와 박탈감을 해소하는 차원에서라도 반드시 바로잡아야 할 범죄행위이기 때문이다.

사회 관심자원에 대한 관리를 강화하기 위해서는,

첫째, 「공직자 등의 병역사항 신고 및 공개에 관한 법률」 제2조에 명시된 신고 의무자 및 그 직계 비속에 대한 병역사항이 중점 관리되어야 한다. 구체적으로, ① 대통령, 국무총리, 국무위원, 국가정보원의 원장, 차장 등 정무직 국가 공무원, ② 지방자치단체의 장과 지방의회 의원, ③ 4급 이상의 일반직 국가 공무원 및 고위 공무원단에 속하는 별정직 공무원, 4급 이상의 지방 공무원과 이에 상당한 보수를 받는 별정직 공무원, ④ 직무등급 6등급 이상 직위의 외무 공무원, 4급 이상의 국가정보원 직원, 대통령실의 경호공무원, ⑤ 법관 및 검사, ⑥ 헌법재판소의 헌법 연구관, ⑦ 대령 이상의 장교 및 2급 이상의 군무원, ⑧ 대학(교)의 총장, 부총장, 대학원장, 단과대학장, 대학(교)의 처·실장, 특별시와 광역시·도의 교육감 및 교육장, 교육위원, ⑨ 총경 이상의 경찰 공무원, 소방정 이상의 소방 공무원, ⑩ 4급 이상의

253) 조득진, 「병역면제는 고위층의 의무?」, 『주간 경향』 제895호(2010), p.17.
254) 허지웅, 「월드컵과 병역특례」, 『시사 IN』 제146호(2010), p.73.

일반직 공무원에 상당하는 직위에 보직된 연구관, 지도관, 장학관 및 교육연구관, ⑪ 4급 이상의 계약직 공무원, ⑫ 「공직자 윤리법」에 규정된 재산등록 의무자와 그의 아들에 대해서는 병역의무 이행 여부가 중점 관리되고 공개되어야 한다.

특히, 3급 이상의 고위 공무원단과 이에 준하는 직급 이상에 해당되는 자의 아들에 대해서는 우선적으로 전방부대에 배치시켜 진정한 의미의 청렴의무와 '노블레스 오블리주'를 실천토록 해야 하며, 이를 이행하지 않을 경우에는 공직을 사퇴하도록 해야 한다. 전방부대 우선 배치 대상자 부모의 직급 기준을 정리하면 〈표 39〉와 같다.

〈표 39〉 전방부대 우선 배치 대상자 부모의 직급 기준

입법부	행정부	사법부	지방행정	대학	군인	경찰	교육	투자기관
국회의원, 지방의원	3급 이상	부장판사 (검사) 이상	선출직 단체장 전 원	교수 이상	대령 이상	총경 이상	교육장 이 상	이사 이상

둘째, 한국프로야구협회, 한국프로축구연맹 등 대통령령으로 정한 경기단체에 등록된 선수와 한국영화인협회, 한국연예협회 등 대통령령으로 정한 연예 관련 단체에 소속된 연예인들도 중점관리 대상에 포함하여야 한다.

셋째, 「소득세법」 제14조에 따른 종합소득 과세 표준이 대통령령으로 정한 일정 수준 이상의 고소득자와 그 직계 비속, 그리고 「종합부동산세법」에 따른 종합부동산세 과세 대상자 중에서 대통령령으로 정한 일정 수준 이상의 고액 납부자 및 그 직계 비속에 대해서는 병역 사항을 중점관리하고 그 결과를 공개해야 한다. 물론, 고소득자의 기준과 범위를 설정하기 위한 사회적 합의가 뒤따라야 하고, 고소득자 또는 부유층은 공인이 아니기 때문에 기본권 침해의 소지가 있지만 국익이 모든 것에 우선하며, 가진 자가 솔선수범해야 한다는 측면을 고려하여 강력하게 시행되어야 한다.

넷째, 병역면탈 범죄에 적용되는 병역법상의 공소시효(3년)의 합리성과 타당성을 검토하여 적용 기준을 병역면탈 사건의 발생 시점이 아닌 병역면탈 범죄를 인지한 시점으로 개정하여야 한다.

다. 생산적인 군 복무제도로의 전환

우리 군은 근대화와 산업화를 이루는 과정에서 행정분야는 물론 건설기술 분야에서 주도적인 역할을 담당하여 경제개발계획의 목표를 달성하고 국가에서 필요로 하는 산업인력의 충원에 크게 기여하여 왔으나, 전문적인 지식과 기술의 축적에서 발휘되는 숙련된 기량이 아닌 단기간의 경험에서 얻어진 단순 기량의 우위로 평가절하 되어 왔으며, 현재도 군사부문의 지식수준은 민간부문에 비해 낙후된 것으로 평가되고 있다. 그 이유는 민간부문은 경쟁력을 제고하기 위해 첨단 정보기술과 과학기술의 발달에 따른 연구개발에 많은 투자를 하고 있는 반면, 군은 민간부문이 급속한 성장을 거듭할 때에도 과거의 장비운용 능력과 기술 수준에 머물렀기 때문이다. 이 같은 사실은 〈표 40〉의 군 기술과 사회 기술의 비교를 통해 알 수 있다.

〈표 40〉 군 기술과 사회 기술의 비교

구 분	공작기계	전자통신
1950년대	군 ≥ 사회	군 〉 사회
1960년대	군 ≥ 사회	군 〉 사회
1970년대	군 ≤ 사회	군 ≤ 사회
1980년대	군 〈 사회	군 〈 사회

출처 : 이종재, 「군 인적자원 개발의 방향과 과제」, 『2003 육군정책발전 세미나 자료집』(2003. 9. 29.), p.60.

군에서는 지금까지 군 복무 중에 전역 후 진로 및 취업 문제에 대한 해결 방안으로 자기개발에 대한 관심을 경주하여 왔다.[255] 국방부에서는 군 복무에 대한 인식이 신성한 국방의무를 이행함과 동시에 사회생활을 준비하는 기간으로 변화되고 있음을 직시하여 이를 지원하기 위해 기본권의 보장과 함께 개인의 특성을 고려한 다양하고 과학적인 기법을 적용하여 병영환경을 조성하는 한편 군 복무 중 학점취득, 검정고시 응시, 각종 자격증 취득을 지원하여 사회생활과 연계된 평생학습을 장려함으로써 개인과 군, 국가의 경쟁력을 높이기 위한 정책을 추진하고 있다.

그러나, 이제는 매년 현역 입영자 26만여 명에 대해 자기개발 기회를 부여하고, 군 복무 간 목표 설정을 유도하여 사회와의 단절을 극복하는 것이 중요한 과제로 대두되었다. 따라서, 병역 이행이 의무인 것은 분명하지만, 군 복무 중 자기개발을 통해 꿈을 이루고 사회와 국가발전에 기여하는 기회가 될 수 있도록 변화되어야 한다.

1) 군 복무 병사 자기개발 기회 확대

창군 이후 장교 및 부사관에 대한 전문성 향상은 우리 군의 가장 큰 역점사업 중의 하나였다. 그런 까닭에 미 군정 시기부터 영관 및 위관급 장교를 미 보병학교의 고급과정에 유학시켜, 선진 군사지식과 전술·전기를 습득한 후 군 요직에 보직하여 창군의 일익을 담당토록 하였으며, 정부수립 이후에는 우방국 군사교류 및 군사외교의 일환으로 전문학위 교육과 국외 군사교육을 꾸준히 추진하여 외국 대학과 국내 대학, 국방대학교의 학위과정, 국외 군사교육과정에서 교육을 받게 하는 자기개발의 기회를 부여하고 있다.

장교의 경우 2004년 9월에 개정된 「사관학교 설치법」에 의해 사관학교 졸업자는 주전공으로 문·이·공학사, 부전공으로 군사학사를 수여하고 있으며, 「고등교육법」에 의한 대학의 군사학과 졸업생에게는 주전공으로 군사학사, 부전공으로 문·이·공학사를 수여하고 있다. 2002년 12월에 개정

255) 김종탁 외, 『미래 지향적 국방인사정책 발전방안』(서울 : 한국국방연구원, 2007), p.154.

된 「평생교육법」과 「학점인정 등에 관한 법률」에 따라 2003년 이후에는 이미 학사 학위를 취득한 자에게도 12개 병과학교의 초군반과 고군반 교육 과정을 수료하면 군사학 학사 학위가 수여되고 있다. 부사관의 경우에도 전문대학에 설치된 부사관학과를 졸업하면 군사학 전문학사를 취득할 수 있다. 군 복무 중인 병사의 자기개발은 개인뿐만 아니라 군의 이미지 쇄신을 위해서도 중요하다. 군 복무 중의 자기개발의 성과가 개인의 일생에 긍정적인 영향을 미칠 수 있다면, 군 복무기간은 매우 의미 있는 기간이 될 것임은 자명하다.

미군은 1980년부터 국방성에서 「현역 군인에 대한 자발적 교육 프로그램에 관한 규정」을 제정하여 제복을 입은 미국 시민으로서 일반 시민과 동일하게 교육, 직업, 경력의 목표를 달성하기 위한 기회를 보장하고 있으며, 민간 교육기관과 타 정부부처의 교육지원 프로그램을 활용하고 있다. 또한 독일군은 군이 산업·경제·수공업체들과 긴밀하게 협조할 수 있는 네트워크를 구성하여 전역 후 민간 산업에 적응할 수 있는 가교 역할을 담당토록 하고 있다.

이에 비해 우리 군에서 병사의 자기개발에 관한 관심은 극히 미미하였다. 한국군의 자기개발은 2003년에 육군에서 한국직업능력개발원, 한국교육개발원과 '갈 수 밖에 없는 군'에서 '가고 싶은 군'이라는 모토를 정하고 「육군 인력 정예화와 국가 인적자원 개발을 위한 공동학술연구 협력에 관한 협약」을 체결하여 학술연구를 시작한 것이 계기가 되었다.[256]

이후 2004년 10월에 국방부 차원에서 군 인적자원 개발을 추진함으로써 2005년부터 병사의 군 복무 중 자기개발을 위한 정책이 시행되었다. 육군에서는 2004년부터 종합군수학교에서 「기술병 학점은행제」를 제안하여 이를 발전시키고,[257] 입대 후 병과학교 기술교육이나 실무부대에서 받는

---

[256] 정철영, 『군 복무결산 프로그램 세부 시행방안 연구』(대전 : 육군인쇄창, 2009), pp.47~48.
[257] 윤명기, 「제2의 교육혁신으로 새해를 일군다」, 『국방저널』 제385호(2006), p.68.

교육을 학점으로 인정하여 전역 후 대학 과정의 전체 학점에 합산함으로써, 조기에 대학을 졸업할 수 있는 제도를 시행하였다.[258]

이에 따라 기술병의 경우 전공 과목과 부합된 군사특기를 부여받을 수 있는 기초가 마련되었다. 이는 각개 병사 스스로 자율적이고 선순환적 행동을 통해 군 복무로 인한 갈등을 해소하고, 국가에서 필요로 하는 인재양성에 기여함과 동시에 병역과 학위, 취업을 동시에 해결할 수 있는 합리적인 방안으로 평가된다.[259] 군 복무 중인 병사가 평가인정을 받은 국방부와 육·해·공군 22개 병과학교의 93개(국방부 : 4, 육군 : 54, 해군 : 19, 공군 : 16) 교육과정을 이수할 경우에는 과정당 2~3학점을 대학 또는 학점은행제 학점으로 인정받고 있다. 여기에 부가하여 학점당 3~8만원의 부담으로 입대 전 재학했던 대학에 개설된 원격강좌 수강으로 연간 6학점을 취득할 수 있지만, 실제 활용면에서는 매우 미약한 수준이다.

군 복무 중인 병사의 자기개발을 유도하고 지원하기 위한 제도발전의 방법으로는,

첫째, 군 학점인정 사업에 대한 예산을 대폭 확충하여야 한다. 군 학점인정 사업은 점진적으로 확대될 전망에 있으므로, 병사의 자기개발을 위한 인프라는 구축되어 있다고 할 수 있다. 그러나, 대학의 원격강좌를 통해 발생하는 수입이 학점당 최소 3만원, 최대 8만원의 수강료로 한정되어 있는 상황에서 대학 단위로 원격강의를 위한 시스템 구축과 유지 비용을 충당하는 데는 부족하기 때문에 이에 필요한 정부의 예산 지원이 절대적으로 필요하다.

둘째, 군 복무 중인 병사의 자기 개발과 관련된 유관기관의 긴밀한 협조체제를 강화해야 한다. 병사의 군 복무 중 자기개발을 위해 국방부, 교육과학기술부, 평생교육진흥원, 군인공제회, 대학 등 유관기관간의 유기적인

---

258) 윤명기, 「군 복무하면서 대학 학점도 딴다」, 『국방저널』 제395호(2006), pp.68~69.
259) 김덕열·이승희, 『군 교육훈련에 대한 대학학점 인정방안』(서울 : 국방부, 2009), p.12.

협력을 강화하고, 역할 분석, 주기적인 평가회의 등을 통해 기관별 이견을 해소하고 목표 달성을 위한 통합된 노력을 경주해야 한다.

셋째, 각급 부대 지휘관 및 참모들이 병사의 자기개발에 대한 인식을 전환하여 최대한으로 지원해야 한다. 야전부대의 특성상 전투임무를 최우선 과업으로 선정하는 것은 당연하지만, 대학 재학 중에 입대한 병사들에게 일과 이후 시간을 활용한 학습기회를 제공하고, 고등학교를 졸업하고 입대한 부하들에게도 적극적인 관심을 표명하여 학습할 수 있는 여건과 환경을 조성해 주는 것은 관련 참모만의 몫이 아니라, 지휘관이 주도적으로 간여하고 조치해야 할 책무임을 인식해야 한다.

넷째, 학점인정의 적용 폭과 범위를 확대하여 다양한 선택의 기회를 제공해야 한다. 현재 복무 중인 병사들의 대학별 원격강의를 통한 학점 취득은 자신이 재학 중인 대학에서 실시하는 강좌를 신청하여 수강하고, 일정한 평가를 거쳐 학점을 인정받고 있다. 그러나 원격강의에 참여하고 있는 대학만으로는 수요를 충족할 수 없으므로 대학 간 학점 교류를 통한 학점 인정이 추진되어야 하며, 유사 과목 또는 관련 강좌를 이수했을 경우에도 학칙이 정하는 범위 내에서 이를 인정해 주는 등 학점 인정의 적용 폭과 범위를 확대하여 동기유발을 통한 가시적인 성과가 달성되도록 해야 한다.

다섯째, 대학 재학 중 입대한 병사가 군 복무 중 취득할 수 있는 학점을 연간 6학점에서 12학점으로 확대하고 그 방법을 다양화 해야 한다. 원격강좌에 의한 학점 인정은 물론 군 교육훈련 학점 인정 제도에 추가하여 정신교육, 봉사활동 등의 군 복무평가를 학점으로 인정해주는 「병영대학 사업」이 추진되어야 한다. 병사의 경우 자신이 재학했던 대학에서 3년간 학점을 이수하고 복무 중에 1년간의 학점을 인정받는 '3+1 병영대학'을 통해 대학을 조기에 졸업할 수 있고,[260] 이를 통해 군 생활의 전 기간에 걸쳐 지속적으

260) 「국방일보」, 2010. 10. 22. 3면.

로 열심히 노력한 개인은 그에 상응한 높은 평가를 받을 수 있을 것으로 판단된다.

2) 군 복무를 통한 기술교육 및 자격증 획득 지원

국방부에서는 지난 1973년부터 평시 숙련된 기술 축적으로 전력증강을 도모하고, 전역 후에는 국가산업발전에 기여하게 할 목적으로 장병들을 대상으로 기술교육을 실시하였다. 1975년부터 「장병 1인1기 교육」을 추진하고, 국가기술자격검정을 통한 자격증 획득을 지원하였으며, 1990년부터 군의 특수성을 고려하여 국방부 자체적으로 검정을 시행하였다.[261] 또한 2010년부터는 군이 소요로 하는 기술인력을 안정적으로 확보하기 위해 전국의 10개 전문계 고등학교에서 '군 특성화 고교생'을 선발하여 첨단장비운용 직위에 활용하고 있으며, 군 우수기술 분야의 국가자격화를 위해 「국가직무능력 표준」을 개발하여 심해 잠수, 헬기 정비, 항공장구관리 등의 3개 분야에 대한 국가자격화를 추진하고 있다. 특히, 군 기술교육은 자기개발을 위한 학점 취득과 연계하여 각 군의 병과학교에서 전문기술인력을 양성하고 있으며, 국가기술자격 필기시험이 면제되는 군 교육과정을 확대하여 24개 교육과정을 이수한 개인은 20개 종목의 필기시험을 면제받고 있다.[262]

또한 군 임무수행을 위한 전문기술인력이 절대적으로 필요하여 군 자체적으로 체계적인 교육을 실시하고, 이를 평가하여 기술과 역량을 보유한 개인은 필요시 국가기간산업의 운용요원으로 지원하고 있지만, 군 경력의 인정 범위 또한 신분별로 상이하게 적용받고 있고,[263] 도저, 굴삭기 등의 장비운용 능력을 보유하고 있음에도 불구하고 국가기술자격으로 인정받지 못하고 있는 실정인 바, 이를 요약하면 〈표 41〉과 같다.

261) 국방부, 『1990 국방백서』(서울 : 정문출판주식회사, 1990), p.264.

262) 국방부(2010), 전게서, p.208.

263) 육군본부(2007), 전게서, p.172.

〈표 41〉 군 자격증 발급 종류 및 사회 통용 현황

자격증 종류(15)	발급 기관	사회 통용 여부	군 인사관리 적용
도저·로우더·구레이더·굴삭기·장갑전투도자운전	육군공병학교	불인정	○
지게차·양화장치 운전 군 선박항해사 기능장(탄약·화력·특수무기·차량중기)	육군종합군수학교	불인정	○
중견인·경·중차량 운전	육군종합군수학교	인정	○

출처 : 육군본부, 『육군 인적자원개발 기본계획』(대전 : 육군인쇄창, 2007), p.168.

이처럼 군내 병과학교에서 발급하는 자격증(면허증) 중에서 중견인차량과 중차량·경차량 운전의 경우에만 사회에서 통용되고 여타의 자격증은 인정받지 못하고 있는 실정이다. 그 이유는 국가 비공인 민간자격과 사업주가 발급하는 사내社內 자격증은 신뢰성과 상업화의 문제로 인해 인정되지 않고 있기 때문이다. 다만, 이들 자격증을 취득하게 되면 개인자력에 반영하여 군 인사관리상의 규정에 의한 가점을 인정받아 동일한 조건일 경우 각종 선발시 우선권을 부여하는 참고자료로 활용되고 있다. 따라서, 의무적으로 복무하는 병사들을 대상으로 기술교육을 확대하고 자격증 획득을 지원함으로써, 생산적인 군 복무가 될 수 있도록 제도적으로 뒷받침되어야 한다. 이를 위한 방법으로는,

첫째, 군에서의 기술교육을 확대하여 개인의 능력을 향상시켜야 한다. 현재 각 군의 병과학교에서 실시하고 있는 기술병 교육의 목표와 이론 및 실기교육의 배분에 대한 면밀한 검토, 자체 교육이 제한되는 정밀기술 분야의 민간 위탁교육 확대, 현행 제도의 보완 및 새로운 제도의 도입에 대한 필요성을 검토하여 수요자의 요구에 맞게 발전시켜 나가야 한다. 그러나,

이 과정에서 새로운 제도가 기존의 제도와 상충되지 않도록 해야 하며, 제도의 시행으로 인해 군 복무자가 아닌 사회의 다른 구성원들에게 불이익을 주거나 형평성을 저해하지 않도록 유의해야 한다.[264)]

한국군에 적용 가능한 대표적인 사례는 이스라엘의 기술교육에서 찾을 수 있다. 이스라엘 군대는 안정보다 도전을 지향한다. 실패가 두려워 몸을 사리기 보다는 성공을 다짐하는 '후즈파 정신'으로 무장되어 있으며, 모든 병사에게 단순한 반복 업무가 아닌 판단, 결정, 실행의 단계를 거치는 최고의 과학기술교육을 시키고 있다.[265)] 현역 복무 중에 기술교육을 통해 자연스럽게 형성된 인적 네트워크는 전역 후 20년간 1년에 1주일씩 실시되는 예비군 교육을 통해 더욱 강화되어 벤처기업을 창업하고 발전시키는 결정적인 역할을 한다.[266)] 이스라엘의 젊은이들이 장래의 희망을 "군대가서 결정하겠다"고 말하는 이유 중에는 국가의 인재가 양성되는 산실을 군대로 인식할 정도로 과학기술 교육을 통해 장래의 직업을 선택할 수 있는 기회를 제공하고 기반을 다져주기 때문인 것이다.[267)]

둘째, 특기병(기술병)의 모집 비율을 높이고 자격증 대상 분야와 필기시험 면제 과목을 확대해야 한다. 제 분야에서 특정한 자격과 기술을 가지고 있거나, 전공자 및 경력자를 대상으로 한 특기병 모집 비율을 확대하여 개인의 적성과 능력에 따라 희망하는 분야에서 복무토록 하면 숙련된 기술을 더욱 발전시킬 수 있을 뿐만 아니라 양성교육의 소요를 줄일 수 있으며, 그로 인해 자대 활용기간을 증가시킬 수 있는 장점이 있다.[268)] 또한 군 복무 중에 취득할 수 있는 국가기술자격증의 종류와 등급을 확대해야 한다. 현재

---

264) 육군본부(2010), 전게서, p.98.

265) 이설, 「이스라엘을 키운 8할은 절박함과 불굴의 도전정신」, 『주간 동아』 제787호(2011), p.30.

266) 김유림, 「창업국가 이스라엘, 세계최고의 기업가 정신으로 경제기적 일궈」, 『주간 동아』 제787호(2011), p.14.

267) 이설(2011), 전게서, p.32.

268) 김종만, 『자기계발 달성목표』(대전 : 육군교육사령부, 2002), p.10.

육군에 위임된 국가기술자격 검정 종목은 산업기사와 기능사 분야를 포함하여 총 94개 종목이며, 필기시험 면제는 종합군수학교와 공병학교 교육과정의 13개 종목으로 한정되어 있다. 일반 병사의 경우에는 개인별 자습에 의한 필기시험 합격자를 대상으로 실기시험에 대비한 지역단위 집체교육의 기회가 주어지고 있으나, 이마저도 부대별 여건에 따라 제한되고 있는 실정이다. 특히, 최근의 사회 변화와 직업환경을 고려한 첨단기술 분야의 교육과정 설치, 군에 위임되는 검정 자격의 종목 확대, 기존에 위임된 종목의 등급 확대와 자격 취득을 위한 응시 수수료를 국가에서 지원하거나 대폭 감면해 줌으로써 군 복무중에 국가기술자격을 취득할 수 있는 기회가 확대되어야 한다. 아울러 자격 취득자들을 종합적으로 관리하기 위한 프로그램을 개발하여 전역시 취업 추천, 창업교육의 기회 등을 제공하여 기술분야의 전문가집단 형성을 지원해야 한다.

셋째, 군이 보유하고 있는 기술과 능력을 민간에 유용하게 활용할 수 있도록 국방전문분야 국가자격제도를 신설해야 한다. 이를 위해 현재 보류중에 있는 「국방자격법」이 우선적으로 제정되어야 한다. 국방부에서는 지난 2007년부터 사회의 기술 수준과 비교하여 우위에 있는 우수·신기술 분야의 군 직무를 체계적으로 정비하여 국방 및 방위산업 분야의 수요를 충당하기 위한 국방자격법을 추진하여 왔다. 그러나, 군에서 추진하는 국방자격과 국가기술자격, 개별 법령에 명시된 국가자격이 혼용되어 산업현장에 혼란을 줄 수 있고, 국방기술이 민간기술을 응용했다는 점에서 국가기술자격과 국방자격이 중복되며, 국방부에서 임의로 자격을 신설할 가능성이 높다는 것을 이유로 주관 부처인 고용노동부의 반대에 부딪혀 추진되지 못하고 있는 실정에 있다. 따라서, 각 군의 상이한 교육과정에서 운영하는 유사한 자격 종목을 정비하고, 군의 특성과 전문성을 인정받을 수 있는 국방·치안 등 공익과 직결된 분야에 대한 각종 자격을 신설해야 하며, 무엇보다도 관계부처간의 협조체제를 강화하여 이견을 조정하고 장기적인 계획을 수립하여 적극 시행해야 한다.

넷째, 첨단 과학기술의 발전에 부합된 「통합 원격교육체계」를 구축해야 한다. 21세기 평생학습 사회에서 자기 주도적 학습능력을 향상하고, 군 교육훈련의 질적 향상을 위한 교육체계를 구축하기 위해서는 각개 병사의 눈높이에 맞는 저비용·고효율 교육방법으로 개선하되, 공평한 교육기회가 제공되어야 한다.[269] 이를 위해 원격교육의 소요판단과 콘텐츠 개발, 교육서비스는 각 군의 특성을 반영하여 따로 운영하고, 원격교육을 위한 기반구축 및 유지·보수분야는 국방부에 통합되어야 한다.

라. 병역의무 이행에 대한 사회적 인식 제고방안

병역의무는 대한민국의 남자라면 당연히 이행해야 할 의무로서 타인이 이를 대신할 수 없음에도 불구하고, 우리 사회의 일각에서는 '군 복무를 하지 않은 사람이 이득을 보고 성실하게 군 복무를 마친 사람은 그만큼 손해를 본다'는 부정적인 인식이 있어 왔다. 병역을 이행해야 할 젊은이들의 인식 또한 스스로 책임과 의무를 다하기 위해 노력하기 보다는 자유와 권리의 향유와 확대에 더 많은 관심을 나타내는 경향이 강하기 때문에, 병역의무의 이행을 자랑스럽게 여기는 사회를 구현하는데 걸림돌로 작용되어 온 것도 사실이다.

병역의무 이행의 당위성을 확산하기 위해서는 개인에게 부과된 병역의무를 성실하게 이행한 사람이 권리만을 주장하는 사람에 비해 상대적으로 불이익을 받는 것을 방지하고 부정과 부패를 뿌리 뽑아 정의를 바로 세워야 한다. 정의를 바로 세우는 기본은 공정성을 기본으로 하되, '같은 것은 같게, 다른 것은 다르게' 취급하는데서 출발하여야 한다.

군 복무를 마친 병역의무 이행자에 대한 위상 제고 및 인센티브 제공에

---

269) 나일주 외, 『군 원격교육 콘텐츠의 효율적 개발 및 관리방안』(서울 : 서울대학교 교육연구소, 2008), p.135.

관한 문제는 지금까지의 논의를 통해 개략적인 범위가 정해져 있고, 찬성과 반대의 논리와 주장 또한 구체적으로 드러나 있는 상태이므로, 제기된 의견들에 대해 세부적이고 실행 가능한 방안과 대안이 제시되어야 한다. 이 같은 노력을 통해 국방의무를 성실히 이행한 개인과 가문이 조직과 사회로부터 진정으로 존경받는 사회를 구현하여야 한다.[270] 이렇게 함으로써 국가를 위해 헌신한 보람과 긍지를 가질 수 있고, 유사시 어떠한 외부의 위협이 닥치더라도 영토와 주권이 수호될 수 있으며, 나아가 국격과 위상이 제고될 수 있음을 올바로 인식하여야 한다. 병역의무 이행에 대한 사회적 인식을 제고하기 위한 방안은 다음과 같다.

1) 관계 법령의 개정 추진

무예를 숭상하고 군사제도를 혁신하여 적국이 감히 넘보지 못하도록 군사력을 보유했던 군사대국, 그리고 지도층이 솔선수범하여 사회적 부와 명예에 따르는 책임과 의무를 다하는 '노블레스 오블리주'를 실천했던 국가, 군인이 되는 것을 자랑스럽게 여기고 국가의 부름에 기꺼이 나섰던 민족은 언제나 지도국의 반열에 우뚝 서서 그에 따른 권리와 이익을 향유하였다. 오늘날 국제사회에서 제고된 대한민국의 위상은 영토와 주권을 수호하기 위해 자발적으로 병역의무를 이행했던 선배들과 현재 군 복무를 하고 있는 장병들의 희생과 헌신이 밑거름이 되었음을 간과해서는 안된다.

군 복무자 가산점제도가 대법원의 판결에 의해 위헌으로 결정된 1999년 이후 지금까지 병역의무를 마치고 전역한 군인에 대한 적절한 보상대책이 마련되지 않고 있다. 현행 병역법상 병역의무를 이행한 개인에 대한 지원책은 복무기간에 따라 각종 선발시험의 응시 연령 상한선 1~3년 연장과 호봉 반영, 임금 결정시 군 복무기간의 근무경력 인정, 복학 및 복직, 군 복무

---

270) 이세영, 「성실 병역이행자 위상제고 및 인센티브 강화방안」, 『국방저널』 통권 제451호(2011), p.24.

중 재해 발생시 보상 및 가료, 그리고 복무기간 중 6개월을 국민연금 가입 기간으로 인정해 주고, 학자금 대출이자의 납부를 유예해 주는 정도의 수준에 그치고 있다.

그런데, 현재 공무원 채용 시험에서 적용되고 있는 가산점제도를 보면, 「국가유공자 지원에 관한 법률」에 의해 국가유공자, 상이군경 본인, 전몰군경의 유가족은 10%, 가족 및 지정취업 보호대상자는 5%를 가산점으로 부여받고 있다. 또한 제반 직무와 관련된 가산점을 0.5%에서 5%까지 다양하게 부여하고 있어 공통적용 가산점 3%와 직렬별 가산점 5%를 합하면 최대 8점까지 가산점을 적용받을 수 있다.[271] 이렇게 볼 때 병역의무를 이행하는 군 복무기간은 컴퓨터 관련 자격증 소지자가 받는 가산점 2%의 혜택에도 미치지 못하며, 군 복무를 하는 개인의 입장에서 보면 자신의 복무기간 동안 병역의무를 이행하지 않은 동료들은 좋은 환경에서 학업을 계속하면서 자격증을 취득하고, 추가적으로 가산점까지 받을 수 있기 때문에 힘들고 어려운 군 복무를 해야 할 필요성이 반감된다고 할 수 있다.

군 복무 가산점제도의 재도입을 위한 병역법 개정안이 2008년 12월 2일 국회 국방위원회를 통과하여 법제사법위원회에 계류된 채 이렇다 할 가시적인 성과가 없는 상태에서 군 가산점제도의 도입과 관련된 여론조사 결과는 시사하는 바가 매우 크다. 최근 실시된 주요 여론조사 결과는 〈표 42〉와 같다.

[271] 박경환, 「제대군인 가산점제도 관련 병역법 개정」, 『충성대』 제29호(2010), p.107.

〈표 42〉 군 복무자에 대한 가산점제도 관련 주요 여론조사 결과

단위 : 명 / %

구 분		SBS 이슈 pool	취업 포털 커리어	김학송 의원	리얼 미터	한국 갤럽	현대 리서치	인터넷 포털 네이트
조사시기		'08. 2월	'08. 2월	'08. 10월	'09. 10월	'09. 12월	'10. 9월	'11. 1월
응답자 수		1,317	843	500	1,000	1,499	1,200	9,802
조사결과	찬성	89.0	87.4	79.7	60.4	83.0	73.6	87.0
	반대	10.0	12.1	18.5	16.2	17.0	8.7	13.0
	중립	1.0	0.5	1.8	23.4	-	17.7	-

출처 : 국방부, 『군 복무 가산점은 최소한의 국가적 책무다』(서울 : 국방부 보건복지관실, 2011), p.10.

2008년 2월 실시된 여론조사에서 가산점제도에 찬성하는 의견이 각각 89%와 87.4%로서 압도적으로 높았으며, 김학송 의원의 조사에서도 찬성하는 비율이 79.7%에 달하였다. 2009년에도 찬성하는 의견이 반대의견 보다 훨씬 높은 비율로 나타났다. 또한 국방부가 군 복무자에 대한 가산점제도의 재도입을 적극 추진하기로 한 2011년 1월 10일 이후 인터넷 포털사이트에서 실시한 여론조사에서 전국의 성인남녀 9,802명 중 87%인 8,521명이 찬성 의사를 밝힌 반면, 반대 의사는 13%인 1,281명에 불과하였다. 이와 같은 결과는 헌법재판소의 위헌 판결에도 불구하고 국가의 부름에 응한 젊은 이들에 대한 최소한의 보답이자 배려이며, 국가를 위한 자기희생에 대한 반대급부로서, 그 정도의 혜택은 부여되어야 군 미필자와 경쟁함에 있어 공정한 기회를 제공받을 수 있다는 의미로 평가할 수 있다.

한편, 국방부가 2011년 4월에 「군 복무에 대한 국가적 보상방안」에 대해 육·해·공군의 현역병 1,113명을 대상으로 방문 및 설문조사를 실시한 결과 현역 복무 중의 보상방안은 병영생활 필수경비 지급이 30.7%로 가장 높았

고, 군 복무기간의 학점 인정 28.5%, 자기개발계좌 적립 15.9% 순서를 보였다. 반면, 전역 이후의 국가적 보상방안으로는 군 복무 가산점제도가 37.0%를 차지하여 군 복무 가산점제도의 재도입에 많은 관심을 나타냈다. 또한 전역시 최저임금을 기준으로 한 일시금 지급, 복무기간 만큼의 학자금 지원과 각종 세제 혜택이 필요한 것으로 조사되었다.[272)]

국민 여론조사와 현역병 설문조사 결과를 종합해 볼 때 국민들은 어떤 방식으로든 현역 복무 병사들에게 국가적 보상이나 지원을 해주어야 한다는 점에 공감하고 있으며, 현역병들도 군 복무를 통해 얻을 수 있는 이점이 많지만 경제적 손해, 학업의 단절, 사회 진출의 지연, 복직의 어려움, 자기개발의 곤란, 인간관계의 단절과 같은 불리점을 안고 있으므로 이에 대한 보상을 바라고 있으며, 그 정도의 혜택은 자신이 국가를 위해 헌신한 만큼의 처우를 받는 것으로 생각하고 있음을 알 수 있다.

군 복무 가산점제도와 관련된 찬성과 반대 의견을 둘러싼 논란을 잠재울 수 있는 근본적인 방안은 징병제 병역제도를 모병제 병역제도로 전환하는 데서 찾을 수 있다. 물론, 모병제로의 전환은 많은 논란을 초래할 수도 있지만, 모병제를 통한 국방이 '선택의 자유'를 존중하는 자유주의 철학과 부합하기 때문이다.[273)] 다른 한편으로는 제대군인에게 혜택을 줄 것이 아니라 병역의무를 이행하지 않은 모든 병역 이행 대상자에게 그에 상응하는 부담, 즉, 세금을 부과하는 방법을 고려할 수도 있다.

앞에서 제기된 방안들은 동북아 안보환경의 변화와 한반도의 안보위협에 대한 면밀한 검토와 분석의 결과를 기초로 병역제도의 변경에 관한 국민적 합의가 전제되어야 하기 때문에 당장의 실행 가능성은 매우 낮다고 할 수 있다. 따라서, 우선적으로는 군 복무 가산점제도가 제대군인의 사회 복

---

272) 조진섭, 「국방부, 현역병 군 복무에 대한 국가적 보상방안 조사」, 『국방저널』 통권 제451호 (2011), p.34.

273) 신중섭, 「추신수 선수에게 병역면제 수혜세를…」, 『한국경제연구원 KERI Column』, (2011. 6. 1), p.4.

귀의 어려움 극복과 병역면탈 행위를 차단함은 물론 헌법정신에 부합하는 합리적 차별에 해당된다는 점과, 국가와 국민을 보호하는 신성한 병역의무 이행자가 불이익을 당하지 않도록 하는 평등한 제도라는 합헌적 고찰을 토대로,[274] 관계 법령의 개정이 이루어져야 한다. 법치주의에 입각한 형평성과 공정성을 제고하기 위한 관계 법령의 개정은,

첫째, 현재 국회 법제사법위원회에 계류 중인 병역법 개정안을 신속히 통과시켜 군 복무 가산점제도를 재도입해야 한다. 신성한 국방의 의무를 성실하게 이행한 젊은이들에게 자긍심을 고취시키고 사기를 진작시키며, 자발적인 병역 이행의 분위기를 확산하기 위해서는 국가에 대한 헌신과 희생에 대한 존경과 감사를 표시해야 하며, 그 방법은 군 복무 가산점제도를 조속히 시행하는데 있기 때문이다.

둘째, 사회 관심자원을 중점 관리하기 위해 발의된 병역법 개정안이 시행되어야 한다. 사회 지도층 인사들의 군 면제 사실, 연예인과 운동선수들의 병역면탈 행위에 대해 국민들이 느끼는 상대적 박탈감은 매우 크기 때문에,[275] 이들의 병역의무 이행을 추적 관리할 수 있는 시스템을 구축하여야 한다. 그 방법으로는 이미 구축되어 있는 국가인재 데이터베이스와 주민등록 전산망, 국세청의 납세자료 등을 활용하여 병역의무자 관리시스템을 구축하고, 이를 통해 병역의무를 제대로 이행하는지를 면밀하게 관리함으로써 가능하다. 또한 사회 관심자원 특별관리 시스템은 특정인을 군대에 보내기 위한 것이 아니고, 정당한 사유 없이 병역의무를 회피하려는 기도를 사전에 방지하는데 목적을 두고 운영된다는 것을 인식시키는 홍보활동이 병행되었을 때 성공 가능성을 제고할 수 있다는 것을 주지해야 한다. 공정한 병역 이행의 핵심은 사회 지도층의 올바른 병역 이행의 실천에서부터 시

---

274) 김성택, 「군 복무 가산점제도에 관한 합헌적 고찰」, 『남성대』, 2009년 제2호(2009), pp.155~156.

275) 박종권, 「사회 지도층 및 관심층의 솔선수범」, 『국방저널』 통권 제451호(2011), p.31.

작되어야 하며, 우선적으로 징집 대상 내의 공정성이 확보되고, 그 다음으로 징집 대상 확대의 공정성이 담보되어야 한다.[276]

셋째, 현행 병역법상에 명시된 병역면탈 사범에 대한 공소시효(3년)를 개정하여야 한다. 병역 면탈을 적발하고도 '사건이 발생한 시점'을 기준으로 하는 공소시효에 저촉되어 부정과 불법인줄 알면서도 공소시효가 지난 사건이기 때문에 처벌하지 못하는 것은 국민정서에 반하는 것이기 때문에 '사건을 인지한 시점'으로 개정되어야 한다. 특히, 병역면탈을 방지하기 위한 관련 법령의 개정은 '해도 되고, 안 해도 되는' 선택의 문제가 아니라 '반드시 해야 하는' 필수적인 요소로서, 법령 개정을 통해 예외 없는 병역 이행 풍토를 조성함은 물론 병역 이행이 자랑스러운 사회분위기가 구현될 수 있음을 직시해야 한다.

2) 병역의무 이행에 대한 사회적 인식 제고방안 적극 추진

병역의무 이행에 대한 사회적 인식을 제고하기 위한 방안으로는,

첫째, 병역 명문가 선양사업을 지속적으로 확대해야 한다. 병역 이행은 당당하고 자랑스러운 일이기 때문에 개인은 무한한 긍지와 자부심을 가져야 하며, 병역의무 이행자에 대한 사회적 인식 또한 제고되어야 한다. 병역을 이행한 개인은 물론 병역 이행 명문가에 대해 다양한 혜택을 부여하는 방안은 그 성과를 평가하여 긍정적인 요소는 더욱 확대하고 부정적인 요인은 해소함으로써, 안보의식의 강화는 물론 자발적으로 병역을 이행하는 분위기를 조성해야 한다. 안보문제를 가볍게 취급하는 국가가 어떤 혹독한 대가를 치렀는지는 동·서양의 역사가 증명하고 있다. 지원병제의 병역제도를 채택하고 있는 미군이 세계 제일의 강군으로 자리매김 된 이유가 바로 국가를 위해 봉사·헌신·희생한 장병들에 대해 무한책임을 실천한데서 기

---

276) 박봉정숙, 「징집 대상 확대와 공정성 제고」, 『국방저널』 통권 제451호(2011), p.32.

인하였음은 잘 알려진 사실이다.

개인이 군 복무를 마친 사실에 대해 스스로 명예스럽게 생각하도록 하기 위해서는 제도와 절차가 보강되어야 한다. 그 방법으로는 성실한 병역 이행자 중에서 선발되는 병역 이행 명문가에 대해 소정의 심사과정을 거쳐 국립묘지에 안장할 수 있는 자격을 부여하는 것을 고려할 수 있으며,[277] 병역 이행 명문가 자녀에게 취업을 지원하는 등의 우대의 범위를 확대하고, 국가와 지방자치단체에서는 관련 조례를 제정하여 다양한 지원사업을 제도화해야 한다.

둘째, 제대군인에 대한 정부의 지원정책을 전면 재검토하여 강화해야 한다. 외국의 경우에는 군 복무를 마친 개인이 사회생활에 조기 적응하고 정착할 수 있도록 다양한 지원제도를 운영하고 있지만, 한국의 제대군인 지원정책은 미흡한 것으로 평가되고 있다. 한국과 주요 국가의 제대군인 지원정책을 비교해 보면 〈표 43〉과 같다.

〈표 43〉 주요 국가의 제대군인 지원정책 비교

구 분	의무복무 병사			
	가산점제	직업훈련	취업 알선	보험급여
미 국	상이군인 유공자	전역 후 6개월 내 직업전환 교육	우선 취업 알선	실업수당
독 일	없음	직업교육 비용 및 생활비 지원	제대군인 채용 할당	전역수당, 연금·실업보험, 생계비 보조
이탈리아	없음	2주~4개월	상이제대자	의료보호
대 만	없음	취업정보 제공 직업훈련	없음	의료보험, 생계비 보조
한 국	없음 * 1999년 폐지	없음	없음	복무기간 6월 국민연금 인정

출처 : 목진휴, 「군 복무에 대한 사회적 가치 제고방안」, 『강한군대, 따뜻한 육군 국민과 함께!』(대전 : 국군인쇄창, 2010), p.91의 내용을 재구성.

277) 최정섭, 「공정한 병역이행을 위한 노력·방안 중요」, 『국방저널』 통권 제451호(2011), p.31.

미국의 경우에는 군 복무 가산점에 추가하여 직업전환 교육 및 우선 취업을 알선하고 실업수당을 제공하고 있다. 독일은 군 복무 가산점이 적용되지는 않지만, 의무복무 기간 동안 각종 수당과 근무보조금을 지급하고, 연방정부에서 병사의 실업보험료를 대납하며, 전역 후에는 국가와 공공기관의 직원 채용시 반드시 제대군인을 채용하도록 고위직의 11.1%, 하위직의 16.6%를 할당하여 적극적인 취업대책을 강구함은 물론 각종 수당과 생계비를 보조해 주고 있다.[278] 이탈리아와 대만의 경우에도 직업훈련과 보험급여 분야의 제대군인 지원정책이 시행되고 있다.

반면, 한국은 군 복무 가산점이 폐지된 이후에도 직업훈련 및 취업 알선에 대한 구체적인 지원정책이 없고, 단지 의무복무기간 6개월을 국민연금 가입기간으로 인정해 주고 있는 실정이다. 따라서, 부모의 소득세 추가공제 대상에 현역 복무자를 포함하는 것이 반영되어야 한다.[279] 즉, 군 복무자의 부모에게 세제 혜택을 줌과 동시에 국가로부터의 인정이라는 자긍심을 고양하는 차원에서 부모의 소득정산시 군 복무중인 자녀를 기초공제 대상에 포함시켜, 자녀의 국가에 대한 헌신을 부모에게 보상하는 방안이 시행되어야 한다.

또한 군 복무 중 학점 취득 및 자격증 획득 여건을 보장하는 현행 제도의 실효성을 증진시키면서 추가적으로 ① 군과 사회와의 연계성 강화를 위한 민간기업에서의 군 경력 인정 법제화 추진, ② 제대군인 취업 지원 및 취업 박람회 실시, ③ 세금 및 의료보험의 할인 기준 설정 및 적용, ④ 공공시설 및 교통수단 이용시 할인혜택 적용 등의 다양한 지원대책이 강구되어야 한다.[280] 그러나, 각종 지원정책의 추진은 관련 법령이 개정되어야 하고 정부 및 지방자치단체의 예산에 반영되었을 때 실행 가능성이 제고될 수 있으므

278) 국방부(2011), 전게서, p.9.

279) 육군본부, 『육군복지종합발전계획』(대전 : 국군인쇄창, 2010), p.54.

280) 육군3사관학교, 『병역의무필자에 대한 국가지원방안 연구』(경북 영천 : 육군3사관학교 충성대연구소, 2008), p.122.

로, 우선 별도의 예산지원 없이 제도개선만으로 지원 가능한 분야는 최대한 지원하되, 중·장기적으로는 법령체계의 정비와 예산편성이 확대될 수 있도록 통합된 노력을 경주해야 한다.

2. 예비군제도 및 동원제도의 발전

예비전력의 중요성은 고대로부터 인식되어 왔으며, 오늘날에도 예비군제도 및 동원제도는 모든 국가가 자국의 안보환경과 여건에 맞게 발전시켜 적용하고 있다. 상비전력(상비군)의 임무와 역할이 평시에 전쟁을 억제하는 데 있다면, 예비전력은 유사시에 국가의 생존을 위한 필수전력이다. 그럼에도 불구하고, 예비전력과 동원 문제의 중요성에 비해 실제 운용에 있어서는 당면한 현안의 해결에 밀려 후순위로 취급되어 왔다.

21세기 안보환경의 변화를 고려해 볼 때 예비전력의 중요성은 더욱 증대될 것으로 전망된다. 왜냐하면 평시에 소요로 하는 상비군을 완비할 수 없기 때문에 대체전력으로서 예비전력을 유지하는 것이 경제적이고 효율적이기 때문이다.[281] 그러므로, 현재는 물론 미래에도 필연적으로 그 역할이 증대될 것으로 예상되는 예비전력을 발전시켜야 한다. 그 이유는 우리 군의 주 전장이 영토 내 혹은 영토와 근접된 지역으로 설정될 수 밖에 없는 현실에서, 예비전력은 평시 상비군을 절약하면서 유사시에는 전체 전력을 확장할 수 있는 중요한 수단이 되기 때문이다.[282]

예비군의 임무는 ① 전시·사변, 기타 이에 준하는 국가비상사태하에서 현역군 부대편성이나 작전수요를 위한 동원에 대비하고, ② 적이나 무장공비의 침투 또는 침투할 우려가 있는 지역에서의 적 또는 무장공비의 소멸,

281) 박태순 외, 『미래형 동원제도 발전』(대전 : 육군교육사령부, 2009), p.1.
282) 노훈(2005), 전게서, p.50.

③ 무장 소요가 있거나, 소요의 우려가 있는 지역에서 경찰력만으로 진압 및 대처할 수 없을 경우 무장소요의 진압, ④ 지역의 중요시설 및 무기고, 병참선 등의 경비, ⑤ 민방위기본법에 의한 민방위 업무를 지원토록 규정되어 있다.[283]

예비군은 동원예비군과 향방예비군으로 구분된다. 동원예비군은 전역 후 1∽4년차에 해당되는 자원을 군 부대의 증·창설이나 손실병력에 대한 보충요원으로 편성하여 전면전에 대비한 작전임무를 수행토록 하고, 향방예비군은 전역 후 5∽8년차에 해당하는 자원들에게 책임지역별로 향토방위작전을 수행토록 하고 있다.[284] 예비군에 대한 교육훈련은 동원훈련과 동원미참훈련, 향방훈련 등으로 구분하여 시행되고 있다. 예비군훈련의 종류와 유형별 훈련시간을 살펴보면, 현역 또는 상근예비역의 복무를 마친 예비역과 공익근무요원, 전문연구요원 등 보충역의 병은 복무를 마친 다음 날부터 8년이 되는 날이 속하는 해의 12월 31일까지 예비군으로 편성되어 동원지정자와 동원미지정자로 구분된 훈련을 실시해야 한다.[285]

그러나, 〈표 30〉의 국가별 예비군 훈련기간 비교에서 살펴보았듯이 한국의 예비군훈련 기간은 스위스 21일, 이스라엘 55일, 미국 38일, 북한 40일에 비해 단기간 실시되고 있다. 2011년의 경우 5∽6년차 동원지정자에 한해 향방훈련 18시간을 동원지정부대에 입소하여 1박2일간의 입영훈련을 시험 적용하고,[286] 동원훈련에 참석하지 않은 예비군을 동원미참훈련으로 전환하여 훈련하던 것을 해당 소집부대 재입영 훈련을 시험 적용함으로써, '반드시 예비군훈련에 참석해야 한다'는 인식을 확산시켜 훈련의 연기 및 취소 인원을 최소화하기 위한 노력 외에는 기존의 제도발전 방안과 대동소이 하다고 할 수 있다.[287]

---

283) 국방부, 『예비군 실무편람』(대전 : 국군인쇄창, 2011), pp.334~335.

284) 국방부(2010), 전게서, p.122.

285) 국방부(2011), 전게서, p.13.

286) 국방부, 『2011 예비군 훈련지시』(서울 : 국방부, 2011), p.7.

그러나, 연평도 포격도발 사건을 계기로 충무 2종 사태시에만 총동원을 할 수 있는 현행 국가동원제도로는 국지도발과 같은 국가위기 상황에서 적시적인 동원을 통한 대응이 불가능함을 인식하여 충무 3종 사태시에도 동원자원의 일부만 동원함으로써 국민생활의 불편과 불안을 완화하고, 조기에 즉각적인 대응을 할 수 있을 뿐만 아니라, 국가경제 면에서도 일시에 총동원을 할 경우 약 2조원의 예산이 소요되는데 비해 약 200억 원의 비용으로[288] 조기에 위기를 극복할 수 있도록 한 것은 적절한 조치라고 판단된다.

예비전력을 운용함에 있어 제한사항으로는 ① 시대상황의 변화에 따른 예비전력의 중요성 저평가, ② 예비군 관리체계의 미흡과 질적 제고를 제한하는 예산 할당, ③ 예비전력의 기능 및 역할의 근원이 되는 법령의 분산으로 인한 국민들의 예비전력에 대한 인지도 약화, ④ 지방자치단체와 군과의 연계성 약화, ⑤ 동원자원 관리와 집행의 다원화로 인한 전시 동원보장의 제한 등을 들 수 있다.[289]

예비군훈련제도의 제한사항으로는 ① 예비군훈련에 대한 일반의 부정적 인식, ② 대학생 예비군에 대한 특혜, ③ 편성과 훈련에 대한 불일치, ④훈련보상비의 부족과 지급 방법의 부적절한 측면을 들 수 있다.[290]

과거 우리의 조상들이 빛나는 전통과 문화창달을 이룩하였지만 비극적인 역사가 되풀이 되었고, 1910년 한일병탄韓日併呑시에는 전쟁다운 전쟁 한 번 해보지 못하고 나라를 빼앗기는 수모를 당하게 된 원인은 '생존 없이 번영이 불가능하다'는 사실을 가볍게 여겼거나 망각하고 살았기 때문이다.[291] 따라서, 국가가 위기에 처했을 때 향토와 직장을 지키는 임무를 완

---

287) 이삼주, 「전투형 야전부대 재창출 위한 전투임무에 부합된 예비군훈련 시행」, 『향방저널』 통권 제481호(2011), p.42.

288) 김점식, 「부분동원제도 시행에 대하여」, 『향방저널』 통권 제486호(2011), pp.12~13.

289) 안보경영연구원, 「실전적 군사력건설 및 경제적 군 운용을 위한 예비전력 발전방향」, 『SMI 이슈 & 리포트』 제48호(2009), pp.3~4.

290) 엄영호(2010), 전게서, p.82.

291) 김강녕, 『남북한과 국제정치』(경주 : 신지서원, 2011), p.338.

수하기 위한 예비군제도 및 동원제도가 올바로 확립되어야 하는 것은 당연하다고 하겠다.

가. 예비군제도의 발전

예비군제도의 발전방안으로는,

첫째, 예비군훈련 보류제도의 전면 재검토와 보완이 이루어져야 한다. 2011년 현재 73만여 명에 달하고 있는 예비군교육 및 동원훈련 소집 보류 직종은 65개 직종에 73만여 명으로서, 전체 예비군 편성자의 약 24%에 이르고 있다. 예비군 교육 및 동원훈련 소집 보류는 국가적 차원에서 그 필요성이 인정되었다 할지라도 대상 인원이 과다하므로, 보류 제도 적용의 실효성을 검토하여 최소화 해야 할 필요성이 있다.[292] 그 방법으로는 사회 지도층 인사들이 특권의식을 버리고 예비군훈련에 능동적으로 참여하여 솔선수범함으로써 국민안보의식을 제고하는데 기여해야 하며, 학습권 배려 차원에서 보류 직종으로 분류된 대학생에 대한 방침보류(일부보류)를 제외하여 방학을 이용한 집중훈련과, 주말과 휴일을 이용한 훈련을 실시해야 한다.[293] 왜냐하면 보류자 중 대학생이 약 54만여 명으로 전체 보류자의 74%를 차지하고 있는데, 이들에게 특혜를 준다는 것은 국가의 미래를 책임질 젊은이들에게 안보 불감증을 확산시킬 뿐만 아니라, 나아가 사회정의의 실천에 역행하는 방법을 가르쳐 주는 결과가 되기 때문이다. 앞서 설명한 내용을 정리하면 〈표 44〉와 같다.

---

292) 정원영, 「예비전력의 정예화 및 활용방안」, 『合參』 제47호(2011), p.71.

293) 정진섭, 「예비군훈련 발전을 통한 대군 신뢰도 증진 및 효율성 제고방안」, 『병역이행이 자랑스러운 사회분위기 구현방안 세미나 발표자료집』(2011), p.101.

〈표 44〉 예비군교육 및 동원훈련 소집 보류자 직종별 현황

구분	법규보류(9만)	방 침 보 류(64만)	
		전면보류(6.5만)	일부보류(57.5만)
내용	전·평시 국가 공공임무수행 종사자	사회공익 직종 종사자	학습권 배려, 특수임무수행 종사자
직종	국회의원 등 21개 직종	청원경찰 등 14개 직종	대학생 등 30개 직종
	국회의원, 지방의회 의원 시·군·구청장, 차관 이상 국가공무원, 철도기관사, 경찰관 시설관리원, 교도관, 소방관, 조종사 등	41세 이상 간부, 국가유공자, 집배원, 경찰학교 재학생, 청원경찰, 구속수감자, 청와대 통역 및 수행비서, 경호요원 등	법관, 검사, 대학교수, 교사, 학생, 광부, 직업훈련생, 국방과학연구기술직, 선박/어민 승선자, 도로공사 근무요원 등
비고	훈련면제	훈련면제	년 8시간

출처 : 국방부, 『예비군실무편람』(대전 : 국군인쇄창, 2011), pp.176~179에 기술된 내용을 토대로 재구성.

둘째, 지방자치단체와 함께 하는 예비전력 운영체계를 정립해야 한다. 지방자치제도가 부활된 1994년 이후 중앙정부의 사무가 지방자치단체로 대폭 위임되었고, 1994년 대비 2009년의 지방자치단체 총 예산의 규모가 35.9조 원에서 137.5조 원으로 100조 원 이상 증가하였음에도 불구하고,[294] 예비전력 육성 및 지원과 관련하여 중앙정부는 지방자치단체에게 더 많은 예산분담을 강조하고, 지방자치단체는 중앙정부의 지원사항으로 인식하고 있어, 예비전력 관리를 담당하는 군부대와 지방자치단체와의 연계성은 갈수록 약화되고 있는 실정이다. 이를 해소하기 위해서는 수임군부대의 시·군·구 단위로 예비군 대대를 편성하여 예비군 지휘관리체계를 보강하되, 예비군부대 단독으로 향방작전과 교육훈련을 담당하도록 개선해야 한다. 특히, 예비군조직을 활용한 '지역안정작전' 수행개념을 발전시키

294) 국회예산정책처, 『통계로 보는 재정 2009』(서울 : 메이커뮤니케이션, 2009), p.242.

고, 예비군을 평상시부터 대테러작전, 재난구조, 환경보호, 방역활동 등에 참여시킴으로써, 지역공동체 의식과 향토방위 의식을 제고해야 하며, 지방자치단체에 의한 「예비군 육성지원」 의무사항이 제대로 시행될 수 있도록 조례를 재정비해야 한다.[295]

셋째, 예비군훈련장을 현대화하고 훈련에 참가한 예비군들에게 실비實費 수준의 보상을 해주어야 한다. 현재 육군에서는 향토사단 구조 개편과 연계하여 전국에 산재된 208개소의 훈련장을 권역별로 통합한 39개소의 '미래형 예비군훈련장'을 설치하는 것을 검토 중에 있다.[296] 이에 따른 부지 확보와 매입을 위한 예산을 조기에 확보하여 2020년까지 계획된 훈련장의 설치완료 시점을 앞당김으로써, 사이버 원격교육, 시뮬레이션 교육, 개량형 마일즈 교육 등의 과학화훈련을 실시해야 하며, 차제에 예비군훈련의 시간과 내용에 대해서도 획기적으로 개선해야 한다. 또한 지금까지는 예비군훈련을 병역의무의 연장으로 인식하여 훈련참가자에 대한 실비보상이 미약하였으나, 생업을 포기하고 훈련에 참여한 예비군의 부담을 해소해 주는 방안으로 시행되어야 한다.

넷째, 전투형 예비군부대를 육성해야 한다. 현재까지도 대부분의 예비군부대에서 개인화기로 사용하고 있는 칼빈 소총은 예비군들이 현역으로 복무할 때에 사용하던 K-2 소총으로 교체하여 상이한 무기체계 지급으로 인해 발생하는 화기조작 및 운용을 위한 별도의 훈련소요를 방지해야 하며, 통신장비와 전투장비 및 물자도 신형으로 교체하여 예비군의 장비물자 보급수준을 향상시켜야 한다. 왜냐하면 특전예비군을 창설하고, 현역 복무시절의 특기를 고려한 후방지역에서의 수색과 매복, 기동타격, 중요시설 및 병참선 방호 등의 임무를 부여하고도 실제 임무수행에 필요한 화기를 칼빈

---

[295] 정원영 외(2005), 전게서, pp.53~56.

[296] 육군본부, 「향토사단 개편시 예비군훈련대 설치계획」, 『육군본부 보고자료』(2010. 3. 21.), p.4.

소총으로 지급하는 경우는 없어야 하기 때문이다. 이 밖에도 측정식 합격제훈련의 강화와 함께 예비군훈련장의 개방 및 활용을 통해 안보의식을 강화하고, 대군 신뢰를 증진하는데도 배전의 노력을 경주해야 한다.

나. 동원제도의 발전

상비군에 의한 국방과 대비되는 개념이 동원에 의한 국방이다. 동원제도는 전쟁에서 상비전력과 예비전력을 연계하는 중요한 역할을 수행하므로 상비군제도와 동일한 비중으로 취급되어야 한다.[297] 오늘날 세계의 모든 국가는 국방비와 병력을 감소하고 군사변혁을 통한 정예화된 군대의 건설을 적극적으로 추진하고 있다. 또한 예비전력의 질적인 향상과 함께 동원제도를 발전시킴으로써, 평시에는 적정 규모의 상비전력으로 경제적인 국방을 운영하는 한편, 전시에는 국가의 전 역량을 총 동원하여 전쟁에서의 승리를 추구하고 있다. 최근의 예로는 정병정책精兵政策 추진과 동시에 국방예비역량 건설을 강화할 목적으로 제정된 중국의 「국방동원법」을 들 수 있다.[298]

한국의 동원제도를 발전시키기 위한 방안으로는,

첫째, 동원 관련 법령을 정비하여 전·평시 동원을 총괄할 수 있는 「동원기본법」을 조속히 제정해야 한다. 현행 동원 관련 법령의 내용 및 소관기관 현황을 살펴보면, 동원과 관련된 각종 법규는 헌법에 근거하고 있지만, 그 기능이 국방부와 행정안전부를 비롯한 정부 전 부처와 연계되어 있어 매우 복잡하고, 법령의 상충되는 요소와 적용의 우선순위 면에서 모호한 경우가 있다. 특히, 실제로 동원이 필요한 비상사태에 있어서 궁극적으로 작용해

297) 정원영, 「동원제도 정비는 비상대비의 기초이자 핵심입니다」, 『향방저널』 제485호(2011), pp.36~37.

298) 김순수·양정학, 「중국의 국방동원사상과 국방동원법 제정에 관한 연구」, 『CHINA연구』 제10집(2011), p.63.

야 할 「전시 자원동원에 관한 법률」과 전시 관계 법령은 비밀문건으로 분류되어 있기 때문에 일반인에게 동원에 대한 중요성을 알리는데 제한요소로 작용되고 있다. 동원과 관련된 각종 법령 및 소관기관을 정리하면 〈표 45〉와 같다.

〈표 45〉 동원관련 법령 및 소관기관 현황

동원관련 법령	목 적	소관기관
비상대비 자원관리법	전시·사변·비상사태시에 국가의 인력, 물자 및 자원관리와 훈련에 관한 규정	행정안전부
전시 자원동원에 관한 법률	교전상태시 인적, 물적 자원의 효율적인 동원, 통제, 운영 등 국가동원 규정	행정안전부
병역법	대한민국 국민의 병역의무에 관한 규정 (병력동원 소집대상자 소집 규정)	병무청
향토예비군설치법	향토예비군의 설치, 조직, 편성, 동원 등에 관한 사항을 규정	국방부
통합방위법	국가방위 요소의 통합·운용하기 위한 통합방위대책의 수립 및 시행 규정	국방부
민방위기본법	주민의 생명과 재산을 보호하기 위한 민방위대의 설치, 조직편성과 동원규정	행정안전부
징발법	전시·사변·비상사태시에 군 작전수행을 위한 징발과 보상에 관한 규정	국방부
재난 및 안전관리 기본법	국가와 지방자치단체의 재난 예방 및 대응, 안전관리체제 확립에 관한 규정	행정안전부
지방자치법	지방자치단체의 종류와 조직 및 운영에 관한 사항을 규정	행정안전부
계엄법	계엄의 선포와 시행, 해제 등을 규정	국방부

출처 : 국방부, 『국방동원업무 실무지침서』(서울 : 국방부, 2010), p.45.

동원과 관련된 법령 및 소관기관을 정비하고 이를 일원화하기 위해서는 전시는 물론 평시의 동원업무를 총괄하는 상위법으로서의 「동원 기본법」이 제정되어야 한다. 또한 동원체제가 소관부처나 직접 업무를 담당하는 실무자에 따라 일관되게 적용되지 못한다면, 이는 국가안위에 중대한 결점으로 작용되기 때문에 차제에 동원 관련 법령이 정비되어야 한다. 이 과정에서 부처 간 이기주의나 구성원간의 이해관계에 의해 반드시 정비되거나 수정되어야 할 조항이 유지되어서는 안된다는 점을 분명히 인식하여야 한다.[299]

둘째, 제대별 동원조직과 기능을 보강하여 전·평시 예비전력관리와 훈련, 예산집행의 효율성을 보장해야 한다. 예비전력의 효율적인 관리는 물론 예비전력 운용 및 정책발전을 위한 국방부와 육군본부의 동원조직, 그리고 야전군 예하의 모든 동원조직에 대한 업무진단을 통해 임무수행이 가능한 조직으로 보강되어야 한다. 현재 합참 조직편성상의 동원기획과는 동원부로, 육군본부 동원전력실은 동원참모부로 개편하고, 동원분야 인적자원의 재편성을 통해 동원계획 및 집행에 실효성을 제고해야 한다. 특히, 전방 군단의 경우 작전참모처 예하에 편성된 동원과를 동원참모처로 편성하여 동원 업무의 질적 향상을 도모해야 하며, 동원사단의 경우 작전참모처에서 작전·교육훈련·동원 업무를 동시에 담당하고 있어 업무의 효율성 저하는 물론 동원사단의 임무와 역할 수행에 차질을 초래하고 있기 때문에 조속히 동원참모처를 편성하고 관련 요원을 보직시켜 원활한 동원 업무가 수행될 수 있도록 조직과 기능이 보강되어야 한다.

셋째, 병력동원 지정제도를 주소지 중심에서 현역 복무부대 중심으로 개선하여 동원과 동시에 전투력이 발휘되도록 해야 한다. 현행 주소지를 중심으로 한 동원지정제도는 동원속도를 보장하는 측면에서는 유리하지만, 동원된 이후에 생소한 부대와 지형, 그리고 개인과 부대의 임무를 숙지하는데 필요한 동화기간이 오래 소요되고, 매년 다수의 자원이 이사를 하거나 직장을 옮기기 때문에 주소 변경에 따라 입영부대가 빈번하게 바뀌는 단점이 있다. 그러나, 이제는 전국이 반나절 생활권으로 형성되어 있고, 통신

299) 정원영, 「장차 국방환경에 부응할 예비전력 정비 방향」, 『주간 국방논단』 제1040호(2005. 3. 28.), p.8.

기술의 발달로 전국 어디에 위치하고 있다 하더라도 유·무선 통화와 인터넷 사용이 가능하여 지정된 시간 내에 해당 부대로 입영할 수 있는 여건이 성숙된 상태이기 때문에 현역으로 복무하던 부대로 동원을 지정함으로써, 적소자원 충족율과 조기 전투력 발휘를 보장할 수 있도록 해야 한다.[300] 왜냐하면 지난 1992년부터 1994년까지 시험 적용된 '부대관리 동원제도'는 과도한 행정소요로 인해, 1994년부터 1997년까지 시험 적용된 '모자동원제도'는 배정지역 내의 모부대 출신 가용 자원의 부족과 개별 입영 대상부대의 행정소요 증가로 인해 실패하였지만, 현재는 교통체계와 정보통신의 발달로 제한사항이 크게 해소되었기 때문이다.

넷째, 동원지원단과 정밀보충대대의 임무수행능력을 제고하여야 한다. 주지하는 바와 같이 동원지원단은 국방개혁 2020에 의한 군구조 개편의 일환으로 창설되었다. 지난 2009년에 2개 향토사단, 2010년에 1개 향토사단의 동원지원단이 창설되었으며, 2015년까지 8개의 동원지원단이 추가로 창설될 예정에 있다.[301] 동원사단을 점진적으로 해체하여 상비사단의 현역 편성률을 제고하는 한편, 이로 인해 발생할 수 있는 동원사단의 전력 공백을 방지하고, 전시에 전방사단 및 군단에서 대량피해가 발생할 경우 향토사단에서 동원병력을 대대단위로 편성하여 전방의 전투부대를 지원하기 위한 동원지원단과 동원보충대대의 창설을 통해 전시 임무수행을 위한 준비는 꾸준히 향상되었다. 그러나, 전시 창설준비 및 각종 계획수립, 예비군 자원관리, 동원훈련 준비 및 교관·조교 임무를 수행할 수 있는 편성 면에서의 보강이 필요하다. 그 방법으로는 계량화된 최소 수준의 편성을 제시하기 제한되는 여건을 고려하여 현재 동원사단의 평균 기간편성 비율 14~24% 범위 내에서 제대별·기능별 업무의 경중과 우선순위를 고려하여 편성

---

300) 조규호, 「현역복무부대 병력동원지정제도 개선 추진」, 『향방저널』 통권 제487호(2011), p.18.
301) 박노식·윤지영, 『향토사단 동원보충대대 전투준비 및 운용』(대전 : 육군교육사령부, 2010), p.2.

을 보강하는 것이 타당할 것이다.

다섯째, 일부 동원예비전력의 정예화가 필요하다. 국가안보를 강화하기 위해서는 상비전력에 버금가는 '전투형 예비군'의 육성이 긴요하다. 이는 2015년 12월로 예정된 전작권의 전환과 현재 추진 중인 국방개혁의 성공을 위해서도 매우 중요하게 취급되어야 한다. 이를 위한 방법으로는 예비군 자원 가운데 필수전력이라고 할 수 있는 동원예비군과 향방예비군을 상비군 수준으로 무장시키고 분야별 훈련을 강화하여 정규전이 아닌 재난지원, 해외파병, 민군작전 등에 참여시키는 방안을 고려할 수 있다.[302] 이 밖에도 실전적이고 창의적인 훈련을 실시하여 유사시에 대비한 즉응동원태세를 유지하기 위해서는 자의적인 해석이 가능한 제도의 개선과 더불어 예산지원이 뒷받침 되어야 할 것으로 판단된다.

---

302) 국방부, 「이스라엘·미국 예비군제도 적용 가능분야 검토」, 『국방부 동원기획관실 보고자료』(2010. 11. 5), p.20.

Ⅵ. 결 론

한국의 병역제도는 이미 법적·제도적 기반이 구축되어 있고, 대부분의 병역 이행 대상자들이 병역의무를 이행하는 것을 자랑스럽게 여기는 사회 분위기가 조성되어 있다. 한국의 병역제도 발전방안을 모색하기 위해 안보환경의 변화와 군사제도 및 병역제도 이론을 고찰하고, 한국의 병역제도와 외국의 병역제도를 분석하여 이를 비교 평가 하기 위해 한국의 병역제도는 제1·2공화국, 권위주의 시대, 민주화 이후의 3단계로 구분하여 병역제도의 변화에 영향을 미친 요인을 4개의 요인으로 구분하여 분석하고, 외국의 병역제도는 스위스와 이스라엘의 안보환경과 병역제도를 중점적으로 분석하고, 부분적으로 미국과 기타 국가의 사례를 포함하였다.

한국의 병역제도와 외국의 병역제도가 「군사제도 설정의 기본원칙」을 충족하고 있는지를 비교 평가한 결과, 전력의 발휘 면에서는 한국과 스위스, 이스라엘 모두 충족한 것으로 평가하였다. 한국은 남북분단의 특성상 군사력의 보유와 전력 발휘가 필수적으로 요구되고, 스위스는 안보환경의 특성상 전 국민이 생업과 병역을 병행해야 하며, 이스라엘은 아랍제국과 싸워 이기는 것이 국가의 생존과 직결되기 때문에 자국의 실정을 반영한 병역제도를 발전시킴에 있어 전력 발휘를 우선적으로 고려하였음을 알 수 있었다.

적군과 아군의 비교 평가 및 분석 면에서도 3개국 모두 군사제도 설정의 기본 원칙을 충족하는 것으로 평가하였다. 당면한 위협과 예상되는 위협에 효과적으로 대응하기 위해 아군의 장단점을 인지한 상태에서 상대해야 할 적군의 장단점을 분석하여 자국의 병역제도를 발전시켰음을 알 수 있었다.

경제성과 효과 면에서 한국과 이스라엘은 부분 충족, 스위스는 충족으로 평가하였다. 한국의 경우 제1·2공화국과 권위주의 시대에는 정부의 정책이 우선적이었기 때문에 능력 조건과 요구사항이 균형을 이루지 못하였고, 병역법의 제정과 개정 과정에서 절차적 민주성이 침해되는 경우가 있었다. 이스라엘 또한 정치지도자에 의해 '목적을 수단에 맞추는 경향'이 식별되었다.

일관성 면에서는 한국과 스위스, 이스라엘 모두 군제설정의 기본원칙을 충족하는 것으로 평가하였다. 즉, 3개국은 최초부터 완벽한 군사제도를 시행한 것이 아니라, 병역제도를 적용하는 과정에서 대두된 문제점을 식별하고 이를 보완하면서 각종 관련법령의 개정을 동시에 추진하였으며, 이들 법령이 상호 부합되게 적용되었다는 것을 알 수 있었다.

지속성 면에서 한국의 경우는 다소 미흡하였으나, 스위스와 이스라엘은 군사제도 설정의 기본 원칙을 비교적 충실하게 적용하였다. 한국의 경우 정부수립 이후로부터 권위주의 시대에 병역 관련 제도의 제정 및 개정 과정에서 국민의 대표에 의한 충분한 논의가 생략되기도 하였다. 또한 정부가 먼저 정책을 발표하고 입법부에서 이를 추인하는 경우가 있었으나, 민주화 이후에는 지속성의 원칙이 충족되었다.

적응성 면에서는 3개국 공히 역사의 교훈을 도출하여 반영하고, 전시와 평시의 상황, 현재와 미래에 다가올 상황을 연계하여 일원화를 추구한 것으로 평가하였다.

융통성 면에서는 한국이 군제설정의 기본 원칙을 충족하는데는 다소 미흡하였지만, 스위스와 이스라엘은 충족한 것으로 평가하였다. 한국의 경우

정부의 정책과 경제·사회적 요인에 의해 병역제도가 변화되었지만, 이 과정에서 법령의 악용을 통한 병역비리가 끊임없이 발생된 점을 고려해 볼 때 융통성을 과도하게 활용한 측면이 있었으나, 이스라엘과 스위스의 병역제도는 최초부터 융통성의 발휘와 적용을 인정하지 않고 있음을 발견할 수 있었다.

자율성 면에서는 공히 군사제도 설정의 기본 원칙을 충족한 것으로 평가하였다. 한국과 스위스, 이스라엘은 반드시 병역의무를 이행하도록 법적인 강제를 명시하고 있지만, 국민에게 최대한의 자율을 부여하고 있으나, 병역의무의 자율 이행을 위한 동기부여는 더욱 강화되어야 할 것으로 판단하였다.

인간성 면에서 한국은 군사제도 설정의 기본 원칙을 부분적으로 충족하고, 스위스와 이스라엘은 충족한 것으로 평가하였다. 왜냐하면 한국의 경우에는 비록 일부이긴 하지만 군 복무를 정체기간으로 인식하거나, '피할 수만 있다면 피하고 싶다'고 인식하는 경향이 과거의 병무비리 등을 통해 확인된 반면, 스위스와 이스라엘의 병역이행 대상자들은 '군 복무를 통해, 혹은 군 복무를 필함으로써 더 나은 시민생활을 영위할 수 있다'는 인식하에 군 생활 자체를 제2의 직업으로 받아들이고 있기 때문이다.

병역제도 결정요인과 병역제도와의 상관관계는 일반화가 가능하다고 평가하였다.

안보환경의 변화 면에서 한국의 경우 징병제의 채택 및 적용, 향토예비군의 창설 및 운용, 현역병 복무기간의 점진적 단축 등은 안보환경의 변화에 따라 병역제도가 장기간 지속되었음을 보여준 사례이다. 스위스는 안보상의 취약점을 해소하기 위해 영세중립국을 표방한 이후에도 민병제도를 적용하고 있으며, 이스라엘은 아랍제국에 포위된 상태에서 완전한 징집제와 효율적인 예비군제도를 오랜 기간 지속하여 시행해 온 점을 감안해 볼 때 안보환경의 변화가 병역제도에 영향을 미치는 요소로 작용하였음을 알 수 있었다.

정부의 정책으로 병역제도가 변화되면 신뢰성과 성공 가능성이 제고된다. 한국의 경우 정부의 정책을 구현하기 위해 국군조직법을 포함한 병역 관계 법령이 제정·공포되었고, 병무청의 창설 및 특례제도의 통폐합 및 확대 적용, 다양한 대체복무제도가 시행되었으며, 스위스와 이스라엘의 경우에도 일관된 정부의 정책이 병역제도의 틀을 유지한 가운데 부분적인 보완을 통해 더욱 강화하는 요인이 되었음을 확인하였다.

경제적 요인에 의해 병역제도가 변화되면 제도의 수용 및 활용성이 증가된다. 한국의 경우 생계 곤란자에 대한 의가사 제대 제도의 시행과 특례 규제에 관한 법령의 제정을 그 예로 들 수 있으며, 스위스와 이스라엘의 경우에도 경제적 요인이 병역제도의 변화는 물론 병역의무 이행의 당위성을 제고하는데 작용했다는 사실을 알 수 있었다.

사회적 요인에 의해 병역제도가 변화되면 병역제도가 한 단계 발전함을 확인하였다. 한국의 경우 부유층과 유학생의 병역 기피를 방지하기 위한 다양한 병역제도가 시행되어 왔고 현재도 발전 중에 있으며, 민주화 이후 저출산·고령화 시대의 도래에 대비한 병역제도의 변화를 모색하고 있다. 스위스와 이스라엘도 군 복무를 당연하게 여기는 일반 국민의 인식과 병역 이행을 자랑스럽게 여기는 사회적 분위기에 의해 병역제도가 변화·발전되어 왔음을 식별할 수 있었다.

한국의 병역제도 발전방안을 요약하면,

첫째, 참여형 병역의무 이행 제도의 발전 면에서 병역제도의 점진적인 전환을 모색하여 국민개병제 원칙을 보완한 지원병 제도를 확대하고, 다문화 가족의 군 입대에 대비한 종합대책이 마련되어야 한다. 또한 징병검사 및 병역 처분의 개선을 통해 병역면탈 행위를 원천적으로 차단하고, 사회 관심자원에 대한 관리가 강화되어야 한다. 특히, 신체검사 불합격자를 포함한 병역 면제자에 대해서는 소극적 방치의 개념을 탈피하여 이를 적극적으로 방지하고 통제하기 위한 법령을 제정하여야 한다. 신체검사 불합격 등의 사유로 병역을 면제받은 자에 대해서는 국민적 합의에 의한 법령 제정을 통해 현역 복무 기간 중에는 기본 세액을 연간 100만원으로 하고, 여기에 과세 소득의 10%를 추가로 부과해야 하며, 현역 복무가 종료되는 연령으로부터 예비군훈련이 종료될 때까지의 기간에는 기본 세액을 연간 50만원으로 하되, 과세 소득 부과의 기준으로 설정된 10%의 추가 세금을 1년 단위로 1%씩 경감하여 적용함으로써, 자발적이고 능동적으로 병역의무를 이행토록 해야 한다. 또한 3급 이상의 고위 공무원단, 일정한 직급 이상을 가진 부모의 자제는 우선적으로 전방부대에 배치함으로써, 진정한 의미의 '노블레스 오블리주'가 실천되도록 해야 하며, 인기 종목의 운동선수 및 연예인들의 병역사항이 보다 더 투명해 질 수 있도록 사회 관심자원의 병역 이행이 중점 관리되어야 한다. 특히, 군 복무중인 병사가 자기개발을 할 수 있는 기회를 확대시키기 위한 군 학점인정 사업의 예산편성 확충, 유관기관간의 긴밀한 협조체제 구축, 군 지휘관의 병사 자기개발에 대한 인식 전환, 학점인정 적용의 폭과 범위를 확대하고, 군에서의 기술교육 확대와 기술병의 모집 비율을 높이는 한편, 군이 보유하고 있는 기술과 능력을 민간에서 유용하게 활용할 수 있도록 국방전문분야 자격제도의 신설 및 통합 원격교육체계를 구축하여야 한다.

병역제도 발전방안의 시행을 위한 법적·제도적인 장치를 마련하기 위해서는 현재 국회 법제사법위원회에 계류되어 있는 병역법 개정안의 국회통과를 통한 군 가산점제도의 조속한 재도입, 병역법 개정안의 전면 시행, 현행 병역법에 명시된 병역면탈 사범에 대한 공소시효 적용시점의 변경 등이 이루어져야 한다. 아울러 병역 명문가 선양 사업을 지속적으로 확대하고, 제대군인에 대한 정부의 지원정책을 재검토하여 실효성을 제고시켜야 한다.

둘째, 예비군제도 및 동원제도의 발전 면에서는 예비군훈련 보류 제도를 재검토하여 대학생의 예비군교육 및 동원훈련 소집 보류 제도를 보완함으로써, 학습권 보장과 병역의무 이행을 둘러싼 상반된 인식을 바로잡아야 하며, 지방자치단체와 함께하는 예비전력운영체계를 정립하고, 예비군훈련장의 현대화 추진, 전투형 예비군부대 육성을 위해 예비군들에게 신형 화기 및 장비를 지급하며, 장기적으로 예비군훈련장을 국민안보의식 강화의 장으로 활용하여야 한다. 동원 관련 법령제도를 정비하여 가칭 「동원 기본법」을 제정하고, 제대별 동원조직을 보강하며, 병력동원 지정제도를 현역 복무부대로 개선함으로써 보직 고정율을 제고하여 동원과 동시에 전투력이 발휘되도록 해야 한다. 특히, 동원지원단과 동원보충대대의 임무수행능력 제고, 동원 예비전력의 정예화 추진, 과학화 훈련장비를 이용한 동원훈련 발전방안을 조속히 시행하고, 이에 따른 예산의 확충도 뒷받침 되어야 한다.

한국에 있어 병역제도가 국민 개개인의 일상적인 삶에 미치는 의미는 언제나 변함없이 각 시대의 상황과 기준에 따른 신성한 국민적 의무였다. 동시에 국민들의 현실적인 삶에 있어서는 할 수만 있다면 '가능한 한 회피하고 싶은 부담'으로 작용되어 왔다. 그런 까닭에, 병역면탈을 위한 부조리와 비리는 과거는 물론 현재에도 국민정서의 향방을 형성하고 있으며, 이는 병역제도에 관한 정부의 정책을 적극 지지하기도 하고, 경우에 따라서는 불신으로 표출되기도 하는 등 어떠한 형태로든 국민의 일상생활에 심대한 영향을 미치고 있는 것이 사실이다.[303]

우리 군에 대한 국민적 요구는 '아덴만 여명작전'과 같은 최상의 수준과 결과가 상시 유지되기를 바라고 있다. 따라서, 대다수 국민들이 원하고 있는 전투형 군대, 적과 싸워 이기는 군대가 되기 위해서는 병역제도의 가장 바람직한 최종상태는 과연 무엇이며, 최대 다수의 국민이 최고 수준의 만족을 공감할 수 있는 방안이 무엇인지를 도출하여 이에 대한 공감대를 확산

303) 정경현, 『韓國 兵役制度 發展史』(대전 : 병무청, 1989), p.278.

시키는 노력이 요구된다.

개인의 입장에서는 군 생활을 통해 자연스럽게 인내심과 극기력을 배우고, 이를 바탕으로 사회에 진출했을 때에 어려움을 극복할 수 있는 자신감을 체득하는 곳이 바로 군대이며 군 생활이다. 병역의무의 이행은 현재의 국가발전과 가까운 미래는 물론 국가의 장래에 관한 중대한 문제이다. 따라서, 병역의무 이행에서의 형평성과 투명성, 공정성을 실현하기 위해서는 사회의 모든 구성원이 공동의 문제의식을 견지한 가운데 의견을 수렴하고, 이를 조정하여 군 복무를 필한 사실 자체에 대해 자랑스럽게 생각할 수 있도록 가시적인 보상 및 예우를 포함한 법적·제도적 장치가 마련되어야 한다.

국가를 위해, 자유민주적 기본질서를 유지하기 위해 하나 뿐인 고귀한 생명마저 바쳐야 하는 절체절명의 순간에도 물러서지 않고 임무를 수행해야 하는 병역의무의 특수성과 남북이 군사적으로 대치하고 있는 한국의 안보현실을 고려해 볼 때 병역의무를 필한 개인에게는 그에 상응한 혜택이 부여되어야 한다.

젊은이들이 군 복무를 학업과 생산활동에 전념하지 못하는 '썩는 기간'으로 폄하하거나, 군을 비하한다면 사회는 물론 국가발전을 기대할 수 없다. 왜냐하면 건강한 젊은이들이 군 복무를 하지 않고 공백 없이 공부에 전념했을 경우 과학기술과 예능, 스포츠는 물론 다방면에서 향상된 성과를 거둘 수 있다고 하더라도, 국가의 안전이 보장되지 않는다면 이는 전혀 무의미한 일이 되기 때문이다.

자유와 평화는 말이나 구호만으로 얻어지는 것이 아니며, 비록 얻어진 자유와 평화라고 할지라도 이를 스스로의 힘으로 지키고 발전시키지 못한다면, 언제든지 타인의 자유와 평화가 되고 만다는 공감대가 확산되어 대한민국의 국가안보를 강화하고, 미래 지향적인 병역제도를 발전시키기 위한 연구가 계속되어야 할 이유가 바로 여기에 있으며, 이는 통일한국이 달성된 이후에도 계속되어야 한다.

참 고 문 헌

1. 국내문헌

1) 단행본

•강진석, 『한국의 안보전략과 국방개혁』, 서울 : 평단문화사, 2005.
•교과서 포럼, 『한국현대사』, 서울 : 도서출판 기파랑, 2009.
•국가발전 미래교육협의회, 『전작권 전환과 대한민국의 안보』, 서울 : 경성문화사, 2011.
•국가안전보장회의, 『평화번영과 국가안보』, 서울 : 국가안전보장회의 사무처, 2004.
•국립국어연구원, 『표준 국어대사전』, 서울 : 두산동아, 1999.
•국무총리 비상기획위원회, 『세계 동원의 역사』, 서울 : 국무총리 비상기획위원회, 2006.
•국방관계법령집 발행본부, 『국방관계법령 및 예규집』, 서울 : 보성사, 1950.
•국방군사연구소, 『1945~1994 국방정책변천사』, 서울 : 국방군사연구소, 1995.
•국방군사연구소 편, 『건군 50년사』, 서울 : 국방군사연구소, 1998.
•국방대학교 안보문제연구소, 『2004 범국민 안보의식 여론조사』, 서울 : 성광기획, 2004.
•________________________, 『2009 범국민 안보의식 여론조사』, 서울 : 우영피

앤피, 2009.
•국방대학원, 『軍事理論』, 서울 : 국방대학원 출판부, 1985.
•_________, 『안전보장이론』(II), 서울 : 국방대학원 출판부, 1985.
•국방부, 『1968 국방백서』, 서울 : 삼성인쇄주식회사, 1968.
•______, 『1990 국방백서』, 서울 : 정문출판주식회사, 1990.
•______, 『1994 국방백서』, 서울 : 군인공제회 제1인쇄사업소, 1994.
•______, 『1999 국방백서』, 서울 : 대종인쇄사, 1999.
•______, 『2000 국방백서』, 서울 : 한국컴퓨터인쇄정보, 2000.
•______, 『한미동맹과 주한 미군』, 서울 : 신오성기획인쇄사, 2003.
•______, 『외국의 동원제도』, 서울 : 국방부 동원국, 2003.
•______, 『각국의 예비군제도』, 서울 : 국방부 동원기획관실, 2009.
•______, 『정예화된 선진강군 육성을 위한 국방개혁』, 서울 : 국방부, 2009.
•______, 『2010 국방백서』, 서울 : 국방부, 2010.
•______, 『이스라엘·미국 예비군제도 적용 가능분야 검토』, 서울 : 국방부 동원기획관실, 2010.
•______, 『다문화시대의 선진 강군』, 서울 : 국방부, 2010.
•______, 『국방동원업무 실무지침서』, 서울 : 국방부 동원기획관실, 2010.
•______, 『2011 예비군훈련지시』, 서울 : 국방부, 2011.
•______, 『이명박정부 3년 국방정책 주요성과 및 과제』, 서울 : 국방부, 2011.
•______, 『군 복무 가산점은 최소한의 국가적 책무다』, 서울 : 국방부, 2011.
•______, 『예비군실무편람』, 대전 : 국군인쇄창, 2011.
•국방부 군사편찬연구소, 『建軍史』, 서울 : 정문사 문화주식회사, 2002.
•__________________, 『한국전쟁사의 새로운 연구』 제1권, 서울 : 국방부, 2001.
•__________________, 『한미군사관계사 : 1871~2002』, 서울 : 국방부, 2002.
•국방정보본부, 『2002년 중국 국방백서』, 서울 : 군인공제회 제1문화사업소, 2003.
•국회예산정책처, 『통계로 보는 재정 2009』, 서울 : 메이커뮤니케이션, 2009.
•권태영·노훈, 『한국군의 비대칭전략 개념과 접근방책』, 서울 : 한국전략문제연구소, 2006.
•_________, 『21세기 전장환경에 대한 재검토 및 군사혁신에 관한 연구』, 서울

: 한국전략문제연구소, 2009.
•권태영·심경욱, 『작지만 강한 전투형 이스라엘군』, 서울 : 한국전략문제연구소, 2011.
•김강녕, 『한반도 군사안보론』, 서울 : 대왕사, 1999.
•______, 『한국의 안보와 남북관계』, 부산 : 신지서원, 2004.
•______, 『민족정신과 통일안보』, 부산 : 신지서원, 2005.
•______, 『한반도 평화안보론』, 부산 : 신지서원, 2006.
•______, 『남북한과 국제정치』, 경주 : 신지서원, 2011.
•김계동 외, 『동북아 신질서, 경제협력과 지역안보』, 서울 : 백산서당, 2004.
•김덕열·이승희, 『군 교육훈련에 대한 대학학점 인정방안』, 서울 : 국방부, 2009.
•김두성, 『韓國兵役制度論』, 대전 : 제일사, 2003.
•김문성, 『병무행정론』, 서울 : 법문사, 1989.
•김영규, 『스위스의 육군』, 대전 : 육군교육사령부, 1988.
•김용탁·송재천 편저, 『兵役制度와 實務』, 서울 : 계명사, 1977.
•김종만, 『자기개발 달성목표』, 대전 : 육군교육사령부, 2002.
•김종탁 외, 『미래 지향적 국방인사정책 발전방안』, 서울 : 한국국방연구원, 2007.
•김 홍, 『韓國의 軍制史』, 서울 : 학연문화사, 2001.
•김희상, 『21世紀 韓國安保』, 서울 : 도서출판 典廣, 2008.
•나일주 외, 『군 원격교육 콘텐츠의 효율적 개발 및 관리방안』, 서울 : 서울대학교 교육연구소, 2008.
•문광건 외, 『국방업무 혁신을 통한 군 정예화』, 서울 : 한국국방연구원, 2004.
•문창주, 『한국정치론』, 서울 : 일조각, 1977.
•민진 외, 『국방행정』, 서울 : 대명출판사, 2005.
•박노식·윤지영, 『향토사단 동원보충대대 전투준비 및 운용』, 대전 : 육군교육사령부, 2010.
•박찬석, 『전투력 강화를 위한 병역제도 개선방안』, 서울 : 박찬석 의원실, 2006.
•박태순 외, 『미래형 동원제도 발전』, 대전 : 육군교육사령부, 2009.
•박효종 외, 『건국 60년 위대한 국민 새로운 꿈』, 서울 : 문화체육관광부, 2008.
•병무청, 『병무행정사』 하권, 대전 : 병무청, 1986.
•______, 『참여정부의 병무혁신 프로젝트 0308』, 대전 : 병무청, 2003.

•______, 『세계 주요국가의 병역제도』, 대전 : 병무청, 2005.
•______, 『2009 병무통계』, 대전 : 병무청, 2010.
•______, 『병무행정사』 제4권, 대전 : 병무청, 2010.
•______, 『병무행정 용어해설집』, 대전 : 병무청, 2010.
•______, 『2010 병무 연보』, 대전 : 병무청, 2011.
•(사)21세기 군사연구소, 『사회복무제도의 효율적 운영방안』, 서울 : 21세기 군사연구소, 2007.
•서동만, 『북조선 사회주의체제 성립사』, 서울 : 선인출판사, 2005.
•서종남, 『다문화교육 이론과 실제』, 서울 : 학지사, 2010.
•송영대, 『북한 대남협박의 의도와 우리의 대응』, 서울 : 통일연구원, 2009.
•송요태 외, 『군사제도사』, 경기 고양 : 선 코퍼레이션, 2005.
•시오노 나나미 저, 김석희 역, 『로마인이야기』 제1권, 경기 파주 : 한길사, 2005.
•______________, 김석희 역, 『로마인이야기』 제2권, 경기 파주 : 한길사, 2005.
•신 진, 『북한과 한미 외교정책의 소용돌이』, 대전 : 문경출판사, 2004.
•양병선, 『동원발전론』, 경기 파주 : 교육과학사, 2010.
•여성가족부, 『2010 청소년 백서』, 서울 : 대한정보인쇄, 2010.
•오동열, 『주요 각국의 병역제도 비교연구』, 서울 : 고려문화사, 1990.
•유지태, 『행정법신론』, 서울 : 신영사, 1997.
•유 훈 외, 『政策學』, 서울 : 법문사, 1982.
•육군교육사령부, 『軍事理論 硏究』, 대전 : 육군인쇄공창, 1987.
•_____________, 『韓國 軍事思想 硏究』, 대전 : 육군인쇄공창, 1986.
•육군대학, 『동양의 군사사상』, 대전 : 육군인쇄창, 2009.
•육군본부, 『軍事理論 大國化 推進方向』, 대전 : 육군인쇄공창, 1983.
•________, 『軍事理論의 體系와 役割』, 대전 : 육군인쇄공창, 1983.
•________, 『西獨·瑞西·瑞典·和蘭 動員制度』, 대전 : 육군인쇄공창, 1986.
•________, 『韓國軍事思想』, 대전 : 육군인쇄공창, 1992.
•________, 『클라우제비츠의 전쟁론과 군사사상』, 대전 : 육군인쇄공창, 1995.
•________, 야전교범 3-0-1 『군사용어사전』, 대전 : 육군인쇄창, 2006.
•________, 『육군 인적자원개발 기본계획』, 대전 : 육군인쇄창, 2007.
•________, 『육군복지종합발전계획』, 대전 : 국군인쇄창, 2010.

•육군사관학교,『주요 국가의 안보환경 및 예비군 발전추세와 한국의 발전방향』, 서울 : 육군사관학교 화랑대연구소, 1995.
•육군3사관학교,『병역의무필자에 대한 국가지원방안 연구』, 경북 영천 : 육군3사관학교 충성대연구소, 2008.
•이동희,『韓國軍事制度論』, 서울 : 일조각, 1982.
•이종학,『孫子兵法』, 서울 : 박영사, 1984.
•______,『軍事論文選』, 경북 경주 : 서라벌군사연구소, 1991.
•______,『韓國軍事史 序說』, 경북 경주 : 서라벌군사연구소, 1991.
•______,『軍事理論과 軍事教育의 研究』, 경북 경주 : 서라벌군사연구소, 1997.
•______,『클라우제비츠와 전쟁론』, 서울 : 도서출판 주류성, 2004.
•______,『전략이론이란 무엇인가』, 대전 : 충남대학교출판부, 2005.
•______,『나의 학문과 인생』, 대전 : 충남대학교출판부, 2009.
•______,『6·25전쟁이란 무엇인가』, 대전 : 충남대학교출판문화원, 2011.
•이종학·길병옥 편저,『군사학개론』, 대전 : 충남대학교출판부, 2009.
•이필중,『한국군사론』, 서울 : 국방대학교 출판부, 2006.
•정경현,『韓國 兵役制度 發展史』, 대전 : 병무청, 1989.
•정명복,『잊을 수 없는 생생 6·25전쟁사』, 경기 파주 : 집문당, 2011.
•정보사령부,『러시아 지상군 전술』, 대전 : 육군인쇄창, 2009.
•정원영 외,『예비전력, 미래 국방력 건설의 또 하나의 선택』, 서울 : 한국국방연구원, 2005.
•정정길,『정책학 원론』, 서울 : 대명출판사, 2002.
•정주성 외,『21세기 병무행정 비전 및 정책방향』, 서울 : 한국국방연구원, 2000.
•________,『한국 병역정책의 바람직한 진로』, 서울 : 한국국방연구원, 2003.
•정철영,『군 복무결산 프로그램 세부 시행방안 연구』, 대전 : 육군인쇄창, 2009.
•조승옥 외,『군대윤리』, 서울 : 도서출판 봉명, 1998.
•조영갑,『민군관계와 국가안보』, 서울 : 북코리아, 2005.
•조 정,『미국의 현대전쟁과 한국군의 과제』, 서울 : 한국군사문제연구원, 2003.
•주성훈,『다문화가족 지원사업 문제점과 개선과제』, 서울 : 국회 예산정책처, 2010.
•최진욱,『북한의 대남 비방공세의 의도와 전망』, 서울 : 통일연구원, 2009.
•통일부 통일교육원,『2011 통일문제 이해』, 서울 : 세원정밀인쇄, 2011.

•한국국방안보포럼, 『전시작전통제권의 오해와 진실』, 서울 : 플래닛미디어, 2006.
•한국전략문제연구소, 『2002 동북아전략균형』, 서울 : 한국양서원, 2002.
•________________, 『2009 동북아 전략균형』, 서울 : 도서출판 전광, 2009.
•________________, 『2010년 육군전투발전』, 서울 : 전광인쇄정보, 2010.
•한국정신문화연구원, 『현대 한국정치사』, 서울 : 신흥인쇄주식회사, 1989.
•한용원, 『軍事發展論』, 서울 : 박영사, 1987.
•함택영·박영준 편, 『안전보장의 국제정치학』, 서울 : 주식회사 사회평론, 2010.
•합동참모본부, 『세계의 군 현대화 추진동향』, 서울 : 대한기획인쇄, 2007.
•___________, 『합동기본교리』합동교범 1, 서울 : 대한기획인쇄, 2009.
•___________, 『합동·연합작전 군사용어사전』합동교범 10-2, 대전 : 국군인쇄창, 2010.
•황동준 편, 『국방발전 어떻게 할 것인가』, 서울 : 한국국방연구원 출판부, 2004.
•蔣緯國 著, 鄭濯 譯, 『軍制基本原理』, 서울 : 국군홍보관리소, 1984.
•Carl Von Clausewitz, *On War*, 김만수 역, 『전쟁론』, 서울 : 도서출판 갈무리, 2006.
•B. H. Liddell Hart, *Strategy*, 신상초 역, 『戰略論』, 서울 : 양우당, 1982.
•Headquarters Department of the Army, *Operations*(February 2008), 육군대학 역, 미 FM 3-0 『작전』, 대전 : 육군인쇄창, 2008.

2) 논 문

•강병철, 「이스라엘의 군사력건설 사례연구」, 『주간 국방논단』, 제1371호, 2011.
•고영복, 「혁명 후 사회동태의 의미」, 『思想界』, 제93호, 1961.
•곽덕환, 「중국 특색 사회주의의 개념 변화」, 『중국연구』, 제46권, 2009.
•국방부 전사편찬위원회, 「국군조직법안 심의 국회속기록」, 『軍史』, 제10호, 1985.
•권영해, 「병역의무 이행 형태의 형평문제」, 『軍事評論』, 제260호, 1988.
•권태영, 「전투형 군대의 모델 : 작지만 강한 이스라엘군」, 『전투발전』, 제138호, 2011.
•권태영·박창권, 「선진국방의 개념과 정책발전방향」, 『전략연구』, 제45호, 2009.
•길병옥, 「북핵문제가 우리 안보에 미치는 영향 및 정책적 대응방안 분석」, 『한반도 군비통제』, 군비통제자료 제33집, 2003.

•______, 「동북아 지역분쟁과 우리의 대응방안」, 『한반도 군비통제』, 제37집, 2005.
•______, 「북한의 핵보유국 지위 획득전략과 한국의 정책대응방안」, 『한국동북아 논총』, 제45집, 2007.
•______, 「국가비상사태 대비 국가위기대응법 제정방안에 관한 논고」, 『군사논단』, 제64호, 2010.
•김강녕, 「남북한 군사회담 개선방안」, 『군사논단』, 제40호, 2004.
•______, 「노블레스 오블리주와 국가안보」, 『軍事硏究』, 제122집, 2006.
•______, 「이명박 정부의 대북정책」, 『통일전략』, 제8권 제2호, 2008.
•______, 「6·25전쟁과 남북한 관계」, 『통일전략』, 제10권 제1호, 2010.
•김성택, 「군 복무 가산점제도에 관한 합헌적 고찰」, 『남성대』, 2009년 제2호, 2009.
•김순수·양정학, 「중국의 국방동원사상과 국방동원법 제정에 관한 연구」, 『CHINA 연구』, 제10집, 2011.
•김영호, 「6·25전쟁의 국내 및 국제정치적 영향에 관한 연구」, 『軍史』, 제79호, 2011.
•김영후, 「신체검사부터 병역이행까지 전 과정을 엄격히 관리해야」, 『월간 조선』, 2011년 9월호, 2011.
•김유림, 「창업국가 이스라엘, 세계최고의 기업가 정신으로 경제기적 일궈」, 『주간 동아』, 제787호, 2011.
•김재관, 「미중 양국의 패권경쟁 심화와 상호 대응전략의 비교」, 『국제정치 논총』, 제46집 제3호, 2006.
•김재철, 「중국위협론의 한국적 의미」, 『국방학술연구 논총』, 제11집, 1997.
•김점식, 「부분동원제도 시행에 대하여」, 『향방저널』, 통권 제486호, 2011.
•김종수, 「삼국시대의 군사제도」, 『軍史硏究』, 제131집, 2011.
•김종탁, 「미래 국방경영을 위한 인력관리의 새로운 패러다임」, 『주간 국방논단』, 제860호, 2001.
•김태완, 「다문화시대의 선구자로서의 군의 역할」, 『육군』, 제306호, 2010.
•노양규, 「리델 하트 전략론을 읽자」, 『軍事評論』, 제342호, 1999.
•노 훈, 「미래를 대비한 육군 전력발전」, 『육군의 현실과 비전 안보토론회 자료집』, 2005.
•목진휴, 「군 복무에 대한 사회적 가치 제고방안」, 『2010 육군정책포럼, 강한군대,

따뜻한 육군 국민과 함께!』, 대전 : 국군인쇄창, 2010.
•문병장, 「이스라엘의 군사제도 고찰」, 『軍事硏究』, 제120집, 2004.
•민경자, 「여군의 창설과 발전」, 『軍史』, 제68호, 2008.
•박경석, 「병역의무와 국가지도자」, 『군사논단』, 제10호, 1997.
•박경환, 「제대군인 가산점제도 관련 병역법 개정」, 『충성대』, 제29호, 2010.
•박봉정숙, 「징집대상 확대와 공정성 제고」, 『국방저널』, 통권 제451호, 2011.
•박재정, 「남북한 통합론의 시론적 접근」, 『한국통일연구』, 제3집, 1997.
•박종권, 「사회 지도층 및 관심층의 솔선수범」, 『국방저널』, 통권 제451호, 2011.
•박학선, 「장기복무자의 획득책」, 『軍事評論』, 제41호, 1963.
•박휘락, 「미래 한반도 전략환경 변화와 육군전략」, 『2009 육군전투발전세미나』, 2009.
•백기인, 「한국 국방체제의 형성과 조정, 1945~1970」, 『軍史』, 제68호, 2008.
•서권열, 「우리나라 다문화가족의 실태와 지원제도 개선방안」, 국방대학교 연구논문, 2010.
•소종섭, 「윗물부터 맑아야 군대가 산다」, 『시사저널』, 제1134호, 2011.
•송대성, 「중국의 대한반도 정책분석 및 대응전략」, 『合參』, 제47호, 2011.
•신성호, 「북한의 핵과 장거리 미사일 개발이 동북아 정세에 미치는 영향」, 『전략연구』 제48호, 2010.
•신중섭, 「추신수 선수에게 병역면제 수혜세를…」, 『한국경제연구원 KERI Column』, 2011.
•신 진, 「김대중정부의 대북정책에 관한 정치학적 평가와 전망」, 『한국통일연구』, 제5권 제1호, 1999.
•_____, 「북핵 포기의 실효성 확보를 위한 한미공조 방안」, 『한반도 군비통제』, 군비통제자료 제33집, 2003.
•_____, 「북한의 핵문제와 6자회담의 현안과 과제」, 『군사논단』, 제40호, 2004.
•신진·김년수, 「탈냉전시기 일본 자위대의 군사력증강 분석」, 『사회과학 논총』, 제8권, 1997.
•___________, 「남북한 관계에 나타난 협상의 이론과 실제」, 『사회과학 논총』, 제9권, 1998.
•안보경영연구원, 「실전적 군사력건설 및 경제적 군 운용을 위한 예비전력 발전방

향」, 『SMI 이슈 & 리포트』, 제48호, 2009.
•안석기, 「건전한 병역문화 조성을 위한 문화적 접근」, 『주간 국방논단』, 제907호, 2002.
•엄영호, 「전시 임무수행 가능한 예비군훈련 발전방안」, 『2010 예비전력발전 세미나 자료집』, 2010.
•월간 대한국인 편집부, 「스위스의 군 개혁안」, 『월간 大韓國人』, 통권 제44호, 2011.
•윤동현, 「한국 안보정책의 특성에 관한 연구」, 경남대학교 대학원 박사학위 논문, 1988.
•윤명기, 「제2의 교육혁신으로 새해를 일군다」, 『국방저널』, 제385호, 2006.
•______, 「군 복무하면서 대학 학점도 딴다」, 『국방저널』, 제395호, 2006.
•이기택, 「미국의 대한 군사정책 전개」, 『軍史』, 제4호, 1982.
•이동호, 「예비군 교육훈련 발전방안」, 『해군대학 논문집』, 2010.
•이미숙, 「남북한 군사협상의 조망과 향후 전망」, 『한반도 군비통제』, 제46집, 2010.
•이삼주, 「전투형 야전부대 재창출 위한 전투임무에 부합된 예비군훈련 시행」, 『향방저널』, 통권 제481호, 2011.
•이상신, 「국가동원체제에 관한 연구」, 『2002 군사학술연구 자료집』, 2002.
•이상우, 「국방개혁에 대한 몇 가지 소감」, 『한국의 국방개혁 어떻게 구현할 것인가? 세미나 발표집』, 2011.
•이 설, 「이스라엘을 키운 8할은 절박함과 불굴의 도전정신」, 『주간 동아』, 제787호, 2011.
•이성옥, 「간부 동원전력 극대화 방안」, 『2000 군사학술연구 자료집』, 2000.
•이세영, 「성실 병역이행자 위상 제고 및 인센티브 강화방안」, 『국방저널』, 통권 제451호, 2011.
•이영우, 「軍事理論과 用兵體系 定立에 대한 小考」, 『軍事評論』, 제239호, 1984.
•이영택, 「軍事制度에 關한 硏究」, 『國防硏究』, 제16권 제2호, 1973.
•이재광, 「저출산·고령화 사회현상이 군 병역인력 관리에 미치는 영향과 발전방향」, 해군대학 정규과정 졸업논문, 2008.
•이재학, 「박정희 정부의 국방외교에 관한 연구」, 『軍史』, 제78호, 2011.
•이종재, 「군 인적자원 개발의 방향과 과제」, 『2003 육군정책발전세미나 자료집』, 2003.

• 이종학, 「軍事學 理論體系의 定立」, 『軍事評論』, 제244호, 1984.
• ______, 「古典的 戰爭理論의 現代的 照明」(II), 『공군평론』, 제97호, 1996.
• 제2 작전사령부, 「주요국 예비군제도 소개」, 『동원관계관 소집교육자료집』, 2006.
• 전일국, 「국방개혁 2020 추진에 따른 병역제도 개선에 관한 연구」, 국방대학교 연구논문, 2006.
• 정경영, 「미중분쟁 가능성과 한국의 안보전략」, 『군사논단』, 제64호, 2010.
• 정민화, 「다문화군대 전환에 대비한 군 정책방안」, 『軍事評論』, 제412호, 2011.
• ______, 「사회통합을 위한 다문화 병사의 군 적응방안」, 『국방저널』, 통권 제449호, 2011.
• 정용인, 「진화된 병역비리 수법은 전염」, 『주간 경향』, 제895호, 2010.
• 정원영, 「병역제도의 진보적 논의 추이에 대한 소고」, 『주간 국방논단』, 제969호, 2003.
• ______, 「장차 국방환경에 부응할 예비전력 정비 방향」, 『주간 국방논단』, 제1040호, 2005.
• ______, 「동원제도 정비는 비상대비의 기초이자 핵심입니다」, 『향방저널』, 통권 제485호, 2011.
• ______, 「우리나라 동원제도는 이렇게 형성되었습니다」, 『향방저널』, 통권 제486호, 2011.
• ______, 「예비전력의 정예화 및 활용방안」, 『合參』, 제47호, 2011.
• 정종관, 「병역환경 변화와 병역자원 확보방안」, 국방대학교 연구논문, 2010.
• 정주성, 「중장기 병역정책의 과제와 발전방향」, 『국방정책연구』, 제25권 제3호, 2009.
• ______, 「공정한 병역이행 제고방안」, 『공정한 병역이행 세미나 자료집』, 2011.
• 정주성·안석기, 「병무비리 근절을 위한 제언」, 『주간 국방논단』, 제784호, 1999.
• ____________, 「이스라엘의 군과 병역의무」, 『주간 국방논단』, 제866호, 2001.
• 정주작, 「예비군에 대한 사적 고찰, 『軍事評論』, 제234호, 1983.
• 정진섭, 「예비군훈련 발전을 통한 대군 신뢰도 증진 및 효율성 제고방안」, 『병역이행이 자랑스러운 사회분위기 구현방안 세미나 자료집』, 2011.
• 정토웅, 「한국전쟁의 영향 : 한국의 정치·군사·경제적 측면」, 『軍史』, 제40호, 2000.
• 조규호, 「현역복무부대 병력동원지정제도 개선 추진」, 『향방저널』 제487호, 2011.

• 조득진, 「병역면제는 고위층의 의무?」, 『주간 경향』, 제895호, 2010.
• 조영갑, 「자주국방 발전기의 국방정책과 제도, 1998∼2000」, 『軍史』, 제68호, 2008.
• 조진섭, 「국방부, 현역병 군 복무에 대한 국가적 보상방안 조사」, 『국방저널』, 통권 제451호, 2011.
• 차동길, 「북한의 군사전략과 한국의 군사전략 발전방향」, 국방대학교 연구논문, 2010.
• 차상철, 「박정희와 1970년대의 한미동맹」, 『軍史』, 제75호, 2010.
• 최정섭, 「공정한 병역이행을 위한 노력·방안 중요」, 『국방저널』, 통권 제451호, 2011.
• 허지웅, 「월드컵과 병역특례」, 『시사 IN』, 제146호, 2010.
• 허태회, 「최근 한반도 정세 및 한미 군사동맹관계 변화」, 『북한연구학회보』, 제7권 제2호, 2003.
• 현익재, 「유럽국가의 병역제도 변화와 배경」, 『주간 국방논단』, 제1135호, 2007.
• 홍준기, 「한국 자주국방정책의 역사적 변천과정에 관한 연구」, 국방대학교 연구논문, 2004.
• Bart Schuurman, "Clausewitz and the New Wars Scholars",(2010 Spring), 전덕종 역, 「클라우제비츠와 신전쟁 이론」, 『軍事評論』, 제408호, 2010.
• Chun Learn, 「다문화적 환경하 효과적인 미 육군 리더십」, 미군 EOP 및 리더십 소개교육 자료, 2007.

2. 국외문헌

1) Books

• Bruce W. Bennett, *Future ROK Army Personnel Structure*, RAND National Security Research Division : October 2005.
• Headquarters Department of the Army FM3-07, *Stability Operations,* Washington D.C., 6 October, 2008.
• U.S Department of Defense, *Military Power People's Republic of China,* U.S Department of Defense : 24. May 2006.

- Department of State, *Foreign Relations of the United States : The British Commonwealth and the Far East,* Washington, D.C. : Government Printing Office, 1969.
- 石村富行,『スイス』, 東京 : 時事通信社, 1970.
- 蔣緯國,『軍事論叢』第一集, 臺北 : 三軍大學, 1973.

2) Articles

- Stephen J. Flanagan, "U.S. Military Transformation : Implications for Northeast Asia and Korea", *Strategic Studies,* Vol 43, No. 31. Korea Research Institute for Strategy, July 2008.
- James F. Schnabel, "Policy and Direction", (Washington, D.C. : Office of the Chief of Military History United States Army, 1972.
- U.S. Senate Committee on Foreign Relations, "Hearing : Mutual Defense Treaty With Korea", Washington, D.C : Government Printing Office, 1954.

3. 기 타 : 일간신문, 보고·보도·발표자료

1) 일간신문

「경향신문」(2011. 9. 6.)

「국방일보」(2010. 10. 22.)

「대한일보」(1970. 1. 15.)

「서울신문」(2011. 9. 7.)

「세계일보」(2011. 12. 5.)

「조선일보」(1970. 3. 14.)

「한국일보」(1970. 2. 1.)

「한국일보」(1970. 3. 20.)

2) 보고·보도·발표자료

- 『국방부 자료』, "미 국방부 2010 국방검토 보고서 분석", (2010. 2. 3)
- ____________, "다문화사회 장병 인식변화 설문조사 결과", (2010. 6. 20.)
- ____________, "이스라엘·미국 예비군제도 적용 가능분야 검토", (2010. 11. 5.)

• ___________, "입영 및 집총 거부자 대체복무 검토", (2010. 12. 10.)
• ___________, "2011년부터 달라지는 국방업무", (2010. 12. 30.)
•『육군본부 자료』, "향토사단 개편시 예비군훈련대 설치계획", (2010. 3. 21.)
•『행정안전부 자료』, "천안함 폭침, 연평도 포격도발 이후 국민 안보의식 높아져", (2011. 5. 14.)
•『병무청 자료』, "공정사회 구현을 위한 병역법 개정 추진", (2011. 7. 12.)
•『육군대학 자료』, "원격교육에 의한 학점제 시행개념", (2011. 8. 31.)
•『국회 행정안전위원회 자료』, "수석전문위원 검토보고서", (2011. 9. 8.)

군사학 총서 발간 취지

군사학은 전쟁이란 무엇이며, 전쟁의 준비·수행 및 억제와 연구방법 등에 관한 지식의 체계이다. 전쟁은 오랫동안 인류 생존의 기본 요소이며 수단으로 등장하였고, 현재뿐만 아니라 앞으로도 형태를 달리하면서 존속하리라. 그리고 전쟁은 국민의 생사·국가의 존망과 직결되는 문제이기 때문에 신중히 대처하지 않을 수 없다. 한민족의 평화적 통일·생존권의 확보 및 번영의 초석이 되는 군사학의 연구·발전을 위해 군사학 총서를 발간하였다. 독자의 지도 편달과 육성, 그리고 동참을 기대한다. (**이종학** : leechoy@daum.net)

번호	책 명		저 자	발행연도	정가
1	**군사학 개론**		이종학·길병옥 편저	2009년 (4·6배판, 594쪽)	35,000
	내용	군사학이 우리나라에서 학문으로 공식적으로 인정된 것은 2002년 12월이다. 군사학의 간략한 정의는, "전쟁의 본질과 성격 및 무력전의 준비 및 수행에 관한 통일된 지식체계"라는 점에서 그 범위도 설정되었다. 이런 관점에서 군사학의 다양성, 다차원성, 다변화성을 포괄하는 학문적 개론서로서 새로운 학문 영역으로 자리 잡고 있는 군사학의 학문체계를 정리하고자 각 분야의 전문가 13명의 공동집필로 출간되었다.			
2	**군사전략론**		이종학 편저	2009년 (신국판, 450쪽)	25,000
	내용	우리 국군은 6·25전쟁과 베트남전 참전을 통해 전투경험은 했지만 전쟁을 하지 않았다는 것을 잊어서는 안 된다. 즉, 군사전략을 수립하여 전쟁을 수행해 본 일이 없는 것이다. 그래서 이 책은 군사전략 수립을 위한, 제1편 군사전략의 기초, 제2편 군사전략의 이론, 제3편 군사전략의 실제로 구성되어 있다. 군사전략은 군사목표, 군사전략개념 그리고 군사자원으로 구성되어 있는 결심사항을 간략한 문장으로 표기하며, 이것은 세 가지 기준, 즉 적합성, 가능성 및 수락성에 의해 검토된다는 것을 상세히 설명하고 있다.			
3	**나의 학문과 인생**		이종학 편저	2009년 (4·6배판, 606쪽)	30,000
	내용	평생을 군사학 분야 발전을 위해 헌신해온 이종학 교수의 八旬을 맞이하여 펴낸 책이다. 제1편은 나의 학문과 인생(이종학), 제2편은 군사학의 학문체계 및 발전방향(교수 에세이), 제3편은 군사학의 발전방향으로 군사학과의 박사과정을 이수했거나 혹은 이수 중인 피교육자들의 학위논문 주제를 요약하거나 관심을 가진 분야에 대한 간략한 에세이를 수록했다. 부록에는 공군사관학교 57기생들에게 '군사학 특강'을 실시 후 그들의 소감문을 소개했다.			

<table>
<tr><td rowspan="2">4</td><td colspan="2">한국군사사연구</td><td>이종학 지음</td><td>2010년
(4·6배판, 632쪽)</td><td>30,000</td></tr>
<tr><td>내용</td><td colspan="4">1981년 국방대학원에 재직할 때, 「현대 군사사의 연구방향」이라는 논문을 발표하면서 '군사사'에 대한 이론 정립을 시도했다. 즉, 군사사는 군사이론과 역사학이 결합된 학문인 동시에 군사학의 이론적 기초이며 근원이다. 이것을 기초로 하여 한국사 가운데 군사문제를 다루기 시작해 30년간의 연구 성과를 집대성한 것이며, 21편의 논문으로 구성되어 있다. 저자가 지난 반세기 동안 군사사 연구에서 얻은 결론과 기본철학을 소개하면 다음과 같다. 즉, "평화를 바란다면, 전쟁을 이해하고 이에 대비하라!"</td></tr>
<tr><td rowspan="2">5</td><td colspan="2">전략이론이란 무엇인가
-『손자병법』과 『전쟁론』을 중심으로-</td><td>이종학 편저</td><td>2012년(개정보완판)
(신국판, 372쪽, 3판)</td><td>16,000</td></tr>
<tr><td>내용</td><td colspan="4">전략이론이란 무엇인가를 밝히면서, 원래 군사분야의 용어가 1960년대 이후 경영분야에도 활용되어 왔다는 것을 알아야 하고 군사전략뿐만 아니라, 국가전략 및 핵전략의 발전과정을 소개했다. 전략이론의 고전인 『손자병법』은 1972년 중국 산동성에서 『죽간 손자병법』이 나왔기에 그것을 삽입시켜 13편을 완역했다. 한편 클라우제비츠의 『전쟁론』은 초판본이 나왔고, 거기에서 내용이 너무 방대하기에 전술적 내용을 삭제한 抄譯을 했다. 직업군인과 최고 경영자들에게 전략이론을 알기 위한 필독서를 만들고자 꾸며 보았다.</td></tr>
<tr><td rowspan="2">6</td><td colspan="2">6·25전쟁이란
무엇인가</td><td>이종학 지음</td><td>2011년
(4·6배판, 623쪽)</td><td>30,000</td></tr>
<tr><td>내용</td><td colspan="4">이 책은 40여 년 간에 걸친 6·25전쟁 연구의 총 결산이자 집대성한 내용이다. 6·25전쟁에 대한 연구와 분석을 통해 그 원인을 밝혀내고 평시에 안보태세를 굳건히 하는 것이 가장 기본적인 대책이라고 해법을 제시한다. 이 책은 마치 6·25전쟁을 구석구석 현미경으로 확대해 들여다보는 듯하며 지금까지 나왔던 6·25전쟁 관련 서적과 다르게 새로운 사실들과 풍부한 사료들을 담고 있기 때문에 6·25전쟁을 연구하는 전문가들이나, 석·박사과정의 학생들에게 많은 도움이 될 것이다.</td></tr>
<tr><td rowspan="2">7</td><td colspan="2">현대 북한의 이해</td><td>박성규·길병옥 지음</td><td>2012년
(4·6배판, 336쪽)</td><td>25,000</td></tr>
<tr><td>내용</td><td colspan="4">탈냉전 이후 급변하는 국제상황 속에서 북한이라는 실체를 명확히 파악하고 한반도 평화통일의 기본 틀을 마련하는 데 기본적인 목적이 있다. 특히 남북한의 평화로운 통일과 기본적인 방향을 설정하는 데 있어서 가장 중요한 것은 북한을 제대로 이해하는 것이라는 점을 강조한다. 이 책은 현재 북한 관련 교재들이 북한의 실제를 제대로 파악하기에는 많이 부족하다는 점을 지적한다. 상식으로는 이해할 수 없는 북한이라는 체제 전체를 제대로 알 수 있는 교육이 절대적으로 필요하고 북한의 본질을 이해하여 그 대응책을 마련하는데 주요 초점을 두고 있다.</td></tr>
</table>

<table>
<tr><td rowspan="2">8</td><td colspan="2">군사고전의 지혜를 찾아서</td><td>이종학 지음</td><td>2012년
(신국판, 537쪽)</td><td>25,000</td></tr>
<tr><td>내용</td><td colspan="4">인류의 역사는 투쟁사 혹은 전쟁사의 연속이라 할 수 있다. 그러한 급변하고 위태로운 정세하에서 어떻게 생존하며 또한 승리할 것인가 하는 그 방법과 지혜를 제시했으며, 동양의 손무가 저술한 『손자병법』(기원전 513?)과 서양의 클라우제비츠가 저술한 『전쟁론』(1832)이 군사고전에 속하며, 그것들의 시대적 배경과 철학적 기초를 밝히려고 지난 반세기 동안 시도한 에세이를 편집한 것이 이 책이다. 군사고전은 심오한 철학사상을 바탕으로 하고 있기 때문에 생명력과 실용성을 보유하고 있을 뿐만 아니라, 인생철학의 지침서요 또 경영전략의 참고서로써 최근에 와서 더 많은 각광을 받고 있다.</td></tr>
</table>

· 펴낸곳 : 충남대학교출판문화원

· 전　화 : 042-821-6045

· e-mail : cnupress@cnu.ac.kr